博士后文库
中国博士后科学基金资助出版

非线性随机时滞神经网络

——稳定性分析与脉冲镇定

郭英新　著

科学出版社

北　京

内 容 简 介

本书主要研究非线性随机时滞神经网络系统的稳定与脉冲镇定. 这些系统包括脉冲随机泛函系统、随机递归时滞神经网络、具不定脉冲参数的双向神经网络、Cohen-Grossberg 型神经网络及其随机脉冲情况、一维整数格时滞细胞神经网络和分流抑制细胞神经网络. 除了传统的 Lyapunov 方法, 本书重点集中在不动点理论方法. 本书的研究结论, 特别是这些稳定性准则都具有较小的保守性, 并且与存在的结果相比, 具有更容易计算的优点.

本书是作者近十年来在神经网络理论方面科研工作的系统总结, 也是对以神经网络应用等实际问题驱动的工程问题和应用数学问题的研究探索. 本书可作为控制科学与工程、信息与计算科学、应用数学等专业高年级本科生、研究生的教材, 也可供相关领域的工程技术人员参考.

图书在版编目（CIP）数据

非线性随机时滞神经网络：稳定性分析与脉冲镇定/郭英新著. —北京：科学出版社, 2017.5
（博士后文库）
ISBN 978-7-03-052666-3

Ⅰ.①非…　Ⅱ.①郭…　Ⅲ.①人工神经网络–非线性稳定–随机稳定性–研究　Ⅳ.①TP183

中国版本图书馆 CIP 数据核字 (2017) 第 093926 号

责任编辑：王　哲　董素芹／责任校对：桂伟利
责任印制：徐晓晨／封面设计：陈　敬

科 学 出 版 社 出版
北京东黄城根北街 16 号
邮政编码：100717
http://www.sciencep.com

北京凌奇印刷有限责任公司 印刷
科学出版社发行　各地新华书店经销
*
2017 年 5 月第 一 版　开本：720×1000　1/16
2019 年 1 月第三次印刷　印张：11 1/4
字数：210 000

定价：68.00 元
(如有印装质量问题, 我社负责调换)

《博士后文库》编委会名单

主　任　陈宜瑜

副主任　詹文龙　李　扬

秘书长　邱春雷

编　委（按姓氏汉语拼音排序）

付小兵　傅伯杰　郭坤宇　胡　滨　贾国柱　刘　伟

卢秉恒　毛大立　权良柱　任南琪　万国华　王光谦

吴硕贤　杨宝峰　印遇龙　喻树迅　张文栋　赵　路

赵晓哲　钟登华　周宪梁

《博士后文库》序言

  1985 年，在李政道先生的倡议和邓小平同志的亲自关怀下，我国建立了博士后制度，同时设立了博士后科学基金。30 多年来，在党和国家的高度重视下，在社会各方面的关心和支持下，博士后制度为我国培养了一大批青年高层次创新人才。在这一过程中，博士后科学基金发挥了不可替代的独特作用。

  博士后科学基金是中国特色博士后制度的重要组成部分，专门用于资助博士后研究人员开展创新探索。博士后科学基金的资助，对正处于独立科研生涯起步阶段的博士后研究人员来说，适逢其时，有利于培养他们独立的科研人格、在选题方面的竞争意识以及负责的精神，是他们独立从事科研工作的"第一桶金"。尽管博士后科学基金资助金额不大，但对博士后青年创新人才的培养和激励作用不可估量。四两拨千斤，博士后科学基金有效地推动了博士后研究人员迅速成长为高水平的研究人才，"小基金发挥了大作用"。

  在博士后科学基金的资助下，博士后研究人员的优秀学术成果不断涌现。2013年，为提高博士后科学基金的资助效益，中国博士后科学基金会联合科学出版社开展了博士后优秀学术专著出版资助工作，通过专家评审遴选出优秀的博士后学术著作，收入《博士后文库》，由博士后科学基金资助、科学出版社出版。我们希望，借此打造专属于博士后学术创新的旗舰图书品牌，激励博士后研究人员潜心科研，扎实治学，提升博士后优秀学术成果的社会影响力。

  2015 年，国务院办公厅印发了《关于改革完善博士后制度的意见》（国办发〔2015〕87 号），将"实施自然科学、人文社会科学优秀博士后论著出版支持计划"作为"十三五"期间博士后工作的重要内容和提升博士后研究人员培养质量的重要手段，这更加凸显了出版资助工作的意义。我相信，我们提供的这个出版资助平台将对博士后研究人员激发创新智慧、凝聚创新力量发挥独特的作用，促使博士后研究人员的创新成果更好地服务于创新驱动发展战略和创新型国家的建设。

  祝愿广大博士后研究人员在博士后科学基金的资助下早日成长为栋梁之才，为实现中华民族伟大复兴的中国梦做出更大的贡献。

中国博士后科学基金会理事长

前　言

时滞系统, 有时也称为遗传系统或记忆系统, 或时间滞后, 代表一类通常出现在现实世界中的系统. 时滞常常是导致系统不稳定或性能变差的一个重要原因. 现实世界的动力系统一般都含有诸多的非线性特点. 准确地说, 理想的线性系统在现实世界中并不存在. 而线性现象只是对非线性现象的一种简化或近似, 也可以说是非线性的一种特例. 另外, 在实际系统中能引起很大不定性的外部干扰无处不在, 随机干扰总是不可避免的. 脉冲也是自然界中普遍存在的现象. 当物体或外部环境受到刺激时, 电脉冲将传递给网络, 该网络自然产生脉冲效应. 因为同时具有随机影响和脉冲影响, 所以该类非线性时滞系统的稳定性分析是比较复杂的.

本书的目的是研究非线性随机时滞神经网络系统的稳定与脉冲镇定. 这些系统包括脉冲随机泛函系统、随机递归时滞神经网络、具不定脉冲参数的双向神经网络、Cohen-Grossberg 型神经网络及其随机脉冲情况、一维整数格时滞细胞神经网络和分流抑制细胞神经网络. 除了传统的 Lyapunov 方法, 本书重点集中在不动点理论方法. 应用的不动点定理包括拓扑度理论中的一个拓展定理、Banach 压缩原理、广义 Banach 原理、Brouwer 不动点定理. 特别地, 为了更好地研究随机脉冲时滞神经网络问题, 本书在理论上研究更广泛的脉冲随机时滞系统问题, 首次给出这类系统的 Razumikhin 型全局弱指数稳定性、p-阶矩指数稳定性和几乎必然指数稳定性原理.

本书还利用 Lyapunov-Krasovskii 泛函技术和矩阵不等式技术, 研究一类高阶固定时刻脉冲双向时滞神经网络的鲁棒全局渐近稳定性, 并设计能镇定该双向网络的控制律. 结论是用线性矩阵不等式表达的, 易于使用和验证. 最后, 通过选择适当的加权函数, 利用加权能量方法和比较原理, 本书研究了一类一维整数格时滞细胞神经网络的行波解的指数稳定性问题. 本书的相关结果都具有较小的保守性, 并具有更容易计算和应用的优点.

本书共分为 11 章, 其中第 1 章是绪论, 第 11 章是总结和展望, 主要内容集中在第 2 章 ~ 第 10 章. 本书内容涉及的相关课题的研究得到了中国博士后科学基金的资助, 在此表示感谢!

郭英新

2017 年 3 月

符 号 简 表

$\mathbf{R}(\mathbf{R}_+)$	实数集 (正实数集)
$\mathbf{Z}(\mathbf{Z}_+)$	整数集 (正整数集)
$\mathbf{R}^n$	实 n-维列向量空间
$\mathbf{R}^{n\times m}$	实 $n\times m$-维矩阵空间
C^n	n 阶连续可微
$\boldsymbol{A}^{\mathrm{T}}$	矩阵 $\boldsymbol{A}$ 的转置
$\boldsymbol{A}^{-1}$	矩阵 $\boldsymbol{A}$ 的逆
$\mathrm{diag}(a_1,a_2,\cdots,a_n)$	以 $a_1,a_2,\cdots,a_n$ 为对角元的对角矩阵
$\boldsymbol{A}>0(\boldsymbol{A}<0)$	矩阵 $\boldsymbol{A}$ 为正定 (负定) 的实对称矩阵
$\boldsymbol{A}>\boldsymbol{B}(\boldsymbol{A}<\boldsymbol{B})$	$\boldsymbol{A},\boldsymbol{B}$ 为对称的且 $\boldsymbol{A}-\boldsymbol{B}$ 是正 (负) 定的
$\boldsymbol{A}\geqslant\boldsymbol{B}(\boldsymbol{A}\leqslant\boldsymbol{B})$	$\boldsymbol{A},\boldsymbol{B}$ 为对称的且 $\boldsymbol{A}-\boldsymbol{B}$ 是半正 (负) 定的
$\lambda_{\max}(\boldsymbol{A})$	矩阵 $\boldsymbol{A}$ 的最大特征值
$(\Omega,\mathscr{F},P)$	完备概率空间
$(w_1(t),w_2(t),\cdots,w_n(t))^{\mathrm{T}}$	n-维 Brownian 运动
τ	某个正常数, 即 $\tau>0$
$\mathbb{E}$	概率测度为 P 的数学期望
$C([-\tau,0];\mathbf{R}^n)$	$[-\tau,0]$ 上的所有的连续 $\mathbf{R}^n$-值函数的空间
$\mathrm{PC}([-\tau,0],X)$	所有 $\{\varphi:[-\tau,0]\to X$ 是除了 $\{t_k\lvert k\in\mathbf{Z}_+\}$ 的有限多个点之外处处连续的, $\varphi(t_k^+),\varphi(t_k^-)$ 存在并且 $\varphi(t_k^+)=\varphi(t_k)\}$ 的空间
$\mathrm{PC}^p_{\mathscr{F}_t}([-\tau,0];X)$	所有 $\mathscr{F}_t$ 可测的 $\mathrm{PC}([-\tau,0];X)$ 值随机过程 $\varphi=\{\varphi(\theta):\theta\in[-\tau,0]\}$ 的集合, 并满足 $\sup_{\theta\in[-\tau,0]}\mathbb{E}\lvert\varphi(\theta)\rvert^p<\infty$, 其中 $p>0,t>0$
$\mathrm{PCB}([-\tau,0],X)$	所有有界的 $\mathrm{PC}([-\tau,0];X)$ 值函数的集合
$\mathrm{PCB}_{\mathscr{F}_t}([-\tau,0],X)$	所有有界的 $\mathrm{PC}_{\mathscr{F}_t}([-\tau,0];X))$ 值函数的集合

目　录

第1章 绪 论

本书有三个贡献, 并且每一个贡献都有其工程背景和理论动机. 下面给出这些背景和动机. 1.1 节介绍时滞系统的产生、发展和研究现状; 1.2 节介绍时滞系统的稳定性理论的背景和现状; 1.3 节给出本书要研究的主要问题; 1.4 节是本书的研究内容和框架; 1.5 节是本书的常用符号及概念.

1.1 时滞非线性系统及其背景概述

在自然和社会现象中, 客观事物的运动规律是复杂的和多样的. 原则上讲, 任何动态系统都存在不同程度的滞后, 即事物的发展趋势常常不仅依赖于当前的状态, 而且依赖于事物过去的历史. 例如, 弹性力学的滞后效应、传染病的潜伏期、植物周期变化的滞后性、网络传输和排队的时延等. 人们很早就注意到生物系统的时滞现象, 后来发现许多工程系统, 如机械传动系统、流体传输系统、冶金工业过程以及网络控制系统, 都存在着时滞现象, 对于非时滞系统, 有时由于元件老化, 传感器灵敏度下降, 也会产生滞后. 再如, 一些模型的硬件的实现中, 由于放大器的有限开关速度和通信时间的影响, 也常发生时滞现象. 时滞产生的原因有很多, 如系统变量的测量 (复杂的在线分析仪)、长管道进料或皮带传输、缓慢的化学反应过程等都会产生时滞. 而时滞可能导致系统发生振动、发散或者出现不稳定, 这些往往会损害系统. 由于其广泛的研究背景, 时滞系统的研究得到了许多学者[1-9]的关注. 这类时滞系统无法用常微分方程来描述, 而需要用时滞微分方程, 也称泛函微分方程来描述. 所以在大多数情况下应用常微分方程作为动力系统模型只是一种近似, 而且这种近似必然是有条件的. 只有符合一定条件的系统才可以略去滞量, 否则将失去必要的精确度甚至导致错误.

常见的时滞系统包括奇异时滞微分系统、脉冲时滞微分系统、Lurie 时滞系统、中立型时滞系统和随机时滞系统等. 从最广泛的意义上讲, 泛函微分方程起源于一些古典的几何问题, 如 1750 年的 Euler 问题、1806 年的 Poisson 问题等. 长期以来, 除了猜得出个别解, 还没有统一的解法, 这种状况持续了一个多世纪.

进入 20 世纪之后, 很多学科提出了越来越多的泛函微分方程. 这些学科有自动控制理论、物理学、生物学、医学、商业、经济学、化学、机械、电子工程问题以及数学自身的数理统计、数论、博弈论、信息论等. 到 1940 年为止, 着重讨论线性常系数差分微分方程. 1959 年提出了滞后型泛函微分方程的概念. 对这类滞后型泛函微分系统的研究在 1960 年全面展开. 1970 年左右由 Hale 和 Cruz 提出中立型泛函微分方程. 至于无限滞后的系统, 严格的理论基础直到 1978 年才由 Hale 和 Kato 确立.

现实世界的动力系统一般都含有诸多的非线性特点[10,11]. 准确地说, 理想的线性系统在现实世界中并不存在. 而线性现象只是对非线性现象的一种简化或近似, 也可以说是非线性的一种特例. 由于受制于对自然现象认识的客观水平和解决实际问题的能力, 人们对线性系统的物理描述与数学求解是比较容易实现的事情, 而且已经形成了一套完善的线性理论和分析研究方法.

实践中, 人们经常试图用线性模型来替代实际的非线性系统, 以求方便地获得其动力学行为的某种逼近, 最典型的例子就是欧姆定律. 欧姆定律的数学表达式为 $U = IR$, 这是非常简单的线性关系. 但是, 即使对于这样一个最简单的单电阻系统, 其动态特性, 严格来说也是非线性的. 因为当电流通过电阻以后就会产生热量, 温度就要升高, 而阻值随温度的升高就要发生变化. 此时的欧姆定律就不是简单的线性关系了, 而是如下的非线性关系, 即

$$U = IR_0 + 0.24 \frac{R_0^2 \alpha t}{mc} I^3$$

任意二极管都是这样的例子. 随着二极管两端电压的递增, 电流并没有线性递增. 所以被忽略的非线性特点经常会在分析和计算中引起较大的误差, 使得线性逼近没有任何意义. 特别对于应用而言, 由于系统的长时间历程, 在动力学问题中即使略去很微弱的非线性条件, 最终也会在应用中出现本质性的错误, 从而使得原先的分析和计算毫无价值可言.

因此, 人们很早就开始关注非线性系统的动力学问题. 早期研究可追溯到 1673 年 Huygens 对单摆大幅摆动非等时性的观察. 从 19 世纪末起, Poincare、Lyapunov、Birkhoff、Andronov、Arnold 和 Smale 等数学家及力学家相继对非线性动力系统的理论进行了奠基性研究, Duffing、VanderPol、Lorenz、Ueda 等物理学家和工程师则在实验与数值模拟中获得了许多启示性发现. 他们的杰出贡献相辅相成, 使非线性动力学在 20 世纪 70 年代成为一门重要的前沿学科, 并促进了非线性科学的形成和发展.

现在的非线性动力学在理论和应用两个方面均取得了很大进展. 非线性时滞微分方程模型已经广泛地用于研究种群动态[12]、具有内在成熟和繁殖时延的流行病、免疫系统[13]、无损电力传输线路及带电粒子相互作用的电子动力学[14] 等. 这促使越来越多的学者基于非线性动力学观点来思考问题, 采用非线性动力学理论和方法, 对工程科学、生命科学、社会科学等领域中的非线性系统建立数学模型, 预测其长期的动力学行为, 揭示内在的规律性, 提出改善系统品质的控制策略. 目前对非线性系统的研究方法主要有相平面法、Lyapunov 法和描述函数法等. 这几种

方法从 20 世纪 40 年代起, 就已经被普遍地用来解决实际问题中的非线性系统理论问题. 但是这几种方法都有一定的局限性, 而不能成为研究非线性系统的普遍方法. 例如, 用相平面法虽然能够获得系统的全部特征, 如稳定性、过渡过程等, 但大于三阶的系统无法应用; Lyapunov 法则仅限于分析系统的绝对稳定性问题, 而且要求非线性元件的特性满足一定条件; 虽然这些年来, 国内外有不少学者一直在这方面进行研究, 也研究出一些新的方法, 如频率域的波波夫判据、广义圆判据、输入输出稳定性理论等. 但总体来说, 非线性控制系统理论目前仍处于发展阶段, 许多问题都还是公开问题, 研究价值较高, 具有广泛的研究前景.

时滞非线性微分方程的一般形式为

$$
\frac{\mathrm{d}}{\mathrm{d}t} \boldsymbol{g}(t, \boldsymbol{x}(t), \boldsymbol{x}(t - \tau_1(t)), \cdots, \boldsymbol{x}(t - \tau_n(t)))
$$
$$
= \boldsymbol{f}(t, \boldsymbol{x}(t), \boldsymbol{x}(t - \tau_1(t)), \cdots, \boldsymbol{x}(t - \tau_n(t))) \tag{1.1.1}
$$

其中, $\boldsymbol{x}(t) \in \mathbf{R}^n$ 表示系统的状态; $\tau_i(t)(i = 1, 2, \cdots, n)$ 表示系统状态的时滞. 一般来说, $\tau_i(t)$ 都是 t 的连续函数. 系统在 t_0 时刻的初始状态为

$$
\boldsymbol{x}(t) = \boldsymbol{\phi}(t), \quad t \in E_{t_0} \tag{1.1.2}
$$

其中, $\boldsymbol{\phi}(t)$ 是 t 的连续向量值函数, 有

$$
E_{t_0} = \bigcup_{i=1}^{n} E_{t_0}^i, \quad E_{t_0}^i = \{t - \tau_i(t) : t - \tau_i(t) \leqslant t_0, t \geqslant t_0\} \bigcup \{t_0\} \tag{1.1.3}
$$

特别地, 若 $\boldsymbol{g}(t, \boldsymbol{x}(t), \boldsymbol{x}(t - \tau_1(t)), \cdots, \boldsymbol{x}(t - \tau_n(t))) = \boldsymbol{x}(t)$, 则得到常见的如下时滞微分方程, 即

$$
\dot{\boldsymbol{x}}(t) = \boldsymbol{f}(t, \boldsymbol{x}(t), \boldsymbol{x}(t - \tau_1(t)), \cdots, \boldsymbol{x}(t - \tau_n(t))) \tag{1.1.4}
$$

中立型考虑的是方程

$$
\dot{\boldsymbol{x}}(t) = \boldsymbol{f}(t, \boldsymbol{x}(t), \boldsymbol{x}(t - \tau(t)), \dot{\boldsymbol{x}}(t - h(t))) \tag{1.1.5}
$$

其中, $\tau(t)$、$h(t)$ 表示系统的状态时滞和状态微商时滞. 相对于前者, 在初值问题中仅增加条件: 在 E_{t_0} 上 ϕ 连续可微, 即

$$
\begin{cases} \dot{\boldsymbol{x}}(t) = \boldsymbol{f}(t, \boldsymbol{x}(t), \boldsymbol{x}(t - \tau(t)), \dot{\boldsymbol{x}}(t - \tau(t))) \\ \boldsymbol{x}(t) = \boldsymbol{\phi}(t), \ \dot{\boldsymbol{x}}(t) = \dot{\boldsymbol{\phi}}(t), \ t \in E_{t_0} \end{cases} \tag{1.1.6}
$$

当滞量为恒大于零的常数 τ 时, 用分步法可把问题化为常微分方程的初值问题, 有时问题将变得比较简单. 而对于中立型方程则不然, 因为在 t_0 处导数通常是间断

的, 以后每推进一个步距 τ, 由于 $\boldsymbol{f}$ 中有这种不连续的 $\dot{\boldsymbol{x}}$ 存在, 所以在 $t_0 + k\tau(k = 1, 2, \cdots)$ 处也不能保证有连续导数, 换言之, 中立型方程的解是不具有平展性的.

另外, 许多实际动态系统中存在大量的随机现象[15-36]. 一般来讲, 在实际系统中, 随机干扰[37-45]总是不可避免的. 为了更准确地描述系统, 从而设计更好的控制方案, 在系统建模时必须充分考虑随机因素的影响. 另外, 脉冲和时滞是自然界中普遍存在的两种现象, 它们往往会在某个系统中同时存在, 从而形成脉冲时滞系统. 当考虑随机扰动对脉冲时滞系统的影响时, 则要进一步地用脉冲随机时滞微分方程或更一般的脉冲随机泛函微分方程来描述. 用上述两类系统方程描述只是对实际系统的简化. 当随机因素对系统的状态影响不大时可以忽略. 但当这种影响比较大时, 对于这样的系统, 需借助随机微分方程. 例如, Tan 等[46]考虑了一类中立型随机泛函微分方程的均方指数稳定性.

通常的随机时滞微分方程为

$$\mathrm{d}\boldsymbol{x} = \boldsymbol{f}(t, \boldsymbol{x}(t), \boldsymbol{x}(t - \tau))\mathrm{d}t + \boldsymbol{\sigma}(t, \boldsymbol{x}(t), \boldsymbol{x}(t - h))\mathrm{d}\boldsymbol{w} \qquad (1.1.7)$$

其中, $\boldsymbol{\sigma}(t, \boldsymbol{x}(t), \boldsymbol{x}(t - h))\mathrm{d}\boldsymbol{w}$ 是随机项, $\boldsymbol{w}(t) = (w_1(t), w_2(t), \cdots, w_n(t))^{\mathrm{T}}$ 为定义在具有自然滤波 $\{\mathscr{F}_t\}_{t \geqslant 0}$ 的完备概率空间 $(\Omega, \mathscr{F}, P)$ 上的 m 维 Brownian 运动.

在现有的参考文献中, 由于时滞对于动力系统的影响的重要性, 深入研究时变时滞神经网络的动力学行为并不少. 另外, 对脉冲现象[47-50]的研究却还未深入. 由于许多的实例, 如电力网络就常常因为开关电路、频繁改变或突然的噪声而引起网络出现固定时刻突然改变和扰动, 这些都表现为脉冲现象[51-55]. 根据 Arbib[56]、Haykin[57]的资料, 考虑到更多的因素导致了脉冲微分方程理论的发展. 更具体的例子如用房室模型来描述固定时刻外给药过程, 即药物进入生命体后, 药物在血液中的浓度随时间变化的过程. 这时通常把生命体分为几个房室, 假设分为中心室 (如胃、肠、肾等器官) 和周边室 (如肌肉组织), 如图 1.1.1 所示.

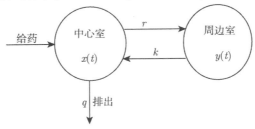

图 1.1.1   给药过程房室模型

给药后, 药物从一室到另一室转移或向体外排出. 假设 $x(t)$、$y(t)$ 分别为两室的药物量, r、k 为两室间药物的转移速度系数 (转移速度与该室的药物浓度成正

比), q 为中心室向体外排出速度系数, 则 $x(t)$、$y(t)$ 的变化过程可以描述为

$$x' = ky - (r+q)x, \quad y' = rx - ky, \quad x(0) = a_0, \quad y(0) = 0 \tag{1.1.8}$$

假设每次给药可以瞬间完成, 给药时刻为 $0 \leqslant t_0 < t_1 < t_2 < \cdots < t_k < t_{k+1} < \cdots, t_n$ 对应的给药剂量为 a_n, 则在 t_n 时刻有

$$x(t_n) = x(t_n^-) + a_n, \quad y(t_n) = y(t_n^-) \tag{1.1.9}$$

则脉冲微分方程, 即式 (1.1.8) 和式 (1.1.9) 可更好地描述给药过程中的脉冲现象, 对它的一些研究结果已有临床实验验证, 被医学和药理学接受.

一般的广义脉冲泛函微分系统模型为

$$\begin{cases} \mathrm{d}\boldsymbol{x}(t) = \boldsymbol{h}(t, \boldsymbol{x}_t)\mathrm{d}t + \boldsymbol{f}(t, \boldsymbol{x}_t)\mathrm{d}\boldsymbol{w}, \quad t \geqslant t_0,\, t \neq t_k \\ \boldsymbol{x}(t_k) - \boldsymbol{x}(t_k^-) = \boldsymbol{I}_k(t_k, \boldsymbol{x}(t_k^-)), \quad k \in \mathbf{Z}_+ \\ \boldsymbol{x}_{t_0}(s) = \boldsymbol{\varphi}(s), \quad s \in [t_0 - \tau, t_0] \end{cases} \tag{1.1.10}$$

最近, 文献 [58]~ 文献 [61] 研究了具有有限或无限时滞的脉冲泛函微分方程的全局指数稳定性. 近年来, 脉冲微分方程的稳定性理论已经开始得到重视, 特别是在具有有限时滞的脉冲泛函微分方程方面[62-66]. 已经发现脉冲系统在多个领域中有重要的应用, 如在具有通信约束的控制系统[67]、采样数据系统[68]、机械系统[67]、神经网络、脑电波等的研究与应用方面. 另外, 基于脉冲系统的脉冲控制可以提供一种有效的方法去处理不能容忍连续控制输入的设备装置[29]. 与此同时, 随机时滞微分系统 (Stochastic Delayed Differential System, SDDS) 也已被广泛研究, 因为在许多的科学和工程分支中, 随机模型占据着重要的地位, 请参考相关文献 ([6]、[19]、[23]~[39]、[48]、[49]). 另外, 在现实的实践应用中, 由于建立的模型的偏差, 网络的参数可能包含一些不确定性[69-73], 例如, Huang 和 Mao[74]研究了不确定随机系统的鲁棒时滞状态反馈稳定性, Li 等[75]和 Yue 等[76]通过时滞概率分布法分别研究了离散随机神经网络状态估计的鲁棒性和不确定时滞系统的鲁棒稳定性. 而神经网络[43,71,77]也会由于环境的噪声干扰而影响到平衡点的稳定性[51,70,77], 此时研究系统的鲁棒性则意义重大.

近年来, 时滞神经网络动力系统在现实生活中的很多领域中已经有广泛的应用, 请参考相关文献 ([18]、[28]、[30]、[42]、[43]、[47]、[50]~[52]、[54]~[57]、[60]、[62]、[63]、[78] ~[120]). 这些应用包括控制论、图像处理、模式识别以及信号过程等. 最早和最为典型的神经网络模型是 Hopfield 神经网络, 如图 1.1.2 和图 1.1.3 所示. 后来, Cohen 和 Grossberg[121]给出了 Cohen-Grossberg 型神经网络并研究, 它现在已广泛地应用于各种工程和科学领域中, 如神经生物学、种群生物学以及计算技术科

学. 在这些应用中, 最重要的是要设计神经网络的收敛性. Zhu 和 Cao[122]、Song 和 Wang[123]、Wang 等[124]、Wang 等[125]以及 Chen 等[126]分别得到了含有混合时滞的 Cohen-Grossberg 型脉冲随机神经网络的 p- 阶矩指数稳定性与鲁棒指数稳定性准则. Kosto[127−129]提出了一系列关于双向联想记忆 (Bi-directional Associative Memory, BAM) 的神经网络模型, 如图 1.1.4 所示.

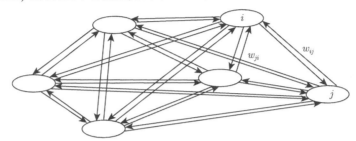

图 1.1.2　离散型 Hopfield 神经网络模型

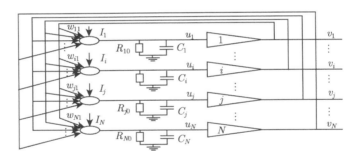

图 1.1.3　连续型 Hopfield 神经网络模型

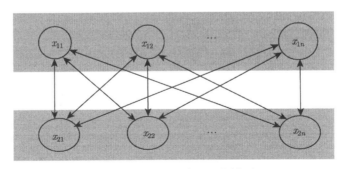

图 1.1.4　BAM 神经网络模型

这类模型在模式识别和人工智能等领域有着广泛的应用, 也引起了人们的广泛关注并已取得了一些研究结果. Morita[130] 通过将常用的激活函数 Sigmoid 替换为非单调激活函数, 证明了可以显著改善相关的记忆模型的绝对容量. 因此, 从某种意义上说, 单调 (不必光滑) 函数在设计和实现人工神经网络上似乎是神经元的激活函数的更好选择. 另外, 人工神经网络的延迟常常是时变的, 并且有时会由于电子电路的放大器的有限开关速度或故障而遭到破坏. 这些会使得电路中的传输速度降低, 并可能导致系统一定程度上的不稳定. 因此, 在实际设计人工神经网络时快速的反应是必需的, 这一直困扰着众多的电路设计者. 众所周知, 在工程应用中, 人们最为感兴趣的稳定性问题是指数稳定性问题. 在神经网络的应用中, 为了降低计算所需要的时间, 都要求提高网络趋于平衡状态的收敛速度. 一个重要的设计目标是使网络具有任意指定的趋于平衡状态的指数收敛速度, 所以, 深入研究时变时滞神经网络的动力学行为具有非常重要的意义.

另外, 在神经网络的实际分析中, 有时在普通人工神经网络中加入适当的随机噪声, 例如, 在 Hopfield 网络中加入逐渐减少的白噪声, 从而产生随机神经网络. 同时神经网络的脉冲现象也得到了重视. 例如, 当来自内部或外部环境的刺激被感应器所感知时, 电子脉冲将传达给神经网络, 脉冲效应会自然地出现在网络中. 因此, 时滞脉冲神经网络模型应该更准确地描述该系统的演化过程. 因为脉冲、随机和时滞可能影响系统的动力学行为, 因而研究受随机与脉冲双重影响的时滞神经网络是必要的.

1.2 稳定性研究概述

稳定性问题是各类动力学系统的最基本、最重要的问题. 对控制系统而言, 稳定性尤为重要, 也是对系统的起码要求. 俄国学者 Lyapunov 早在 1892 年就建立了关于稳定性问题的一般理论, 即通常所称的 Lyapunov 第一方法和第二方法. Lyapunov 第一方法又称间接法, 它的基本思想是解出系统的状态方程, 然后根据状态方程解的性质判别系统的稳定性. Lyapunov 第二方法又称直接法, 它的基本特点是不必求解系统的状态方程, 就能对其在平衡点的稳定性进行分析和判断, 并且这种判断是准确的, 而不包含近似. Lyapunov 通过引入 Lyapunov 函数来判断系统平衡状态的稳定性. Lyapunov 函数 $V(\boldsymbol{x}, t)$ 与系统的状态 $\boldsymbol{x}$ 及时间 t 有关. 如果用数学语言来表述上面建立的直观意义下的 $V(\boldsymbol{x}, t)$, 则可以归纳为如下的说法: 如果标量函数 $V(\boldsymbol{x}, t)$ 正定, 这里的 $\boldsymbol{x}$ 是 n 维状态向量, 那么满足 $V(\boldsymbol{x}, t) =$ 常数的状态 $\boldsymbol{x}$ 处于 n 维状态空间中原点领域内的封闭超曲面上. 对于一个给定的系统, 如果能够找到一个正定的标量函数, 它沿着轨迹对时间的导数总是负值, 则随着时间的增加, $V(\boldsymbol{x}, t)$ 将取越来越小的值, 随着时间的进一步增加, 最终将导致 $V(\boldsymbol{x}, t)$ 变为零, $\boldsymbol{x}$ 也变为零. 这意味着状态空间的原点是渐近稳定的. Lyapunov 第二方法的显著优点在于: 不仅对于线性系统, 而且对于非线性系统它都能给出关于在大范围内稳定性的信息.

Lyapunov 函数和泛函已广泛应用于动力学系统[4,9,12,19,21,65,67,131−133]的稳定性理论的研究中. 从理论上说, 这个问题在 1942 年已由 Lyapunov 解决. 此后十余年间, 在于初步建立基本理论和系统地推广常微分方程的各个结果, 特别是 Lyapunov 第二方法. 然而, 在推广 Lyapunov 第二方法时遇到了极大的困难. 原因在于 V- 函数的存在性无法保证. 近来, Zevin 和 Pinsky[134]利用 Gronwall 不等式方法研究了非线性时变系统的指数稳定性并与 Lyapunov 泛函方法进行了比较. 最近, Graichen[135]利用不动点迭代法, 给出了一种解决最优化问题的容易使用并且简单的算法, 得到了不动点迭代的压缩收敛的充分条件. 此迭代法类似于 Picard 迭代法, 它的每一步迭代都包含两个数值积分. Guo[136]借助实 Banach 空间中的不动点定理[137]研究了具有反馈控制的非线性微分泛函系统的非平凡周期解的存在性. Burton、Lou 和他们的同事[137−141]已经将不动点理论应用于研究稳定性问题, 其结果已初步显示不动点法可以克服前面提到的一些难题. 相对于成果丰富的 Lyapunov 理论, 应用不动点理论研究稳定性还处于萌芽阶段, 因此有许多工作要做. 为了有效地利用不动点理论, 将微分方程转化为算子方程是必要的. 利用这两种方法研究将好于仅只使用其中的一种. Lyapunov 直接方法常常需要每点的条件, 而不动点法则需要平均值条件.

时滞对系统的稳定性影响是很大的. 例如, 考虑如下的简单二阶时滞系统, 即

$$\boldsymbol{x}'(t) = \boldsymbol{A}\boldsymbol{x}(t - \sigma) + \boldsymbol{B}\boldsymbol{f}(\boldsymbol{x}(t)), \quad t > 0 \tag{1.2.1}$$

其中

$$\boldsymbol{A} = \begin{bmatrix} -9 & 0 \\ 0 & -9 \end{bmatrix}, \quad \boldsymbol{B} = \begin{bmatrix} 1 & 1 \\ -1 & 1 \end{bmatrix}, \quad \boldsymbol{f}(s) = \begin{bmatrix} \tanh s \\ \tanh s \end{bmatrix}$$

对于不同的时滞, 相应的仿真如图 1.2.1∼ 图 1.2.4 所示.

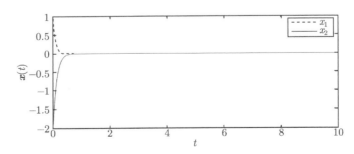

图 1.2.1 式 (1.2.1) 当 $\sigma = 0$ 时的状态曲线

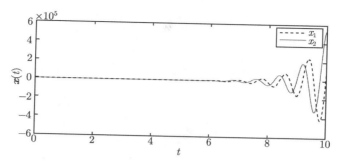

图 1.2.2　式 (1.2.1) 当 $\sigma = 0.2$ 时的状态曲线

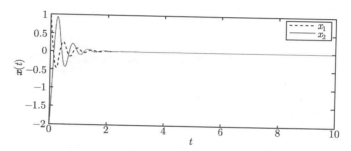

图 1.2.3　式 (1.2.1) 当 $\sigma = 0.1$ 时的状态曲线

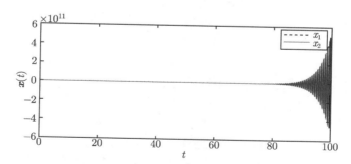

图 1.2.4　式 (1.2.1) 当 $\sigma = 0.15$ 时的状态曲线

但是, 当考虑 $\sigma = 0.15$ 时的脉冲时滞系统, 即

$$\begin{cases} \boldsymbol{x}'(t) = \boldsymbol{A}\boldsymbol{x}(t-0.15) + \boldsymbol{B}\boldsymbol{f}(\boldsymbol{x}(t)), & t > 0, t \neq 0.5k \\ \boldsymbol{x}(t_k) = 0.5\boldsymbol{x}(t_k^-) + \beta\boldsymbol{x}(t_k^- - 0.5), & t_k = 0.5k, k \in \mathbf{Z}_+ \end{cases} \tag{1.2.2}$$

时, 发现脉冲现象可以极大地改变系统的动力学形态, 脉冲控制可以使得不稳定的系统稳定下来, 或者仍然不稳定. 具体仿真实例如图 1.2.5 和图 1.2.6 所示.

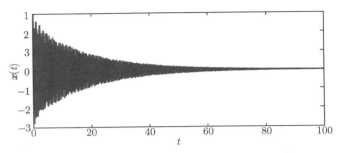

图 1.2.5 式 (1.2.2) 当 $\beta = 0.1$ 时的状态曲线

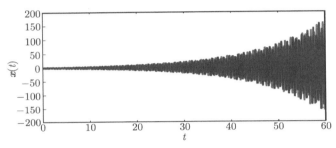

图 1.2.6 式 (1.2.2) 当 $\beta = 0.25$ 时的状态曲线

因此研究脉冲时滞系统很有必要. 最近, Chen 和 Zheng[142,143]分别考虑了具有脉冲时滞影响的非线性时滞系统的指数稳定性并利用改进的脉冲系统方法研究了网络控制系统的 IS(Input-to-State) 稳定性, 而 Li 等[59,144]研究了具有有限或无限时滞的脉冲泛函微分方程的全局指数稳定性. 在文献 [145] 中, Chang 首次建立了具有有限时滞随机泛函微分方程的 Razumikhin 型一致渐近稳定性准则. Mao 等[146,147]进一步导出了它们的 Razumikhin 型 p- 阶矩指数稳定性和几乎必然指数稳定性. 相应地, 许多学者致力于对脉冲随机微分方程 (Impulsive Stochastic Differential System, ISDS) 和脉冲随机泛函微分方程 (Impulsive Stochastic Functional Differential System, ISFDS) 的稳定性分析的研究, 这些系统的众多的稳定性准则已经被报道, 请参看相关文献 ([44]、[45]、[47]、[49]、[64]、[70]、[122]~[124]). 通过建立脉冲时滞微分不等式, Yang 和 Xu[148]研究了脉冲时滞系统的全局指数稳定性, 并且估计了指数收敛率. Shen 等 [149]利用不动点理论, 得到了 Hilbert 空间中的随机脉冲微分系统的可控性准则; Liu[150]利用 Lyapunov 函数和 Itô 公式建立了 ISDS 解的存在唯一性及稳定性的比较原理.

基于不动点理论, Peng 和 Jia[151]给出了一类带有非局部条件的脉冲随机泛函微分方程的温和解的存在性与 ISDS 温和解的 p- 阶矩渐近稳定性. Li 等[152]研究了脉冲随机时滞微分系统的指数 p- 阶稳定性. 最近, Huang 和 Deng[153]得到了几类 ISFDS 的 Razumikhin 型渐近稳定性定理.

此外, 有一类重要的时滞系统, 即时滞神经网络. 在过去的几年中, 含有各种时滞的神经网络的稳定性分析吸引了很多学者的关注, 并出现了许多的研究成果, 如一些文献 ([28]、[30]、[42]、[43]、[50]~[52]、[54]、[60]、[62]、[63]、[70]、[71]、[75]、[77]、[80]、[82]~[84]、[86]、[88]、[91]、[114]、[117]~[119]、[121]~[126]、[134]、[141]、[148]、[154] 等). 最近在文献 [154]~ 文献 [156] 中, 一类时滞或概率测度时滞区间神经网络的全局指数稳定性或鲁棒 H_∞ 状态估计问题被研究. 此外 Cao 等[157,158]研究了时滞细胞神经网络的全局指数稳定性. Chen 和 Zheng [159]研究了随机时滞神经网络的鲁棒稳定性, 文献 [160] 和文献 [161] 研究了带离散及分布时滞双向联想记忆神经网络的收敛特性. 文献 [162] 研究了延迟双向联想记忆神经网络的周期振荡现象. 考虑到脉冲的因素, 文献 [163] 利用文献 [164] 的具时滞脉冲微分不等式技术, 给出了高阶双向联想记忆神经网络能全局指数稳定性的充分条件. 据我们所知, 除了文献 [163], 关于具脉冲的双向时滞神经网络的稳定性的结果尚未见到. 更多的脉冲高阶双向时滞神经网络的研究仍然是一个重要的理论和应用课题. 本书注意研究这些问题.

1.3 本书涉及的主要问题

最近五年来, 脉冲系统、随机时滞系统、中立型随机时滞系统和时滞神经网络等方面的研究已获得了一系列的成果. 但是还不是完美的, 甚至有些还是相当保守的, 也有些缺乏实用性, 并且这些结果一般都是只应用于特殊的系统. 所以, 深入研究它们的动力学行为仍然具有非常重要的意义.

1.3.1 时滞神经网络

自 1982 年美国生物物理学家 Hopfield 给出了应用广泛的 Hopfield 型人工神经网络之后, 三十多年来, 神经网络的研究和应用得到了广泛深入的发展, 特别是在神经网络的稳定性理论方面. 在现有的文献中, 研究方法主要是 Lyapunov 函数或泛函方法, 其次是矩阵范数理论, 如 M- 矩阵方法. 其激活函数一般是有界的和单调的, 甚至有时还是可微的. 但是在一些实际应用[12,90,92,130]中, 有时无界性和非单调性的激活函数是需要的, 因为非单调性的激活函数可以增加神经网络的容量. 为了解决时滞无界性问题, 首先考虑随机脉冲时滞非线性系统的如下问题.

在已知的文献中, Liu[150]利用比较法研究了如下形式的随机脉冲系统, 即

$$
\begin{cases}
\mathrm{d}\boldsymbol{x}(t) = \boldsymbol{h}(t, \boldsymbol{x}(t))\mathrm{d}t + \boldsymbol{f}(t, \boldsymbol{x}(t))\mathrm{d}\boldsymbol{w}, & t \in (t_k, t_{k+1}] \\
\Delta\boldsymbol{x} = \boldsymbol{I}_k(\boldsymbol{x}(t)), & t = t_k, k \in \mathbf{Z}_+
\end{cases}
\tag{1.3.1}
$$

Cheng 和 Deng[165]利用 Lyapunov 泛函和 Razumikhin 技术研究了如下形式的随机
脉冲时滞系统, 即

$$
\begin{cases}
\mathrm{d}\boldsymbol{x}(t) = \boldsymbol{h}(t, \boldsymbol{x}_t)\mathrm{d}t + \boldsymbol{f}(t, \boldsymbol{x}_t)\mathrm{d}\boldsymbol{w}, & t \geqslant t_0, \quad t \neq t_k \\
\Delta\boldsymbol{x}|_{t=t_k} = \boldsymbol{x}(t_k) - \boldsymbol{x}(t_k^-) = \boldsymbol{I}_k(t_k, \boldsymbol{x}(t_k^-)), & k \in \mathbf{Z}_+ \\
\boldsymbol{x}_{t_0} = \boldsymbol{\xi}
\end{cases}
\tag{1.3.2}
$$

然而, 文献 [165] 以及文献 [47]、[61]、[70]、[151]、[166] 等都要求脉冲获得 d_k 满足
$0 < d_k \leqslant 1$, 并且这些结果都对时滞 τ、$\max\{t_{k+1} - t_k\}$ 和系统参数有严格的限制.
据我们所知还没有关于脉冲随机时滞系统的脉冲获得 $d_k > 1$ 的报道. 本书要研究
的第一个问题如下.

问题 1.3.1　能不能推广到在脉冲获得 d_k 满足 $0 < d_k \leqslant 1$ 和 $d_k > 1$, 以及对
任意的有界 $\max\{t_{k+1} - t_k\}$、大时滞与大参数的情况下, 仍然可以得到随机脉冲时
滞系统, 即式 (1.3.2) 的稳定性准则.

同时讨论上述结果在神经网络中设计脉冲控制器方面的应用. 又考虑到脉冲
的情况, 本书还研究如下几个问题.

问题 1.3.2　在激活函数没有有界性、单调性以及可微性的假设下, 研究如下
的微分积分时滞系统, 即

$$
\begin{aligned}
x_i'(t) = & -d_i x_i(t) + \sum_{j=1}^{n} a_{ij} f_j(x_j(t)) + \sum_{j=1}^{n} b_{ij} f_j(x_j(t - \tau_j(t))) \\
& + \sum_{j=1}^{n} c_{ij} \int_{t-\tau}^{t} H_{ij}(t-s) f_j(x_j(s))\mathrm{d}s + J_i, \quad i = 1, 2, \cdots, n
\end{aligned}
\tag{1.3.3}
$$

的稳定性问题.

问题 1.3.3　时滞神经网络系统周期解的存在性、唯一性及其稳定性问题.

问题 1.3.4　如何设计脉冲控制器使得式 (1.3.3) 在随机脉冲情况下是指数稳
定的, 即使在任意的有界 $\max\{t_{k+1} - t_k\}$、大时滞和大参数的情况下也成立.

目前研究的脉冲系统鲜有涉及脉冲时滞的情况, 因为 Lyapunov 函数或泛函方
法不容易处理此类情况.

问题 1.3.5　借助于微分不等式法研究式 (1.3.3) 在脉冲时滞情况下是指数稳
定的条件.

另外, 在现实应用中由于建立的模型的偏差, 网络的参数可能包含一些不定性,
神经网络也会由于环境的噪声干扰而影响到平衡点的稳定性, 此时研究系统的鲁棒
性则意义重大. 由于线性矩阵不等式 (Linear Matrix Inequality, LMI) 条件易于验
证, 本书的另一问题如下.

问题 1.3.6 式 (1.3.3) 在其系数含有不确定的随机情况下, 其鲁棒指数稳定的 LMI 条件.

1987 年, Kosto[129]首先提出了 BAM 神经网络模型. 这类模型在模式识别和人工智能等领域有着广泛的应用, 也引起了人们的广泛关注并已取得了一些研究结果. 考虑到脉冲的因素, 文献 [163] 利用文献 [164] 的具时滞脉冲微分不等式技术, 给出了高阶双向联想记忆神经网络能全局指数稳定性的充分条件.

问题 1.3.7 含有脉冲不确定的双向脉冲神经网络模型的鲁棒稳定与镇定的 LMI 条件.

1983 年, Cohen 和 Grossberg[121]给出并研究了 Cohen-Grossberg 型神经网络, 它们广泛地应用于各种工程与科学领域中, 如神经生物学、种群生物学以及计算技术科学. 在这些应用中, 最重要的是要设计神经网络的收敛性. 关于 Cohen-Grossberg 型神经网络, 要研究的是如下问题.

问题 1.3.8 更为简洁和易于验证的 Cohen-Grossberg 型神经网络稳定的 LMI 条件.

问题 1.3.9 含有脉冲的脉冲 Cohen-Grossberg 型神经网络的脉冲镇定的 LMI 条件.

受已有文献 [167] 的启示, 本书的第 8 章里考虑如下问题.

问题 1.3.10 如何通过利用广义 Lyapunov 泛函、随机分析、Young 不等式方法, 研究一类随机时滞细胞神经网络的指数稳定性条件. 不同于已有文献的变分参数法, Young 不等式方法是首次应用于该类问题的研究中.

1.3.2 一维整数格时滞细胞神经网络的行波解的稳定性

下面表示的是一类没有信号输入的一维整数格时滞细胞神经网络[168,169], 即

$$\frac{\mathrm{d}x_i(t)}{\mathrm{d}t} = -x_i(t) + z + \alpha \int_0^\tau K_1(s)f(x_i(t-s))\mathrm{d}s$$
$$+ \beta \int_0^\tau K_2(s)f(x_{i+1}(t-s))\mathrm{d}s \tag{1.3.4}$$

其中, $i \in \mathbf{Z}$, $x_i(t)$ 是第 i 个细胞在时刻 t 的状态变量; 系数 $\alpha > 0, \beta > 0$; τ 是一个正常数, 核 $K_i : [0,\tau] \to [0,+\infty)$ 是满足 $\int_0^\tau K_i(s)\mathrm{d}s = 1$ 的分段连续函数, $i = 1,2$; 项目 z 表示独立电压电路中的偏置量. 式 (1.3.4) 的初值为

$$x_i(s) = x_i^0(s), \quad s \in [-\sigma, 0], \ i \in \mathbf{Z} \tag{1.3.5}$$

其中, $x_i^0(s)$ 在 $s \in [-\sigma, 0]$ 上连续, $\sigma = \max\{\delta, \gamma\}$, 这里 δ、γ 是常数.

最近, 文献 [168] 利用单调迭代法和上下解技术, 研究了式 (1.3.4) 在某些假设下的行波解的存在性, 得到了如下结果.

如果激活函数 f 是连续非减的奇函数, 则式 (1.3.4) 和式 (1.3.5) 存在波速满足 $c < c_* < 0$ 的递增的行波解 $\phi(s)$.

本书的第 7 章将首次研究如下问题.

问题 1.3.11   式 (1.3.4) 的行波解的稳定性问题.

1.3.3 基于不定干扰器的分数阶系统的控制与稳定

2011 年, 钟庆昌基于 UDE(Uncertainty and Disturbance Estimator) 研究了如下具有状态时滞的系统的控制与稳定 [170,171]:

$$\dot{\boldsymbol{x}}(t) = (\boldsymbol{A}(t) + \Delta\boldsymbol{A}(t))\boldsymbol{x}(t) + (\boldsymbol{B}(t) + \Delta\boldsymbol{B}(t))\boldsymbol{u}(t) + \boldsymbol{d}(t) \tag{1.3.6}$$

其中, $\boldsymbol{x}(t) = (x_1(t), \cdots, x_n(t))^{\mathrm{T}}$ 是状态向量; $\boldsymbol{u}(t) = (u_1(t), \cdots, u_m(t))^{\mathrm{T}}$ 是控制输入; $\boldsymbol{A}(t)$ 为已知矩阵; $\Delta\boldsymbol{A}(t)$ 为不确定矩阵; $\boldsymbol{B}(t)$ 为已知满列秩矩阵; $\Delta\boldsymbol{B}(t)$ 为未知满列秩矩阵; $\boldsymbol{d}(t)$ 为不可预测的外部干扰.

问题 1.3.12   如何基于 UDE 研究分数阶不定非线性时滞神经网络系统的控制与稳定.

1.4 本书的内容和结构

本书包括 11 章. 第 1 章简单介绍本书的研究背景、动机和主要的研究内容以及要用的一些符号与数学概念; 主要的结果出现在第 2 章 ～ 第 10 章. 总结和将来的工作安排在第 11 章. 本书主要的内容设计如下.

第一个结果研究了一类脉冲随机时滞系统的 Razumikhin 型全局 p- 阶矩指数稳定性、全局几乎必然指数稳定性. 基于 Razumikhin 型方法, 给出了一类非线性脉冲随机时滞系统的 Razumikhin 型全局弱指数稳定性、p- 阶矩指数稳定性和几乎必然指数稳定性. 主要的目的是研究比利用 Lyapunov 泛函或函数更容易验证的稳定性判定的充分条件. 最后通过几个例子说明本书结果的可行性.

第二个结果是关于时滞神经网络的, 先利用 Brouwer 不动点定理、M-矩阵理论, 研究了一类具有更广代表性的时滞递归神经网络; 其次利用前面建立的新的 Razumikhin 型指数稳定性定理, 以及脉冲微分不等式技术, 研究了一类广义脉冲随机时滞递归神经网络, 给出了一系列的验证全局指数稳定性的充分条件, 并在各部分研究中都给出了数值例子, 说明了这些结果的有效性, 还通过例子和注记指出本书的结果在诸多方面改进并推广了已知的结果. 又研究了一类高阶不确定脉冲双向时滞神经网络的鲁棒稳定性与镇定. 证明利用 Lyapunov-Krasovskii 泛函技术,得到了在脉冲输入为零及不为零的情况下某些能确保系统全局均方渐近稳定的充分条件, 同时, 以此为据, 获得了鲁棒全局均方渐近镇定的状态反馈记忆及脉冲反馈控制律, 还设计了能镇定该双向网络的控制律, 最后用两个实例说明本书结果的可行性. 还基于构造适当的 Lyapunov 泛函, 并结合矩阵不等式技术, 得到了关于 Cohen-Grossberg 神经网络和脉冲的 Cohen-Grossberg 神经网络的充分条件, 它们的表现形式为线性矩阵不等式, 因此易于使用和验证. 实例部分说明了本书结果的有效性和对以往结果的改进.

第三个结果是通过选择适当的加权函数, 利用加权能量方法和比较原理, 研究了一类一维整数格时滞细胞神经网络的行波解的指数稳定性问题.

最后一个结果是关于基于 UDE 的不定分数阶系统的稳定与控制问题的, 得到了用线性时不变系统预估原系统的效果.

1.5 常用符号

本书中, $\mathbf{R}$ 表示实数集, $\mathbf{R}_+$ 表示正实数集, $\mathbf{Z}$ 表示整数集, $\mathbf{Z}_+$ 表示正整数集, $\mathbf{R}^n$ 表示实 n-维列向量空间, $\mathbf{R}^{n \times m}$ 表示所有的 $n \times m$- 维实矩阵空间, C^1 表示一阶连续可微, C^2 表示二阶连续可微, $\boldsymbol{A}^{\mathrm{T}}$ 表示矩阵 $\boldsymbol{A}$ 的转置, $\boldsymbol{A}^{-1}$ 为矩阵 $\boldsymbol{A}$ 的逆, $\mathrm{diag}(a_1, a_2, \cdots, a_n)$ 表示以 $a_1, a_2, \cdots, a_n$ 为对角元的对角矩阵, $\boldsymbol{A} > 0 (\boldsymbol{A} < 0)$ 表示矩阵 $\boldsymbol{A}$ 为正定 (负定) 实对称矩阵, $\boldsymbol{A} \leqslant 0 (\boldsymbol{A} \geqslant 0)$ 表示矩阵 $\boldsymbol{A}$ 为半负定 (半正定) 实对称矩阵, $\boldsymbol{A} > \boldsymbol{B} (\boldsymbol{A} \geqslant \boldsymbol{B})$ 表示矩阵 $\boldsymbol{A}, \boldsymbol{B}$ 是对称的且 $\boldsymbol{A} - \boldsymbol{B}$ 是正定的 (半正定的), $\boldsymbol{A} < \boldsymbol{B} (\boldsymbol{A} \leqslant \boldsymbol{B})$ 表示矩阵 $\boldsymbol{A}, \boldsymbol{B}$ 是对称的且 $\boldsymbol{A} - \boldsymbol{B}$ 是负定的 (半负定的), $\boldsymbol{I}$ 为单位矩阵, $\boldsymbol{A}^{-1}$ 表示矩阵 $\boldsymbol{A}$ 的逆, $\lambda_{\max}(\boldsymbol{A})$ 表示矩阵 $\boldsymbol{A}$ 的最大特征值, 缩写 LMI 代表线性矩阵不等式. $\boldsymbol{w}(t) = (w_1(t), w_2(t), \cdots, w_n(t))^{\mathrm{T}}$ 为定义在完备概率空间 $(\Omega, \mathscr{F}, P)$ 上的 n- 维 Brownian 运动, 其中 Ω 为由 $\boldsymbol{w}(t)$ 产生的样本空间, $\mathscr{F}$ 为 Ω 上的 σ- 域, P 为 $\mathscr{F}$ 上的概率测度. $\mathbb{E}$ 表示关于给定的概率测度 P 的数学期望. 对于 $\tau > 0, \{\phi(s), -\tau \leqslant s \leqslant 0\}$ 是 $C([-\tau, 0]; \mathbf{R}^n)$- 值函数, 它是 $\mathscr{F}_0$- 可测的 $\mathbf{R}^n$- 值自由变量, 这里 $C([-\tau, 0]; \mathbf{R}^n)$ 是定义在区间 $[-\tau, 0]$ 上的所有的连续 $\mathbf{R}^n$- 值函数的空间, 其范数为 $\|\phi\|_\tau = \sup\{|\phi(t)| : -\tau \leqslant t \leqslant 0\}$, 其中 $|\cdot|$ 是向量 $\boldsymbol{x} \in \mathbf{R}^n$ 的欧几里得范数. $\mathcal{K} := \{a \in C(\mathbf{R}_+, \mathbf{R}_+) | a(0) = 0$ 并且对任意的 $s > 0$, 都有 $a(s) > 0$, a 关于 s 是严格递增的 $\}$, $x_t \in C$ 定义为 $x_t(s) = x(t+s)$, 其中 $s \in [-\tau, 0]$. $\mathrm{PC}([-\tau, 0], \mathbf{R}^n) = \{\varphi : [-\tau, 0] \to \mathbf{R}^n$ 是除了 $\{t_k | k \in \mathbf{Z}_+\}$ 的有限多个点之外处处连续的, $\varphi(t_k^+), \varphi(t_k^-)$ 存在并且 $\varphi(t_k^+) = \varphi(t_k)\}$. 对于 $p > 0$ 及 $t > 0, \mathrm{PC}_{\mathscr{F}_t}^p([-\tau, 0]; \mathbf{R}^n)$ 表示所有的 $\mathscr{F}_t$- 可测 $\mathrm{PC}([-\tau, 0]; \mathbf{R}^n)$- 值随机过程 $\varphi = \{\varphi(\theta) : \theta \in [-\tau, 0]\}$ 的集合, 并满足 $\sup_{\theta \in [-\tau, 0]} \mathbb{E}|\varphi(\theta)|^p < \infty . \mathrm{PC}_{\mathscr{F}_t}^p(\Omega; \mathbf{R}^n)$ 表示所有的 $\mathscr{F}_t$- 可测并满足 $\mathbb{E}|X|^p < \infty$ 的 $\mathbf{R}^n$- 值随机变量 X 的集合. 令 $\mathrm{PCB}([-\tau, 0]; \mathbf{R}^n)$ 为所有的有界的 $\mathrm{PC}([-\tau, 0]; \mathbf{R}^n)$-

值函数的集合. 对于 $\varphi \in \mathrm{PCB}([-\tau, 0]; \mathbf{R}^n)$, φ 定义为 $\|\varphi\| = \sup_{\tau \leqslant \theta \leqslant 0} |\varphi(\theta)|$. 如果 $\tau = -\infty$, 区间 $[t_0 - \tau, t_0]$ 可理解为 $(-\infty, t_0]$. 缩写 $\begin{bmatrix} \boldsymbol{A} & \boldsymbol{B} \\ * & \boldsymbol{C} \end{bmatrix}$ 表示 $\begin{bmatrix} \boldsymbol{A} & \boldsymbol{B} \\ \boldsymbol{B}^{\mathrm{T}} & \boldsymbol{C} \end{bmatrix}$.

令 $C^{2,1}([t_0 - \tau, \infty) \times \mathbf{R}^n; \mathbf{R}^+)$ 表示在区间 $[t_0 - \tau, \infty) \times \mathbf{R}^n$ 上所有的非负函数 $V(t, \boldsymbol{x})$ 的空间, 其中 $V(t, \boldsymbol{x})$ 关于 $\boldsymbol{x}$ 连续二阶可微, 关于 t 一阶可微. 对于每一个 $V \in C^{2,1}([t_0 - \tau, \infty) \times \mathbf{R}^n; \mathbf{R}^+)$, 相应于式 (1.3.1), 算子 $\mathcal{L}V : \mathbf{R}^n \times \mathbf{R}^+ \to \mathbf{R}$ 定义为

$$\mathcal{L}\mathrm{V}(t, \boldsymbol{x}_t) = V_t(t, \boldsymbol{x}) + \boldsymbol{V}_{\boldsymbol{x}}(t, \boldsymbol{x})\boldsymbol{h}(t, \boldsymbol{x}_t) + \frac{1}{2}\mathrm{trace}[\boldsymbol{f}^{\mathrm{T}}(t, \boldsymbol{x}_t)\boldsymbol{V}_{\boldsymbol{x}\boldsymbol{x}}(t, \boldsymbol{x})\boldsymbol{f}(t, \boldsymbol{x}_t)]$$

其中

$$V_t(t, \boldsymbol{x}) = \frac{\partial V(t, \boldsymbol{x})}{\partial t}, \quad \boldsymbol{V}_{\boldsymbol{x}}(t, \boldsymbol{x}) = \left(\frac{\partial V(t, \boldsymbol{x})}{\partial x_1}, \frac{\partial V(t, \boldsymbol{x})}{\partial x_2}, \cdots, \frac{\partial V(t, \boldsymbol{x})}{\partial x_n}\right)$$

$$\boldsymbol{V}_{\boldsymbol{x}\boldsymbol{x}}(t, \boldsymbol{x}) = \left(\frac{\partial^2 V(t, \boldsymbol{x})}{\partial x_i \partial x_j}\right)_{n \times n}, \quad i, j = 1, 2, \cdots, n$$

此外, 仅用于某一节的符号将在用到的时候特别注明.

第 2 章　随机时滞神经网络的均方稳定性

通过构造适合的 Lyapunov 函数并结合矩阵不等式技术, 本章得到了一类随机非线性时滞细胞神经网络 (Stochastic Cellular Neural Network, SCNN) 全局渐近均方渐近稳定和指数稳定性的充分条件.

2.1　引　　言

随机神经网络作为一种动力系统行为已经成为一个新的研究和应用领域, 请参看相关文献 ([28]、[30]、[42]、[43]、[47]、[70]、[122]~[124]). 其中对于随机时滞 Hopfield 神经网络及随机 Cohen-Grossberg 神经网络的研究, 文献 [77]、文献 [122]、文献 [125] 利用线性矩阵不等式技术, 已经得到一些较好的结果. 特别地, 文献 [125] 利用线性矩阵不等式技术、参数变分法和随机分析, 得到了系统平衡点的指数稳定性条件. 但是, 已有文献中几乎看不到关于细胞时滞神经网络均方指数稳定性受随机影响的结果. 此外由于神经网络具有与坐标轴平行的长度, 所以还应该考虑和研究无界时滞. 另外, 在实践中, 随机现象常常出现在神经网络的电子电路设计中. 但是, 目前关于随机时滞细胞神经网络稳定性理论的研究却鲜有论述.

本章将研究一类随机时滞细胞神经网络的指数稳定性. 这里的激励函数假定满足 Lipschitz 条件和有界性. 受文献 [167] 的启示, 通过利用广义 Lyapunov 泛函、随机分析、Young 不等式方法, 得到了该类随机时滞细胞神经网络的指数稳定性条件. 不同于文献 [154]、文献 [167] 及变分参数法, Young 不等式方法是首次应用于该类问题的研究中. 本章的结果改进和推广了文献 [112] 与文献 [122] 的工作, 并且相对于文献 [18] 及文献 [123], 易于用简单的代数方法验证. 最后, 给出了例子来说明结果的有效性和实用性.

2.2　问题和引理

本章将研究如下的连续时滞积分–微分神经网络:

$$x_i'(t) = - d_i x_i(t) + \sum_{j=1}^n a_{ij} f_j(x_j(t)) + \sum_{j=1}^n b_{ij} f_j(x_j(t - \tau_j(t)))$$

$$+ \sum_{j=1}^n c_{ij} \int_{-\infty}^t k_j(t-s) f_j(x_j(s)) \mathrm{d}s + J_i, \quad i = 1, 2, \cdots, n \quad (2.2.1)$$

或者等价地考虑

$$\boldsymbol{x}'(t) = -\boldsymbol{D}\boldsymbol{x}(t) + \boldsymbol{A}\boldsymbol{f}(\boldsymbol{x}(t)) + \boldsymbol{B}\boldsymbol{f}(\boldsymbol{x}(t-\boldsymbol{\tau}(t))) + \boldsymbol{C}\int_{-\infty}^{t} \boldsymbol{K}(t-s)\boldsymbol{f}(\boldsymbol{x}(s))\mathrm{d}s + \boldsymbol{J} \quad (2.2.2)$$

其中, n 表示网络中细胞的个数; $\boldsymbol{D} = \mathrm{diag}(d_1, d_2, \cdots, d_n) > 0$ 表示一个正定对角矩阵; $\boldsymbol{x}(t) = [x_1(t), x_2(t), \cdots, x_n(t)]^{\mathrm{T}} \in \mathbf{R}^n$ 是 t 时刻的相应状态向量, $x_i(t)$ 表示第 i 个细胞在时刻 t 的状态; $\boldsymbol{f}(\boldsymbol{x}(t)) = [f_1(x_1(t)), f_2(x_2(t)), \cdots, f_n(x_n(t))]^{\mathrm{T}} \in \mathbf{R}^n$ 表示细胞间在时刻 t 的激励函数; $\boldsymbol{A} = (a_{ij})_{n \times n}$; $\boldsymbol{B} = (b_{ij})_{n \times n}$ 和 $\boldsymbol{C} = (c_{ij})_{n \times n}$ 各自表示反馈矩阵及时滞反馈矩阵; $\boldsymbol{J} = (J_1, J_2, \cdots, J_n)^{\mathrm{T}} \in \mathbf{R}^n$ 表示系统的外部常值输入, 核 $k_j : [0, +\infty) \to [0, +\infty)$ 是满足 $\int_0^{+\infty} k_j(s)\mathrm{d}s = 1$, $\boldsymbol{K}(t-s) = [k_1(t-s), k_2(t-s), \cdots, k_n(t-s)]$ 的分段连续函数; 时滞 $\tau_j(t)$ 是满足 $0 \leqslant \tau_j(t) \leqslant \tau$ 的任意非负连续函数, 这里 τ 是一个常数, $\boldsymbol{\tau}(t) = [\tau_1(t), \tau_2(t), \cdots, \tau_n(t)]$.

本章中, 假定 $f_i, i = 1, 2, \cdots, n$ 有界并且满足以下条件:

(2H) 存在常数 $L_i > 0$ 使得

$$0 \leqslant \frac{f_i(\eta_1) - f_i(\eta_2)}{\eta_1 - \eta_2} \leqslant L_i, \quad \forall \ \eta_1, \eta_2 \in \mathbf{R}, \eta_1 \neq \eta_2$$

明显地, 这类函数包含常用的 Sigmoid 激励函数 $f(x) = \dfrac{1}{1 + \mathrm{e}^{-x}}$ 和分段连续函数 $f(x) = \dfrac{1}{2}(|x+1| - |x-1|)^{[172,173]}$, 是它们的推广.

式 (2.2.1) 的初值条件为

$$x_i(t) = \phi_i(t), \quad t \in (-\infty, 0], \quad i = 1, 2, \cdots, n$$

其中, $\phi_i(t)$ 在 $t \in (-\infty, 0]$ 上连续.

若 $\boldsymbol{x}^* = [x_1^*, x_2^*, \cdots, x_n^*]^{\mathrm{T}}$ 是式 (2.2.1) 的平衡点, 通过变换 $y_i = x_i - x_i^*$, 式 (2.2.1) 或式 (2.2.2) 可转化为如下形式的系统:

$$y_i'(t) = -d_i y_i(t) + \sum_{j=1}^{n} a_{ij} g_j(y_j(t)) + \sum_{j=1}^{n} b_{ij} g_j(y_j(t - \tau_j(t)))$$
$$+ \sum_{j=1}^{n} c_{ij} \int_{-\infty}^{t} k_j(t-s) g_j(y_j(s))\mathrm{d}s, \quad i = 1, 2, \cdots, n \quad (2.2.3)$$

其中, $g_j(y_j(t)) = f_j(y_j(t) + x_j^*) - f_j(x_j^*)$, 或写成

$$\boldsymbol{y}'(t) = -\boldsymbol{D}\boldsymbol{y}(t) + \boldsymbol{A}\boldsymbol{g}(\boldsymbol{y}(t)) + \boldsymbol{B}\boldsymbol{g}(\boldsymbol{y}(t - \boldsymbol{\tau}(t)))$$
$$+ \boldsymbol{C}\int_{-\infty}^{t} \boldsymbol{K}(t-s)\boldsymbol{g}(\boldsymbol{y}(s))\mathrm{d}s \quad (2.2.4)$$

注意到 $f_j(\cdot)$ 满足条件 (2H). 因此, 每一个 $g_j(\cdot)$ 都满足

$$g_j^2(\eta_j) \leqslant L_j^2 \eta_j^2, \quad \forall \, \eta_j \in \mathbf{R}$$

$$\eta_j g_j(\eta_j) \geqslant \frac{g_j^2(\eta_j)}{L_j}, \quad \forall \, \eta_j \in \mathbf{R}$$

$$g_j(0) = 0$$

于是要证明 x^* 的稳定性, 只要证明式 (2.2.3) 或者式 (2.2.4) 的零解的稳定性就足够了.

考虑如下的随机时滞神经网络:

$$\begin{cases} \mathrm{d}y_i(t) = \left[-d_i y_i(t) + \sum_{j=1}^{n} a_{ij} g_j(y_j(t)) + \sum_{j=1}^{n} b_{ij} g_j(y_j(t - \tau_j(t))) \right. \\ \left. \qquad + \sum_{j=1}^{n} c_{ij} \int_{-\infty}^{t} k_j(t-s) g_j(y_j(s)) \mathrm{d}s \right] \mathrm{d}t + \sum_{j=1}^{n} \sigma_{ij}(t, y_j(t), y_j(t - \tau_j(t))) \mathrm{d}w_j(t) \\ y_i(t) = \phi_i(t), \quad -\infty < t \leqslant 0, \quad \boldsymbol{\phi} \in L^2_{\mathscr{F}_0}((-\infty, 0], \mathbf{R}^n) \end{cases}$$

$$(2.2.5)$$

或者等价的

$$\begin{cases} \mathrm{d}\boldsymbol{y}(t) = \left[-\boldsymbol{D}\boldsymbol{y}(t) + \boldsymbol{A}\boldsymbol{g}(\boldsymbol{y}(t)) + \boldsymbol{B}\boldsymbol{g}(\boldsymbol{y}(t - \boldsymbol{\tau}(t))) + \boldsymbol{C} \int_{-\infty}^{t} \boldsymbol{K}(t-s) \boldsymbol{g}(\boldsymbol{y}(s)) \mathrm{d}s \right] \mathrm{d}t \\ \qquad + \boldsymbol{\sigma}(t, \boldsymbol{y}(t), \boldsymbol{y}(t - \boldsymbol{\tau}(t))) \mathrm{d}\boldsymbol{w}(t) \\ \boldsymbol{y}(t) = \boldsymbol{\phi}(t), \quad -\infty < t \leqslant 0, \quad \boldsymbol{\phi} \in L^2_{\mathscr{F}_0}((-\infty, 0], \mathbf{R}^n) \end{cases}$$

$$(2.2.6)$$

其中, $i = 1, 2, \cdots, n$; $\boldsymbol{w}(t) = (w_1(t), w_2(t), \cdots, w_n(t))^{\mathrm{T}}$ 是定义具有自然滤波 $\{\mathscr{F}_t\}_{t \geqslant 0}$ 的完备概率空间 $(\Omega, \mathscr{F}, P)$ 上的 n-维 Brownian 运动. 这里, 自然滤波 $\{\mathscr{F}_t\}_{t \geqslant 0}$ 由 $\{\boldsymbol{w}(s) : 0 \leqslant s \leqslant t\}$ 生成, Ω 是由 $\boldsymbol{w}(t)$ 生成的样本空间, $\mathscr{F}$ 表示由 $\boldsymbol{w}(t)$ 生成的具有概率测度 P 的 σ-代数. $\{\phi_i(s), -\infty < s \leqslant 0\}$ 是 $C((-\infty, 0]; \mathbf{R}^n)$-值函数, $i = 1, 2, \cdots, n$, 表示 $\mathscr{F}_0$-可测的 $\mathbf{R}^n$-值随机变量. 其中 $C((-\infty, 0]; \mathbf{R}^n)$ 是定义在 $(-\infty, 0]$ 上的所有 $\mathbf{R}^n$-值连续函数空间, 其范数定义为 $\|\boldsymbol{\phi}\| = \sup\{|\phi(t)| : -\infty \leqslant t \leqslant 0\}$, 这里 $|\cdot|$ 是向量 $\boldsymbol{x} \in \mathbf{R}^n$ 的欧氏范数. $\boldsymbol{\sigma}(t, x, y) = (\sigma_{ij}(t, x_j, y_j))_{n \times n}$, 其中 $\sigma_{ij}(t, x_j, y_j) : \mathbf{R}^+ \times \mathbf{R} \times \mathbf{R} \to \mathbf{R}$ 是局部 Lipschitz 连续的且满足如下的线性增长条件, $\sigma_{ij}(t, x_j^*(t), x_j^*(t - \tau_j(t))) = 0$.

令 $|\boldsymbol{y}(t)|$、$\|\boldsymbol{y}(t)\|$ 表示向量 $\boldsymbol{y}(t) = [y_1(t), y_2(t), \cdots, y_n(t)]^{\mathrm{T}}$ 的范数, 其定义为

$$|\boldsymbol{y}(t)| = \left[\sum_{i=1}^{n} |y_i(t)|^2\right]^{\frac{1}{2}}$$

$$\|\boldsymbol{y}(t)\| = \sup_{-\infty \leqslant s \leqslant 0} \left[\sum_{i=1}^{n} |y_i(t+s)|^2 \right]^{\frac{1}{2}}$$

定义 2.2.1   式 (2.2.6) 的解 $\boldsymbol{y}(t; \boldsymbol{\phi})$ 称为 p 阶矩指数稳定, 如果对于任意的初值 $\boldsymbol{\phi}$ 及 $t \geqslant 0$, 都存在正常数 λ 和 c 使得

$$\mathbb{E}\|\boldsymbol{y}(t; \boldsymbol{\phi})\|^p \leqslant c\mathbb{E}\|\boldsymbol{\phi}\|^p \mathrm{e}^{-\lambda t}$$

其中, $\mathbb{E}$ 表示数学期望算子. 这种情况下有

$$\limsup_{t \to \infty} \frac{1}{t} \ln(\mathbb{E}\|\boldsymbol{y}(t; \boldsymbol{\phi})\|^p) \leqslant -\lambda \tag{2.2.7}$$

当 $p = 2$ 时, 也称为均方指数稳定.

引理 2.2.1   对任意的向量 $\boldsymbol{a}, \boldsymbol{b} \in \mathbf{R}^n$, 以及 $\forall \rho > 0$, 都有

$$2\boldsymbol{a}^{\mathrm{T}}\boldsymbol{b} \leqslant \rho\boldsymbol{a}^{\mathrm{T}}\boldsymbol{a} + \frac{1}{\rho}\boldsymbol{b}^{\mathrm{T}}\boldsymbol{b}$$

引理 2.2.2   对任意的向量 $\boldsymbol{a}, \boldsymbol{b} \in \mathbf{R}^n$, 以及任意的矩阵 $\boldsymbol{X} > 0$, 都有

$$2\boldsymbol{a}^{\mathrm{T}}\boldsymbol{b} \leqslant \boldsymbol{a}^{\mathrm{T}}\boldsymbol{X}^{-1}\boldsymbol{a} + \boldsymbol{b}^{\mathrm{T}}\boldsymbol{X}\boldsymbol{b}$$

2.3   均方渐近稳定性

定理 2.3.1   假设存在矩阵 $\boldsymbol{M} = \mathrm{diag}(m_i)_{n \times n} > 0, \boldsymbol{M}_0 \geqslant 0, \boldsymbol{M}_1 \geqslant 0$ 使得

$$\mathrm{trace}[\boldsymbol{\sigma}^{\mathrm{T}}(t, \boldsymbol{y}(t), \boldsymbol{y}(t - \boldsymbol{\tau}(t)))\boldsymbol{M}\boldsymbol{\sigma}(t, \boldsymbol{y}(t), \boldsymbol{y}(t - \boldsymbol{\tau}(t)))]$$
$$\leqslant \boldsymbol{y}^{\mathrm{T}}(t)\boldsymbol{M}_0\boldsymbol{y}(t) + (1 - \delta)\boldsymbol{y}^{\mathrm{T}}(t - \boldsymbol{\tau}(t))\boldsymbol{M}_1\boldsymbol{y}(t - \boldsymbol{\tau}(t)) \tag{2.3.1}$$

则式 (2.2.5) 的平衡点 $\boldsymbol{y}^* = 0$ 是全局均方渐近稳定的, 如果存在矩阵 $\boldsymbol{P} = \mathrm{diag}(p_i)_{n \times n} > 0$ 使得

$$-2\boldsymbol{M}\boldsymbol{D} + \boldsymbol{M}_0 + \boldsymbol{M}_1 + 3\boldsymbol{L}\boldsymbol{P}\boldsymbol{L} + \boldsymbol{M}\boldsymbol{A}\boldsymbol{P}^{-1}\boldsymbol{A}^{\mathrm{T}}\boldsymbol{M}$$
$$+ (1 - \delta)^{-1}\boldsymbol{M}\boldsymbol{B}\boldsymbol{P}^{-1}\boldsymbol{B}^{\mathrm{T}}\boldsymbol{M} + \boldsymbol{M}\boldsymbol{C}\boldsymbol{P}^{-1}\boldsymbol{C}^{\mathrm{T}}\boldsymbol{M} < 0 \tag{2.3.2}$$

$$\boldsymbol{L} = \mathrm{diag}(L_i)_{n \times n} > 0$$

证明   考虑如下定义的正定 Lyapunov 泛函:

$$V(\boldsymbol{y}(t), t) = \boldsymbol{y}^{\mathrm{T}}(t)\boldsymbol{M}\boldsymbol{y}(t) + \int_{t - \boldsymbol{\tau}(t)}^{t} \boldsymbol{y}^{\mathrm{T}}(s)(\boldsymbol{M}_1 + \boldsymbol{L}\boldsymbol{P}\boldsymbol{L})\boldsymbol{y}(s)\mathrm{d}s$$

$$+ \sum_{i=1}^{n} \sum_{j=1}^{n} p_j \int_0^{\infty} k_{ij}(\xi) \int_{t-\xi}^{t} g_j^2(y_j(s)) \mathrm{d}s \mathrm{d}\xi$$

根据 Itô公式, 沿着式 (2.2.6) 的迹, 计算和估计 $\mathcal{L}\mathrm{V}(\boldsymbol{y}(t), t)$ 如下:

$$\mathcal{L}\mathrm{V}(\boldsymbol{y}(t), t)$$

$$=2\boldsymbol{y}^{\mathrm{T}}(t)\boldsymbol{M}\left[-\boldsymbol{D}\boldsymbol{y}(t) + \boldsymbol{A}\boldsymbol{g}(\boldsymbol{y}(t)) + \boldsymbol{B}\boldsymbol{g}(\boldsymbol{y}(t-\boldsymbol{\tau}(t))) + \boldsymbol{C}\int_{-\infty}^{t}\boldsymbol{K}(t-s)\boldsymbol{g}(\boldsymbol{y}(s))\mathrm{d}s\right]$$

$$+ \boldsymbol{y}^{\mathrm{T}}(t)(\boldsymbol{M}_1 + \boldsymbol{LPL})\boldsymbol{y}(t) - (1-\boldsymbol{\tau}'(t))\boldsymbol{y}^{\mathrm{T}}(t-\boldsymbol{\tau}(t))(\boldsymbol{M}_1 + \boldsymbol{LPL})\boldsymbol{y}(t-\boldsymbol{\tau}(t))$$

$$+ \sum_{i=1}^{n}\sum_{j=1}^{n}p_j\int_0^{\infty}k_{ij}(\xi)g_j^2(y_j(t))\mathrm{d}\xi$$

$$- \sum_{i=1}^{n}\sum_{j=1}^{n}p_j\int_0^{\infty}k_{ij}(\xi)g_j^2(y_j(t-\xi))\mathrm{d}\xi$$

$$+ \mathrm{trace}[\boldsymbol{\sigma}^{\mathrm{T}}(t,\boldsymbol{y}(t),\boldsymbol{y}(t-\boldsymbol{\tau}(t)))\boldsymbol{M}\boldsymbol{\sigma}(t,\boldsymbol{y}(t),\boldsymbol{y}(t-\boldsymbol{\tau}(t)))]$$

$$= -2\boldsymbol{y}^{\mathrm{T}}(t)\boldsymbol{M}\boldsymbol{D}\boldsymbol{y}(t) + 2\boldsymbol{y}^{\mathrm{T}}(t)\boldsymbol{M}\boldsymbol{A}\boldsymbol{g}(\boldsymbol{y}(t)) + 2\boldsymbol{y}^{\mathrm{T}}(t)\boldsymbol{M}\boldsymbol{B}\boldsymbol{g}(\boldsymbol{y}(t-\boldsymbol{\tau}(t)))$$

$$+ 2\boldsymbol{y}^{\mathrm{T}}(t)\boldsymbol{M}\boldsymbol{C}\int_{-\infty}^{t}\boldsymbol{K}(t-s)\boldsymbol{g}(\boldsymbol{y}(s))\mathrm{d}s + \boldsymbol{y}^{\mathrm{T}}(t)(\boldsymbol{M}_1 + \boldsymbol{LPL})\boldsymbol{y}(t)$$

$$- (1-\boldsymbol{\tau}'(t))\boldsymbol{y}^{\mathrm{T}}(t-\boldsymbol{\tau}(t))(\boldsymbol{M}_1 + \boldsymbol{LPL})\boldsymbol{y}(t-\boldsymbol{\tau}(t))$$

$$+ \boldsymbol{g}^{\mathrm{T}}(\boldsymbol{y}(t))\boldsymbol{P}\boldsymbol{g}(\boldsymbol{y}(t)) - \sum_{i=1}^{n}\sum_{j=1}^{n}p_j\int_0^{\infty}k_{ij}(\xi)\mathrm{d}\xi\int_0^{\infty}k_{ij}(\xi)g_j^2(y_j(t-\xi))\mathrm{d}\xi$$

$$+ \mathrm{trace}[\boldsymbol{\sigma}^{\mathrm{T}}(t,\boldsymbol{y}(t),\boldsymbol{y}(t-\boldsymbol{\tau}(t)))\boldsymbol{M}\boldsymbol{\sigma}(t,\boldsymbol{y}(t),\boldsymbol{y}(t-\boldsymbol{\tau}(t)))]$$

$$\leqslant -2\boldsymbol{y}^{\mathrm{T}}(t)\boldsymbol{M}\boldsymbol{D}\boldsymbol{y}(t) + 2\boldsymbol{y}^{\mathrm{T}}(t)\boldsymbol{M}\boldsymbol{A}\boldsymbol{g}(\boldsymbol{y}(t)) + 2\boldsymbol{y}^{\mathrm{T}}(t)\boldsymbol{M}\boldsymbol{B}\boldsymbol{g}(\boldsymbol{y}(t-\boldsymbol{\tau}(t)))$$

$$+ 2\boldsymbol{y}^{\mathrm{T}}(t)\boldsymbol{M}\boldsymbol{C}\int_{-\infty}^{t}\boldsymbol{K}(t-s)\boldsymbol{g}(\boldsymbol{y}(s))\mathrm{d}s + \boldsymbol{y}^{\mathrm{T}}(t)(\boldsymbol{M}_1 + \boldsymbol{LPL})\boldsymbol{y}(t)$$

$$- (1-\delta)\boldsymbol{y}^{\mathrm{T}}(t-\boldsymbol{\tau}(t))(\boldsymbol{M}_1 + \boldsymbol{LPL})\boldsymbol{y}(t-\boldsymbol{\tau}(t))$$

$$+ \boldsymbol{y}^{\mathrm{T}}(t)\boldsymbol{LPL}\boldsymbol{y}(t) - \sum_{i=1}^{n}\sum_{j=1}^{n}p_j\left(\int_0^{\infty}k_{ij}(\xi)g_j(y_j(t-\xi))\mathrm{d}\xi\right)^2$$

$$+ \boldsymbol{y}^{\mathrm{T}}(t)\boldsymbol{M}_0\boldsymbol{y}(t) + (1-\delta)\boldsymbol{y}^{\mathrm{T}}(t-\boldsymbol{\tau}(t))\boldsymbol{M}_1\boldsymbol{y}(t-\boldsymbol{\tau}(t))$$

$$= -2\boldsymbol{y}^{\mathrm{T}}(t)\boldsymbol{M}\boldsymbol{D}\boldsymbol{y}(t) + 2\boldsymbol{y}^{\mathrm{T}}(t)\boldsymbol{M}\boldsymbol{A}\boldsymbol{g}(\boldsymbol{y}(t)) + 2\boldsymbol{y}^{\mathrm{T}}(t)\boldsymbol{M}\boldsymbol{B}\boldsymbol{g}(\boldsymbol{y}(t-\boldsymbol{\tau}(t)))$$

$$+ 2\boldsymbol{y}^{\mathrm{T}}(t)\boldsymbol{M}\boldsymbol{C}\int_{-\infty}^{t}\boldsymbol{K}(t-s)\boldsymbol{g}(\boldsymbol{y}(s))\mathrm{d}s + \boldsymbol{y}^{\mathrm{T}}(t)(\boldsymbol{M}_1 + \boldsymbol{LPL})\boldsymbol{y}(t)$$

$$- (1-\delta)\boldsymbol{y}^{\mathrm{T}}(t-\boldsymbol{\tau}(t))(\boldsymbol{M}_1 + \boldsymbol{LPL})\boldsymbol{y}(t-\boldsymbol{\tau}(t)) + \boldsymbol{y}^{\mathrm{T}}(t)\boldsymbol{LPL}\boldsymbol{y}(t)$$

$$- \left(\int_{-\infty}^{t} \boldsymbol{K}(t-s)\boldsymbol{g}(\boldsymbol{y}(s))\mathrm{d}s \right)^{\mathrm{T}} \boldsymbol{P} \left(\int_{-\infty}^{t} \boldsymbol{K}(t-s)\boldsymbol{g}(\boldsymbol{y}(s))\mathrm{d}s \right)$$

$$+ \boldsymbol{y}^{\mathrm{T}}(t)\boldsymbol{M}_0\boldsymbol{y}(t) + (1-\delta)\boldsymbol{y}^{\mathrm{T}}(t-\boldsymbol{\tau}(t))\boldsymbol{M}_1\boldsymbol{y}(t-\boldsymbol{\tau}(t)) \tag{2.3.3}$$

由引理 2.2.2 可得

$$2\boldsymbol{y}^{\mathrm{T}}(t)\boldsymbol{M}\boldsymbol{A}\boldsymbol{g}(\boldsymbol{y}(t)) \leqslant \boldsymbol{y}^{\mathrm{T}}(t)\boldsymbol{M}\boldsymbol{A}\boldsymbol{P}^{-1}\boldsymbol{A}^{\mathrm{T}}\boldsymbol{M}^{\mathrm{T}}\boldsymbol{y}(t) + \boldsymbol{g}^{\mathrm{T}}(\boldsymbol{y}(t))\boldsymbol{P}\boldsymbol{g}(\boldsymbol{y}(t))$$

$$\leqslant \boldsymbol{y}^{\mathrm{T}}(t)(\boldsymbol{M}\boldsymbol{A}\boldsymbol{P}^{-1}\boldsymbol{A}^{\mathrm{T}}\boldsymbol{M} + \boldsymbol{L}\boldsymbol{P}\boldsymbol{L})\boldsymbol{y}(t) \tag{2.3.4}$$

$$2\boldsymbol{y}^{\mathrm{T}}(t)\boldsymbol{M}\boldsymbol{B}\boldsymbol{g}(\boldsymbol{y}(t-\boldsymbol{\tau}(t)))$$

$$\leqslant \boldsymbol{y}^{\mathrm{T}}(t)\boldsymbol{M}\boldsymbol{B}[(1-\delta)\boldsymbol{P}]^{-1}\boldsymbol{B}^{\mathrm{T}}\boldsymbol{M}^{\mathrm{T}}\boldsymbol{y}(t) + \boldsymbol{g}^{\mathrm{T}}(\boldsymbol{y}(t-\boldsymbol{\tau}(t)))[(1-\delta)\boldsymbol{P}]\boldsymbol{g}(\boldsymbol{y}(t-\boldsymbol{\tau}(t)))$$

$$\leqslant (1-\delta)^{-1}\boldsymbol{y}^{\mathrm{T}}(t)\boldsymbol{M}\boldsymbol{B}\boldsymbol{P}^{-1}\boldsymbol{B}^{\mathrm{T}}\boldsymbol{M}\boldsymbol{y}(t) + (1-\delta)\boldsymbol{y}^{\mathrm{T}}(t-\boldsymbol{\tau}(t))\boldsymbol{L}\boldsymbol{P}\boldsymbol{L}\boldsymbol{y}(t-\boldsymbol{\tau}(t)) \tag{2.3.5}$$

$$2\boldsymbol{y}^{\mathrm{T}}(t)\boldsymbol{M}\boldsymbol{C} \int_{-\infty}^{t} \boldsymbol{K}(t-s)\boldsymbol{g}(\boldsymbol{y}(s))\mathrm{d}s$$

$$\leqslant \boldsymbol{y}^{\mathrm{T}}(t)\boldsymbol{M}\boldsymbol{C}\boldsymbol{P}^{-1}\boldsymbol{C}^{\mathrm{T}}\boldsymbol{M}\boldsymbol{y}(t)$$

$$+ \left(\int_{-\infty}^{t} \boldsymbol{K}(t-s)\boldsymbol{g}(\boldsymbol{y}(s))\mathrm{d}s \right)^{\mathrm{T}} \boldsymbol{P} \left(\int_{-\infty}^{t} \boldsymbol{K}(t-s)\boldsymbol{g}(\boldsymbol{y}(s))\mathrm{d}s \right) \tag{2.3.6}$$

由式 (2.3.3)~式 (2.3.6) 得

$$\mathcal{L}\mathrm{V}(\boldsymbol{y}(t),t) \leqslant \boldsymbol{y}^{\mathrm{T}}(t)[-2\boldsymbol{M}\boldsymbol{D} + \boldsymbol{M}_0 + \boldsymbol{M}_1 + 3\boldsymbol{L}\boldsymbol{P}\boldsymbol{L} + \boldsymbol{M}\boldsymbol{A}\boldsymbol{P}^{-1}\boldsymbol{A}^{\mathrm{T}}\boldsymbol{M}$$

$$+ (1-\delta)^{-1}\boldsymbol{M}\boldsymbol{B}\boldsymbol{P}^{-1}\boldsymbol{B}^{\mathrm{T}}\boldsymbol{M} + \boldsymbol{M}\boldsymbol{C}\boldsymbol{P}^{-1}\boldsymbol{C}^{\mathrm{T}}\boldsymbol{M}]\boldsymbol{y}(t)$$

因此, 为了对任何状态变量都确保 $\mathcal{L}\mathrm{V}(\boldsymbol{y}(t),t)$ 的非正性, 就需要 $-2\boldsymbol{M}\boldsymbol{D} + \boldsymbol{M}_0 + \boldsymbol{M}_1 + 3\boldsymbol{L}\boldsymbol{P}\boldsymbol{L} + \boldsymbol{M}\boldsymbol{A}\boldsymbol{P}^{-1}\boldsymbol{A}^{\mathrm{T}}\boldsymbol{M} + (1-\delta)^{-1}\boldsymbol{M}\boldsymbol{B}\boldsymbol{P}^{-1}\boldsymbol{B}^{\mathrm{T}}\boldsymbol{M} + \boldsymbol{M}\boldsymbol{C}\boldsymbol{P}^{-1}\boldsymbol{C}^{\mathrm{T}}\boldsymbol{M}$ 为一个负定矩阵. 这蕴含着系统的平衡点是全局均方渐近稳定的. 证毕.

当 $\boldsymbol{C} = 0$ 时, 式 (2.2.5) 或式 (2.2.6) 可变为

$$\begin{cases} \mathrm{d}\boldsymbol{y}(t) = [-\boldsymbol{D}\boldsymbol{y}(t) + \boldsymbol{A}\boldsymbol{g}(\boldsymbol{y}(t)) + \boldsymbol{B}\boldsymbol{g}(\boldsymbol{y}(t-\boldsymbol{\tau}(t)))]\mathrm{d}t + \boldsymbol{\sigma}(t,\boldsymbol{y}(t),\boldsymbol{y}(t-\boldsymbol{\tau}(t)))\mathrm{d}\boldsymbol{w}(t) \\ \boldsymbol{y}(t) = \boldsymbol{\phi}(t), \ -\tau \leqslant t \leqslant 0, \ \boldsymbol{\phi} \in L^2_{\mathcal{F}_0}([-\tau,0],\mathbf{R}^n) \end{cases} \tag{2.3.7}$$

于是易得如下推论.

推论 2.3.1　假设存在矩阵 $\boldsymbol{M} = \mathrm{diag}(m_i)_{n\times n} > 0, \boldsymbol{M}_0 \geqslant 0, \boldsymbol{M}_1 \geqslant 0$ 使得

$$\mathrm{trace}[\boldsymbol{\sigma}^{\mathrm{T}}(t,\boldsymbol{y}(t),\boldsymbol{y}(t-\boldsymbol{\tau}(t)))\boldsymbol{M}\boldsymbol{\sigma}(t,\boldsymbol{y}(t),\boldsymbol{y}(t-\boldsymbol{\tau}(t)))]$$

$$\leqslant \boldsymbol{y}^{\mathrm{T}}(t)\boldsymbol{M}_0\boldsymbol{y}(t) + (1-\delta)\boldsymbol{y}^{\mathrm{T}}(t-\boldsymbol{\tau}(t))\boldsymbol{M}_1\boldsymbol{y}(t-\boldsymbol{\tau}(t))$$

则式 (2.3.7) 的平衡点是全局均方渐近稳定的, 如果存在矩阵 $\boldsymbol{M}$ 使得

$$-2\boldsymbol{MD} + \boldsymbol{M}_0 + \boldsymbol{M}_1 + 3\boldsymbol{LPL} + \boldsymbol{MAP}^{-1}\boldsymbol{A}^{\mathrm{T}}\boldsymbol{M} + (1-\delta)^{-1}\boldsymbol{MBP}^{-1}\boldsymbol{B}^{\mathrm{T}}\boldsymbol{M} < 0$$

注记 2.3.1 文献 [112] 和文献 [113] 研究无界分布时滞神经网络的全局稳定性. 但是, 这些文献的模型都忽视了随机项. 故这里的结论推广和改进了文献的相关结果 [106−108,110−113].

注记 2.3.2 文献 [106]∼ 文献 [108] 中分布时滞都是有限的. 这里的结果可以延伸到无限时滞. 因此这里的结果和文献 [106]∼ 文献 [108] 可以相互补充, 并比文献 [71] 的结果更简洁.

例 2.3.1 考虑如下的两个细胞神经网络:

$$\mathrm{d}y_1(t) =$$

$$[-1.5y_1(t) + 0.3g_1(y_1(t)) - 0.2g_2(y_2(t)) + 0.3g_1(y_1(t - \tau_1(t))) + 0.1g_2(y_2(t - \tau_2(t)))$$

$$+0.6\int_{-\infty}^{t} k_1(t-s)g_1(y_1(s))\mathrm{d}s + 0.5\int_{-\infty}^{t} k_2(t-s)g_2(y_2(s))\mathrm{d}s]\,\mathrm{d}t$$

$$+ [0.5y_1(t) + 0.5y_1(t - \boldsymbol{\tau}(t))]\mathrm{d}\boldsymbol{w}(t)$$

$$\mathrm{d}y_2(t) =$$

$$[-1.5y_2(t) - 0.2g_1(y_1(t)) + 0.1g_2(y_2(t)) + 0.3g_1(y_1(t - \tau_1(t))) + 0.2g_2(y_2(t - \tau_2(t)))$$

$$+0.4\int_{-\infty}^{t} k_1(t-s)g_1(y_1(s))\mathrm{d}s - 0.6\int_{-\infty}^{t} k_2(t-s)g_2(y_2(s))\mathrm{d}s]\,\mathrm{d}t$$

$$+ [0.4y_2(t) + 0.4y_2(t - \boldsymbol{\tau}(t))]\mathrm{d}\boldsymbol{w}(t)$$

$$(2.3.8)$$

其中, 激励函数为 $g_i(x) = \tanh 0.5x$; $\tau_1(t) = 0.3 + 0.5\sin t$; $\tau_2(t) = 0.3 + 0.5\cos t$. 时滞反馈矩阵 $\boldsymbol{A}, \boldsymbol{B}, \boldsymbol{C}$ 和 $\boldsymbol{D}$ 为

$$\boldsymbol{A} = (a_{ij})_{2\times 2} = \begin{bmatrix} 0.3 & -0.2 \\ -0.2 & 0.1 \end{bmatrix}$$

$$\boldsymbol{B} = (b_{ij})_{2\times 2} = \begin{bmatrix} 0.3 & 0.1 \\ 0.3 & 0.2 \end{bmatrix}$$

$$\boldsymbol{C} = (c_{ij})_{2\times 2} = \begin{bmatrix} 0.6 & 0.5 \\ 0.4 & -0.6 \end{bmatrix}$$

$$\boldsymbol{D} = \begin{bmatrix} 1.5 & 0 \\ 0 & 1.5 \end{bmatrix}$$

明显地, g_i 满足条件, 其中 $L_1 = L_2 = 0.5$, $\delta = \dfrac{1}{2}$. 令 $\boldsymbol{M} = \boldsymbol{I}$, $\boldsymbol{I}$ 表示 n 阶单位

矩阵, $\boldsymbol{M}_0 = \begin{bmatrix} 0.5 & 0 \\ 0 & 0.32 \end{bmatrix}$, $\boldsymbol{M}_1 = \begin{bmatrix} 0.25 & 0 \\ 0 & 0.16 \end{bmatrix}$. 选择 $\boldsymbol{P} = \boldsymbol{I}$, 则有

$$-2\boldsymbol{MD} + \boldsymbol{M}_0 + \boldsymbol{M}_1 + 3\boldsymbol{LPL} + \boldsymbol{MAP}^{-1}\boldsymbol{A}^{\mathrm{T}}\boldsymbol{M}$$

$$+ (1 - \delta)^{-1}\boldsymbol{MBP}^{-1}\boldsymbol{B}^{\mathrm{T}}\boldsymbol{M} + \boldsymbol{MCP}^{-1}\boldsymbol{C}^{\mathrm{T}}\boldsymbol{M}$$

$$= \begin{bmatrix} -0.31 & 0 \\ 0 & -0.78 \end{bmatrix} < 0$$

因此根据定理 2.3.1, 则式 (2.3.8) 的平衡点是全局均方渐近稳定的.

2.4 均方指数稳定性

定理 2.4.1 假设存在正对角矩阵 $\boldsymbol{M} = \mathrm{diag}(m_1, m_2, \cdots, m_n), \boldsymbol{M}_0, \boldsymbol{M}_1$ 使得

$$\mathrm{trace}[\boldsymbol{\sigma}^{\mathrm{T}}(t, \boldsymbol{y}(t), \boldsymbol{y}(t - \boldsymbol{\tau}(t)))\boldsymbol{M}\boldsymbol{\sigma}(t, \boldsymbol{y}(t), \boldsymbol{y}(t - \boldsymbol{\tau}(t)))]$$

$$\leqslant \boldsymbol{y}^{\mathrm{T}}(t)\boldsymbol{M}_0\boldsymbol{y}(t) + \boldsymbol{y}^{\mathrm{T}}(t - \boldsymbol{\tau}(t))\boldsymbol{M}_1\boldsymbol{y}(t - \boldsymbol{\tau}(t))$$

则式 (2.2.5) 的平衡点是均方指数稳定的, 如果存在 $\boldsymbol{P} = \mathrm{diag}(p_1, p_2, \cdots, p_n)$, $\boldsymbol{P}$ 是正对角矩阵且使得

$$-2\boldsymbol{MD} + \boldsymbol{M} + \boldsymbol{M}_0 + \boldsymbol{LPL} + \boldsymbol{LP}\overline{\boldsymbol{G}_1}\boldsymbol{L} + \overline{\boldsymbol{G}_2}(\boldsymbol{M}_1 + \boldsymbol{LPL})$$

$$+ \boldsymbol{MAP}^{-1}\boldsymbol{A}^{\mathrm{T}}\boldsymbol{M} + \boldsymbol{MBP}^{-1}\boldsymbol{B}^{\mathrm{T}}\boldsymbol{M} + \boldsymbol{MCP}^{-1}\boldsymbol{C}^{\mathrm{T}}\boldsymbol{M} < 0$$

其中

$$\boldsymbol{L} = \mathrm{diag}(L_1, L_2, \cdots, L_n)$$

$$\overline{\boldsymbol{G}_1} = \mathrm{diag}\left(\int_0^\infty k_1(s)\mathrm{e}^s\mathrm{d}s, \int_0^\infty k_2(s)\mathrm{e}^s\mathrm{d}s, \cdots, \int_0^\infty k_n(s)\mathrm{e}^s\mathrm{d}s\right)$$

$$\overline{\boldsymbol{G}_2} = \mathrm{diag}\left(\mathrm{e}^{\tau_1(h_1^{-1}(t))}, \mathrm{e}^{\tau_2(h_2^{-1}(t))}, \cdots, \mathrm{e}^{\tau_n(h_n^{-1}(t))}\right)$$

其中, $h_i^{-1}(t)$ 表示 $h_i(t) = t - \tau_i(t)$ 的逆函数.

证明 因为

$$-2\boldsymbol{MD} + \boldsymbol{M} + \boldsymbol{M}_0 + \boldsymbol{LPL} + \boldsymbol{LP}\overline{\boldsymbol{G}_1}\boldsymbol{L} + \overline{\boldsymbol{G}_2}(\boldsymbol{M}_1 + \boldsymbol{LPL})$$

$$+ \boldsymbol{MAP}^{-1}\boldsymbol{A}^{\mathrm{T}}\boldsymbol{M} + \boldsymbol{MBP}^{-1}\boldsymbol{B}^{\mathrm{T}}\boldsymbol{M} + \boldsymbol{MCP}^{-1}\boldsymbol{C}^{\mathrm{T}}\boldsymbol{M} < 0$$

所以可以选择足够小的 $\varepsilon > 0$ 使得

$$
- 2\boldsymbol{MD} + \varepsilon \boldsymbol{M} + \boldsymbol{M}_0 + \boldsymbol{LPL} + \boldsymbol{LPG}_1\boldsymbol{L} + \boldsymbol{G}_2(\boldsymbol{M}_1 + \boldsymbol{LPL}) + \boldsymbol{MAP}^{-1}\boldsymbol{A}^{\mathrm{T}}\boldsymbol{M}
$$
$$
+ \boldsymbol{MBP}^{-1}\boldsymbol{B}^{\mathrm{T}}\boldsymbol{M} + \boldsymbol{MCP}^{-1}\boldsymbol{C}^{\mathrm{T}}\boldsymbol{M} < 0
$$

其中

$$
\boldsymbol{G}_1 = \mathrm{diag}\left(\int_0^\infty k_1(s)\mathrm{e}^{\varepsilon s}\mathrm{d}s, \int_0^\infty k_2(s)\mathrm{e}^{\varepsilon s}\mathrm{d}s, \cdots, \int_0^\infty k_n(s)\mathrm{e}^{\varepsilon s}\mathrm{d}s\right)
$$
$$
\boldsymbol{G}_2 = \mathrm{diag}\left(\mathrm{e}^{\varepsilon \tau_1(h_1^{-1}(t))}, \mathrm{e}^{\varepsilon \tau_2(h_2^{-1}(t))}, \cdots, \mathrm{e}^{\varepsilon \tau_n(h_n^{-1}(t))}\right)
$$

考虑如下的正定 Lyapunov 函数:

$$
V(\boldsymbol{y}(t), t) = \mathrm{e}^{\varepsilon t}\boldsymbol{y}^{\mathrm{T}}(t)\boldsymbol{M}\boldsymbol{y}(t) + \sum_{j=1}^n (m_{1j} + L_j^2 p_j)\int_{t-\tau_j(t)}^t y_j^2(s)\mathrm{e}^{\varepsilon(s+\tau_j(h_j^{-1}(s)))}\mathrm{d}s
$$
$$
+ \sum_{j=1}^n p_j \int_0^\infty k_j(s)\mathrm{e}^{\varepsilon s}\int_{t-s}^t g_j^2(y_j(u))\mathrm{e}^{\varepsilon u}\mathrm{d}u\mathrm{d}s
$$

根据 Itô公式, 沿着式 (2.2.5) 可以计算和估计 $\mathcal{L}\mathrm{V}(\boldsymbol{y}(t), t)$ 如下:

$$
\mathcal{L}\mathrm{V}(\boldsymbol{y}(t), t)
$$
$$
= \varepsilon\mathrm{e}^{\varepsilon t}\boldsymbol{y}^{\mathrm{T}}(t)\boldsymbol{M}\boldsymbol{y}(t) + 2\mathrm{e}^{\varepsilon t}\boldsymbol{y}^{\mathrm{T}}(t)\boldsymbol{M}\Big[- \boldsymbol{D}\boldsymbol{y}(t) + \boldsymbol{A}\boldsymbol{g}(\boldsymbol{y}(t))
$$
$$
+ \boldsymbol{B}\boldsymbol{g}(\boldsymbol{y}(t - \boldsymbol{\tau}(t))) + \boldsymbol{C}\int_{-\infty}^t \boldsymbol{K}(t-s)\boldsymbol{g}(\boldsymbol{y}(s))\mathrm{d}s\Big]
$$
$$
+ \mathrm{e}^{\varepsilon t}\mathrm{trace}[\boldsymbol{\sigma}^{\mathrm{T}}(t, \boldsymbol{y}(t), \boldsymbol{y}(t - \boldsymbol{\tau}(t)))\boldsymbol{M}\boldsymbol{\sigma}(t, \boldsymbol{y}(t), \boldsymbol{y}(t - \boldsymbol{\tau}(t)))]
$$
$$
+ \sum_{j=1}^n (m_{1j} + L_j^2 p_j)y_j^2(t)\mathrm{e}^{\varepsilon(t+\tau_j(h_j^{-1}(t)))} - \mathrm{e}^{\varepsilon t}\sum_{j=1}^n (m_{1j} + L_j^2 p_j)y_j^2(t - \tau_j(t))
$$
$$
+ \mathrm{e}^{\varepsilon t}\sum_{j=1}^n p_j \int_0^\infty k_j(s)\mathrm{e}^{\varepsilon s}g_j^2(y_j(t))\mathrm{d}s - \mathrm{e}^{\varepsilon t}\sum_{j=1}^n p_j \int_0^\infty k_j(s)g_j^2(y_j(t-s))\mathrm{d}s
$$
$$
= \mathrm{e}^{\varepsilon t}\Big\{ \varepsilon\boldsymbol{y}^{\mathrm{T}}(t)\boldsymbol{M}\boldsymbol{y}(t) - 2\boldsymbol{y}^{\mathrm{T}}(t)\boldsymbol{M}\boldsymbol{D}\boldsymbol{y}(t) + 2\boldsymbol{y}^{\mathrm{T}}(t)\boldsymbol{M}\boldsymbol{A}\boldsymbol{g}(\boldsymbol{y}(t))
$$
$$
+ 2\boldsymbol{y}^{\mathrm{T}}(t)\boldsymbol{M}\boldsymbol{B}\boldsymbol{g}(\boldsymbol{y}(t - \boldsymbol{\tau}(t))) + 2\boldsymbol{y}^{\mathrm{T}}(t)\boldsymbol{M}\boldsymbol{C}\int_{-\infty}^t \boldsymbol{K}(t-s)\boldsymbol{g}(\boldsymbol{y}(s))\mathrm{d}s
$$
$$
+ \mathrm{trace}[\boldsymbol{\sigma}^{\mathrm{T}}(t, \boldsymbol{y}(t), \boldsymbol{y}(t - \boldsymbol{\tau}(t)))\boldsymbol{M}\boldsymbol{\sigma}(t, \boldsymbol{y}(t), \boldsymbol{y}(t - \boldsymbol{\tau}(t)))]
$$
$$
+ \sum_{j=1}^n (m_{1j} + L_j^2 p_j)y_j^2(t)\mathrm{e}^{\varepsilon(\tau_j(h_j^{-1}(t)))} - \sum_{j=1}^n (m_{1j} + L_j^2 p_j)y_j^2(t - \tau_j(t))
$$

$$+ \sum_{j=1}^{n} p_j g_j^2(y_j(t)) \int_0^{\infty} k_j(s) \mathrm{e}^{\varepsilon s} \mathrm{d}s - \sum_{j=1}^{n} p_j \int_0^{\infty} k_j(s) \mathrm{d}s \int_0^{\infty} k_j(s) g_j^2(y_j(t-s)) \mathrm{d}s \bigg\}$$

$$\leqslant \mathrm{e}^{\varepsilon t} \bigg\{ \varepsilon \boldsymbol{y}^{\mathrm{T}}(t) \boldsymbol{M} \boldsymbol{y}(t) - 2\boldsymbol{y}^{\mathrm{T}}(t) \boldsymbol{M} \boldsymbol{D} \boldsymbol{y}(t) + 2\boldsymbol{y}^{\mathrm{T}}(t) \boldsymbol{M} \boldsymbol{A} \boldsymbol{g}(\boldsymbol{y}(t))$$

$$+ 2\boldsymbol{y}^{\mathrm{T}}(t) \boldsymbol{M} \boldsymbol{B} \boldsymbol{g}(\boldsymbol{y}(t-\boldsymbol{\tau}(t))) + 2\boldsymbol{y}^{\mathrm{T}}(t) \boldsymbol{M} \boldsymbol{C} \int_{-\infty}^{t} \boldsymbol{K}(t-s) \boldsymbol{g}(\boldsymbol{y}(s)) \mathrm{d}s$$

$$+ \mathrm{trace}[\boldsymbol{\sigma}^{\mathrm{T}}(t, \boldsymbol{y}(t), \boldsymbol{y}(t-\boldsymbol{\tau}(t))) \boldsymbol{M} \boldsymbol{\sigma}(t, \boldsymbol{y}(t), \boldsymbol{y}(t-\boldsymbol{\tau}(t)))]$$

$$+ \mathrm{e}^{\varepsilon(\tau(h^{-1}(t)))} \boldsymbol{y}^{\mathrm{T}}(t)(\boldsymbol{M}_1 + \boldsymbol{L}\boldsymbol{P}\boldsymbol{L}) \boldsymbol{y}(t) - \boldsymbol{y}^{\mathrm{T}}(t-\boldsymbol{\tau}(t))(\boldsymbol{M}_1 + \boldsymbol{L}\boldsymbol{P}\boldsymbol{L}) \boldsymbol{y}(t-\boldsymbol{\tau}(t))$$

$$+ \boldsymbol{g}^{\mathrm{T}}(\boldsymbol{y}(t)) \boldsymbol{P} \boldsymbol{G}_1 \boldsymbol{g}(\boldsymbol{y}(t)) - \sum_{j=1}^{n} p_j \bigg(\int_0^{\infty} k_j(s) g_j(y_j(t-s)) \mathrm{d}s \bigg)^2 \bigg\}$$

$$= \mathrm{e}^{\varepsilon t} \bigg\{ \varepsilon \boldsymbol{y}^{\mathrm{T}}(t) \boldsymbol{M} \boldsymbol{y}(t) - 2\boldsymbol{y}^{\mathrm{T}}(t) \boldsymbol{M} \boldsymbol{D} \boldsymbol{y}(t) + 2\boldsymbol{y}^{\mathrm{T}}(t) \boldsymbol{M} \boldsymbol{A} \boldsymbol{g}(\boldsymbol{y}(t))$$

$$+ 2\boldsymbol{y}^{\mathrm{T}}(t) \boldsymbol{M} \boldsymbol{B} \boldsymbol{g}(\boldsymbol{y}(t-\boldsymbol{\tau}(t))) + 2\boldsymbol{y}^{\mathrm{T}}(t) \boldsymbol{M} \boldsymbol{C} \int_{-\infty}^{t} \boldsymbol{K}(t-s) \boldsymbol{g}(\boldsymbol{y}(s)) \mathrm{d}s$$

$$+ \mathrm{trace}[\boldsymbol{\sigma}^{\mathrm{T}}(t, \boldsymbol{y}(t), \boldsymbol{y}(t-\boldsymbol{\tau}(t))) \boldsymbol{M} \boldsymbol{\sigma}(t, \boldsymbol{y}(t), \boldsymbol{y}(t-\boldsymbol{\tau}(t)))]$$

$$+ \mathrm{e}^{\varepsilon(\tau(h^{-1}(t)))} \boldsymbol{y}^{\mathrm{T}}(t)(\boldsymbol{M}_1 + \boldsymbol{L}\boldsymbol{P}\boldsymbol{L}) \boldsymbol{y}(t) - \boldsymbol{y}^{\mathrm{T}}(t-\boldsymbol{\tau}(t))(\boldsymbol{M}_1 + \boldsymbol{L}\boldsymbol{P}\boldsymbol{L}) \boldsymbol{y}(t-\boldsymbol{\tau}(t))$$

$$+ \boldsymbol{g}^{\mathrm{T}}(\boldsymbol{y}(t)) \boldsymbol{P} \boldsymbol{G}_1 \boldsymbol{g}(\boldsymbol{y}(t))$$

$$- \bigg(\int_{-\infty}^{t} \boldsymbol{K}(t-s) \boldsymbol{g}(\boldsymbol{y}(s)) \mathrm{d}s \bigg)^{\mathrm{T}} \boldsymbol{P} \bigg(\int_{-\infty}^{t} \boldsymbol{K}(t-s) \boldsymbol{g}(\boldsymbol{y}(s)) \mathrm{d}s \bigg) \bigg\} \tag{2.4.1}$$

根据引理 2.2.1 得

$$2\boldsymbol{y}^{\mathrm{T}}(t) \boldsymbol{M} \boldsymbol{A} \boldsymbol{g}(\boldsymbol{y}(t)) \leqslant \boldsymbol{y}^{\mathrm{T}}(t) \boldsymbol{M} \boldsymbol{A} \boldsymbol{P}^{-1} \boldsymbol{A}^{\mathrm{T}} \boldsymbol{M}^{\mathrm{T}} \boldsymbol{y}(t) + \boldsymbol{g}^{\mathrm{T}}(\boldsymbol{y}(t)) \boldsymbol{P} \boldsymbol{g}(\boldsymbol{y}(t))$$

$$\leqslant \boldsymbol{y}^{\mathrm{T}}(t)(\boldsymbol{M} \boldsymbol{A} \boldsymbol{P}^{-1} \boldsymbol{A}^{\mathrm{T}} \boldsymbol{M} + \boldsymbol{L}\boldsymbol{P}\boldsymbol{L}) \boldsymbol{y}(t) \tag{2.4.2}$$

$$2\boldsymbol{y}^{\mathrm{T}}(t) \boldsymbol{M} \boldsymbol{B} \boldsymbol{g}(\boldsymbol{y}(t-\boldsymbol{\tau}(t))) \leqslant \boldsymbol{y}^{\mathrm{T}}(t) \boldsymbol{M} \boldsymbol{B} \boldsymbol{P}^{-1} \boldsymbol{B}^{\mathrm{T}} \boldsymbol{M} \boldsymbol{y}(t)$$

$$+ \boldsymbol{g}^{\mathrm{T}}(\boldsymbol{y}(t-\boldsymbol{\tau}(t))) \boldsymbol{P} \boldsymbol{g}(\boldsymbol{y}(t-\boldsymbol{\tau}(t)))$$

$$\leqslant \boldsymbol{y}^{\mathrm{T}}(t) \boldsymbol{M} \boldsymbol{B} \boldsymbol{P}^{-1} \boldsymbol{B}^{\mathrm{T}} \boldsymbol{M} \boldsymbol{y}(t)$$

$$+ \boldsymbol{y}^{\mathrm{T}}(t-\boldsymbol{\tau}(t)) \boldsymbol{L}\boldsymbol{P}\boldsymbol{L} \boldsymbol{y}(t-\boldsymbol{\tau}(t)) \tag{2.4.3}$$

$$2\boldsymbol{y}^{\mathrm{T}}(t) \boldsymbol{M} \boldsymbol{C} \int_{-\infty}^{t} \boldsymbol{K}(t-s) \boldsymbol{g}(\boldsymbol{y}(s)) \mathrm{d}s \leqslant \boldsymbol{y}^{\mathrm{T}}(t) \boldsymbol{M} \boldsymbol{C} \boldsymbol{P}^{-1} \boldsymbol{C}^{\mathrm{T}} \boldsymbol{M} \boldsymbol{y}(t)$$

$$+ \bigg(\int_{-\infty}^{t} \boldsymbol{K}(t-s) \boldsymbol{g}(\boldsymbol{y}(s)) \mathrm{d}s \bigg)^{\mathrm{T}} \boldsymbol{P} \bigg(\int_{-\infty}^{t} \boldsymbol{K}(t-s) \boldsymbol{g}(\boldsymbol{y}(s)) \mathrm{d}s \bigg) \tag{2.4.4}$$

由式 (2.4.1)~ 式 (2.4.4) 可得

$$\mathcal{L}V(\boldsymbol{y}(t),t) \leqslant \mathrm{e}^{\varepsilon t}\boldsymbol{y}^{\mathrm{T}}(t)[-2\boldsymbol{MD}+\varepsilon\boldsymbol{M}+\boldsymbol{M}_0+\boldsymbol{LPL}+\boldsymbol{LPG}_1\boldsymbol{L}$$
$$+\boldsymbol{G}_2(\boldsymbol{M}_1+\boldsymbol{LPL})+\boldsymbol{MAP}^{-1}\boldsymbol{A}^{\mathrm{T}}\boldsymbol{M}$$
$$+\boldsymbol{MBP}^{-1}\boldsymbol{B}^{\mathrm{T}}\boldsymbol{M}+\boldsymbol{MCP}^{-1}\boldsymbol{C}^{\mathrm{T}}\boldsymbol{M}]\boldsymbol{y}(t)\leqslant 0$$

故

$$\mathbb{E}V(\boldsymbol{y},t) \leqslant \mathbb{E}V(\boldsymbol{y},0), \quad t>0$$

又因为

$$\mathbb{E}V(\boldsymbol{y},0) = \mathbb{E}\sum_{i=1}^{n}\left[m_i|y_i(0)|^2+(m_{1i}+L_i^2p_i)\int_{-\tau_i(0)}^{0}y_i^2(s)\mathrm{e}^{\varepsilon(s+\tau_i(h_i^{-1}(s)))}\mathrm{d}s\right.$$
$$\left.+p_i\int_0^{\infty}k_i(s)\mathrm{e}^{\varepsilon s}\left(\int_{-s}^{0}g_i^2(y_i(u))\mathrm{e}^{\varepsilon u}\mathrm{d}u\right)\mathrm{d}s\right]$$
$$\leqslant \mathbb{E}\sum_{i=1}^{n}\left[m_i|y_i(0)|^2+(m_{1i}+L_i^2p_i)\int_{-\tau_i(0)}^{0}|y_i(s)|^2\mathrm{d}s\right.$$
$$\left.+p_iL_i\int_0^{\infty}k_i(s)\mathrm{e}^{\varepsilon s}\left(\int_{-s}^{0}\mathrm{e}^{\varepsilon u}\mathrm{d}u\right)\mathrm{d}s\sup_{-\infty\leqslant u\leqslant 0}|y_i(u)|^2\right]$$
$$\leqslant \max_{1\leqslant i\leqslant n}\left[m_i+\tau(m_{1i}+L_i^2p_i)\right.$$
$$\left.+\frac{1}{\varepsilon}p_iL_i\int_0^{\infty}k_i(s)(\mathrm{e}^{\varepsilon s}-1)\mathrm{d}s\right]\mathbb{E}\sum_{i=1}^{n}\sup_{-\infty\leqslant u\leqslant 0}|y_i(u)|^2$$

其中, m_{1i} 是矩阵 $\boldsymbol{M}_1$ 中的元素, 有

$$\mathbb{E}V(\boldsymbol{y},t) \geqslant \mathrm{e}^{\varepsilon t}\mathbb{E}\sum_{i=1}^{n}m_i|y_i(t)|^2 \geqslant \mathrm{e}^{\varepsilon t}\min_{1\leqslant i\leqslant n}m_i\mathbb{E}\sum_{i=1}^{n}|y_i(t)|^2, \quad t>0$$

于是易得

$$\mathbb{E}\|\boldsymbol{y}(t;\boldsymbol{\phi})\|^2 \leqslant c\mathbb{E}\|\boldsymbol{\phi}\|^2\mathrm{e}^{-\varepsilon t}, \quad t\geqslant 0$$

其中, $c\geqslant 1$ 是一个常数. 证毕.

当 $\boldsymbol{C}=0$ 时, 式 (2.2.5) 或式 (2.2.6) 变为如下的系统:

$$\begin{cases} \mathrm{d}\boldsymbol{y}(t) = \left[-\boldsymbol{D}\boldsymbol{y}(t)+\boldsymbol{A}\boldsymbol{g}(\boldsymbol{y}(t))+\boldsymbol{B}\boldsymbol{g}(\boldsymbol{y}(t-\boldsymbol{\tau}(t)))\right]\mathrm{d}t+\boldsymbol{\sigma}(t,\boldsymbol{y}(t),\boldsymbol{y}(t-\boldsymbol{\tau}(t)))\mathrm{d}\boldsymbol{w}(t) \\ \boldsymbol{y}(t)=\boldsymbol{\phi}(t), \quad -\infty\leqslant t\leqslant 0, \boldsymbol{\phi}\in L^2_{\mathscr{F}_0}([-\infty,0],\mathbf{R}^n) \end{cases}$$

$$(2.4.5)$$

由以上定理, 易得如下的推论.

推论 2.4.1　假设存在正对角矩阵 $\boldsymbol{M} = \mathrm{diag}(m_1, m_2, \cdots, m_n), \boldsymbol{M}_0, \boldsymbol{M}_1$ 满足

$$\mathrm{trace}[\boldsymbol{\sigma}^{\mathrm{T}}(t, \boldsymbol{y}(t), \boldsymbol{y}(t - \boldsymbol{\tau}(t)))\boldsymbol{M}\boldsymbol{\sigma}(t, \boldsymbol{y}(t), \boldsymbol{y}(t - \boldsymbol{\tau}(t)))]$$

$$\leqslant \boldsymbol{y}^{\mathrm{T}}(t)\boldsymbol{M}_0\boldsymbol{y}(t) + \boldsymbol{y}^{\mathrm{T}}(t - \boldsymbol{\tau}(t))\boldsymbol{M}_1\boldsymbol{y}(t - \boldsymbol{\tau}(t))$$

则式 (2.4.5) 的平衡点是均方指数稳定的, 若存在正对角矩阵 $\boldsymbol{P} = \mathrm{diag}(p_1, \cdots, p_n)$ 使得

$$-2\boldsymbol{M}\boldsymbol{D} + \boldsymbol{M} + \boldsymbol{M}_0 + \boldsymbol{L}\boldsymbol{P}\boldsymbol{L} + \boldsymbol{L}\boldsymbol{P}\overline{\boldsymbol{G}_1}\boldsymbol{L} + \overline{\boldsymbol{G}_2}(\boldsymbol{M}_1 + \boldsymbol{L}\boldsymbol{P}\boldsymbol{L})$$

$$+ \boldsymbol{M}\boldsymbol{A}\boldsymbol{P}^{-1}\boldsymbol{A}^{\mathrm{T}}\boldsymbol{M} + \boldsymbol{M}\boldsymbol{B}\boldsymbol{P}^{-1}\boldsymbol{B}^{\mathrm{T}}\boldsymbol{M} < 0$$

当定理 2.4.1 中的反馈矩阵 $\boldsymbol{A} = 0$ 时, 由定理 2.4.1 可得如下推论.

推论 2.4.2　假设存在正对角矩阵 $\boldsymbol{M} = \mathrm{diag}(m_1, m_2, \cdots, m_n), \boldsymbol{M}_0, \boldsymbol{M}_1$ 满足

$$\mathrm{trace}[\boldsymbol{\sigma}^{\mathrm{T}}(t, \boldsymbol{y}(t), \boldsymbol{y}(t - \boldsymbol{\tau}(t)))\boldsymbol{M}\boldsymbol{\sigma}(t, \boldsymbol{y}(t), \boldsymbol{y}(t - \boldsymbol{\tau}(t)))]$$

$$\leqslant \boldsymbol{y}^{\mathrm{T}}(t)\boldsymbol{M}_0\boldsymbol{y}(t) + \boldsymbol{y}^{\mathrm{T}}(t - \boldsymbol{\tau}(t))\boldsymbol{M}_1\boldsymbol{y}(t - \boldsymbol{\tau}(t))$$

则式 (2.4.5) 的平衡点是均方指数稳定的, 若存在正对角矩阵 $\boldsymbol{P} = \mathrm{diag}(p_1, \cdots, p_n)$ 使得

$$-2\boldsymbol{M}\boldsymbol{D} + \boldsymbol{M} + \boldsymbol{M}_0 + \boldsymbol{L}\boldsymbol{P}\boldsymbol{L} + \boldsymbol{L}\boldsymbol{P}\overline{\boldsymbol{G}_1}\boldsymbol{L} + \overline{\boldsymbol{G}_2}(\boldsymbol{M}_1 + \boldsymbol{L}\boldsymbol{P}\boldsymbol{L})$$

$$+ \boldsymbol{M}\boldsymbol{B}\boldsymbol{P}^{-1}\boldsymbol{B}^{\mathrm{T}}\boldsymbol{M} + \boldsymbol{M}\boldsymbol{C}\boldsymbol{P}^{-1}\boldsymbol{C}^{\mathrm{T}}\boldsymbol{M} < 0$$

当定理 2.4.1 中的时滞反馈矩阵 $\boldsymbol{C} = 0$, 反馈矩阵 $\boldsymbol{A} = 0$ 时, 由定理 2.4.1 可得如下推论.

推论 2.4.3　假设存在正对角矩阵 $\boldsymbol{M} = \mathrm{diag}(m_1, m_2, \cdots, m_n), \boldsymbol{M}_0, \boldsymbol{M}_1$ 满足

$$\mathrm{trace}[\boldsymbol{\sigma}^{\mathrm{T}}(t, \boldsymbol{y}(t), \boldsymbol{y}(t - \boldsymbol{\tau}(t)))\boldsymbol{M}\boldsymbol{\sigma}(t, \boldsymbol{y}(t), \boldsymbol{y}(t - \boldsymbol{\tau}(t)))]$$

$$\leqslant \boldsymbol{y}^{\mathrm{T}}(t)\boldsymbol{M}_0\boldsymbol{y}(t) + \boldsymbol{y}^{\mathrm{T}}(t - \boldsymbol{\tau}(t))\boldsymbol{M}_1\boldsymbol{y}(t - \boldsymbol{\tau}(t))$$

则式 (2.4.5) 的平衡点是均方指数稳定的, 若存在正对角矩阵 $\boldsymbol{P} = \mathrm{diag}(p_1, \cdots, p_n)$ 使得

$$-2\boldsymbol{M}\boldsymbol{D} + \boldsymbol{M} + \boldsymbol{M}_0 + \boldsymbol{L}\boldsymbol{P}\boldsymbol{L} + \boldsymbol{L}\boldsymbol{P}\overline{\boldsymbol{G}_1}\boldsymbol{L} + \overline{\boldsymbol{G}_2}(\boldsymbol{M}_1 + \boldsymbol{L}\boldsymbol{P}\boldsymbol{L}) + \boldsymbol{M}\boldsymbol{B}\boldsymbol{P}^{-1}\boldsymbol{B}^{\mathrm{T}}\boldsymbol{M} < 0$$

注记 2.4.1　明显地, 推论 2.4.1～ 推论 2.4.3 比文献 [113] 的定理 2 和文献 [113]、文献 [81] 的定理 1 的结论更加简单. 因此, 本章的定理 2.4.1 部分推广了文献 [113]、文献 [81] 的结果.

例 2.4.1 考虑具有如下参数的式 (2.2.5) 或式 (2.2.6):

$$A = (a_{ij})_{2\times2} = \begin{bmatrix} 0.1 & 0.7 \\ 0.3 & 0.1 \end{bmatrix}, \quad B = (b_{ij})_{2\times2} = \begin{bmatrix} 0.2 & 0.3 \\ -0.3 & 0.2 \end{bmatrix}$$

$$C = (a_{ij})_{2\times2} = \begin{bmatrix} 0.3 & -0.1 \\ -0.1 & 0.7 \end{bmatrix}, \quad D = (d_{ij})_{2\times2} = \begin{bmatrix} 3.1 & 0 \\ 0 & 3.0 \end{bmatrix}$$

$$\sigma_{11}(t, y_1(t), y_1(t-\tau_1(t))) = \frac{y_1(t)}{2} + \frac{y_1(t-\tau_1(t))}{2}, \quad \sigma_{12}(t, y_2(t), y_2(t-\tau_2(t))) = 0$$

$$\sigma_{21}(t, y_1(t), y_1(t-\tau_1(t))) = 0, \quad \sigma_{22}(t, y_2(t), y_2(t-\tau_2(t))) = \frac{2y_2(t)}{5} + \frac{2y_2(t-\tau_2(t))}{5}$$

其中, $\tau_1(t) = \tau_2(t) = \frac{1}{4}\mathrm{e}^{-4t} + \frac{1}{4}\sin t$. 激励函数 $f_1(t) = \cos\frac{t}{3} + \frac{t}{3}, f_2(t) = \sin\frac{t}{2} + \frac{t}{4}$, 核 $k_1(t) = k_2(t) = \frac{1}{5}\mathrm{e}^{-5t}$. 明显地, $f_i(i = 1, 2)$ 满足假设 (2H), 其中 $L_1 = L_2 = 1$. $k_i(i = 1, 2)$ 满足 $\int_0^\infty k_i(s)\mathrm{d}s = 1$. 令 $h_i(t) = t - \tau_i(t) = t - \frac{1}{4}\mathrm{e}^{-4t} - \frac{1}{4}\sin t(i = 1, 2)$, 则 $h'_i(t) = 1 + \mathrm{e}^{-4t} - \frac{1}{4}\cos t > 0$. 因此 $h_i(t)$ 的逆函数存在. 取 $M = I$, 这里 I 表示 n 阶单位矩阵:

$$M_0 = \begin{bmatrix} 0.5 & 0 \\ 0 & 0.32 \end{bmatrix}, \quad M_1 = \begin{bmatrix} 0.25 & 0 \\ 0 & 0.16 \end{bmatrix}$$

选择 $P = I$ 时, 则有

$$-2MD + M + M_0 + LPL + LP\overline{G_1}L + \overline{G_2}(M_1 + LPL) + MAP^{-1}A^\mathrm{T}M$$
$$+ MBP^{-1}B^\mathrm{T}M + MCP^{-1}C^\mathrm{T}M \leqslant \begin{bmatrix} -0.08 & 0 \\ 0 & -0.17 \end{bmatrix} < 0$$

因此, 根据定理 2.4.1, 式 (2.2.1) 的平衡点是均方指数稳定的.

2.5 小 结

Lyapunov 函数和泛函虽然已广泛地应用于动力学系统的稳定性理论的研究. 从理论上说, 这个问题在 1942 年已由 Lyapunov 解决. 然而, 在推广 Lyapunov 第二方法时遇到了极大的困难, 原因在于 V- 函数的存在性无法保证. 本章通过构造适当的 Lyapunov 泛函并结合矩阵不等式技术, 较好地解决了一类具有连续时滞的随机细胞神经网络指数稳定性问题. 而且结论易于用简单的代数方法验证, 其包含和部分改进了某些早期文献的已有结果.

第3章 时滞神经网络的周期解和指数稳定性

本章应用拓扑度理论中的一个拓展定理讨论一类时滞神经网络, 得到其全局指数稳定的充分条件. 这些结果在设计和应用神经网络方面具有重要意义, 推广并改进了早期的一些相关结论.

3.1 背景和引理

人工神经网络是一种类似于大脑神经结构并能进行信息处理的数学模型, 在工程界与学术界也常简称为神经网络. 神经网络是一种运算模型, 由大量的节点 (或称神经元) 相互连接构成; 每个节点代表一种特定的输出函数, 称为激励函数. 神经网络已在各个方面有良好的应用. 本章中, 在激励函数缺乏有界性、单调性和可微性等非保守条件下, 考虑如下的时滞神经网络模型, 即

$$x_i'(t) = - d_i(t)x_i(t) + \sum_{j=1}^n a_{ij}(t)f_j(x_j(t)) + \sum_{j=1}^n b_{ij}(t)f_j(x_j(t - \tau_{ij}(t)))$$

$$+ \sum_{j=1}^n c_{ij}(t) \int_{-\infty}^t H_{ij}(t-s)f_j(x_j(s))\mathrm{d}s + J_i(t), \quad i = 1, 2, \cdots, n \ (3.1.1)$$

其中, n 表示网络中细胞的个数; $x_i(t)$ 是第 i 个细胞在时刻 t 的状态变量, $\boldsymbol{x}(t) = [x_1(t), x_2(t), \cdots, x_n(t)]^\mathrm{T} \in \mathbf{R}^n$, $\boldsymbol{f}(\boldsymbol{x}(t)) = [f_1(x_1(t)), f_2(x_2(t)), \cdots, f_n(x_n(t))]^\mathrm{T} \in \mathbf{R}^n$, 其中 $f_i(x_i(t))$ 表示第 i 个细胞在时刻 t 的激励函数, 核 $H_{ij} : [0, +\infty) \to [0, +\infty)(i, j = 1, 2, \cdots, n)$ 是满足 $\int_0^{+\infty} H_{ij}(s)\mathrm{d}s = h_{ij} < \infty$ 的分段连续函数. 此外, 假定 $\tau_{ij}(t), d_i(t), a_{ij}(t), b_{ij}(t), c_{ij}(t), J_i(t)$ 满足如下的条件:

(3A1) 时滞 $\tau_{ij}(t) \in C(\mathbf{R}, [0, \infty))$ 都是具有共同周期 $\omega(> 0)$ 的周期函数, 其中 $i, j = 1, 2, \cdots, n$.

(3A2) 系数 $c_{ij}(t) \in C(\mathbf{R}, [0, \infty))$, $a_{ij}(t), b_{ij}(t), c_{ij}(t), J_i(t) \in C(\mathbf{R}, \mathbf{R})$ 都是具有共同周期 $\omega(> 0)$ 的周期函数并且 $f_i \in C(\mathbf{R}, \mathbf{R})$, 其中 $i, j = 1, 2, \cdots, n$.

(3A3) 对任意的 $u \in \mathbf{R}, j = 1, 2, \cdots, n$, 都有 $|f_j(u)| \leqslant p_j|u| + q_j$, 其中 p_j、q_j 都是非负常数.

(3A4) 对 $\forall u, v \in \mathbf{R}$, 存在非负常数 p_j 使得 $|f_j(u) - f_j(v)| \leqslant p_j|u - v|$, 其中 $j = 1, 2, \cdots, n$.

令

$$\tau = \max_{1 \leqslant i,j \leqslant n} \sup_{t \geqslant 0} \{\tau_{ij}(t)\}$$

系统的初值条件为

$$x_i(s) = \phi_i(s), \quad s \in [-\tau, 0], \quad i = 1, 2, \cdots, n$$

其中, $\phi_i(s)$ 是 $s \in [-\tau, 0]$ 上的连续函数.

对定义在 $[-\tau, 0], i = 1, 2, \cdots, n$ 上的连续函数 ϕ_i, 定义 $\boldsymbol{\phi} = (\phi_1, \phi_2, \cdots, \phi_n)^{\mathrm{T}}$. 如果 $\boldsymbol{x}^0 = (x_1^0, x_2^0, \cdots, x_n^0)^{\mathrm{T}}$ 是式 (3.1.1) 的平衡点, 则表示

$$\|\boldsymbol{\phi} - \boldsymbol{x}^0\| = \sum_{i=1}^{n} \left(\sup_{-\tau \leqslant t \leqslant 0} |\phi_i(t) - x_i^0| \right)$$

定义 3.1.1 平衡点 $\boldsymbol{x}^0 = (x_1^0, x_2^0, \cdots, x_n^0)^{\mathrm{T}}$ 称为全局指数稳定的, 如果存在常数 $\lambda > 0$ 和 $m \geqslant 1$ 使得对任意的 $t \geqslant 0$, 式 (3.1.1) 的所有解 $\boldsymbol{x}(t) = (x_1(t), x_2(t), \cdots, x_n(t))^{\mathrm{T}}$ 满足

$$|x_i(t) - x_i^0| \leqslant m\|\boldsymbol{\phi} - \boldsymbol{x}^0\| \mathrm{e}^{-\lambda t} \tag{3.1.2}$$

其中, λ 称为全局指数收敛率.

引理 3.1.1[131] 假设矩阵 $\boldsymbol{K} = (k_{ij})_{n \times n} \geqslant 0$, 那么如果 $\rho(\boldsymbol{K}) < 1$, 则有 $(\boldsymbol{E} - \boldsymbol{K})^{-1} \geqslant 0$, 其中 $\boldsymbol{E}$ 表示 n 阶单位矩阵.

3.2 周期解和指数稳定性

本节将利用拓扑度理论获得时滞神经网络模型, 即式 (3.1.1) 存在正周期解的充分条件. 下面先做必要的准备.

令 X 和 Z 为两个赋范空间, $L : \mathrm{Dom}L \subset X \mapsto Z$ 是一个线性连续映射. 映射 L 称为零指数 Fredholm 算子, 如果 $\dim \mathrm{Ker}L = \mathrm{codim}\mathrm{Im}L < \infty$ 并且 $\mathrm{Im}L$ 是 Z 中的闭集. 如果映射 L 是零指数 Fredholm 算子, 那么必存在连续投射 $P : X \mapsto X$ 和 $Q : Z \mapsto Z$ 使得 $\mathrm{Im}P = \mathrm{Ker}L$ 和 $\mathrm{Im}L = \mathrm{Ker}Q = \mathrm{Im}(I - Q)$ 成立. 于是 $L|\mathrm{Dom}L \cap \mathrm{Ker}P : (I - P)X \mapsto \mathrm{Im}L$ 是可逆的, 并记为 K_p. 假设 Ω 是 X 的有界子集, 则映射 N 称为 $\overline{\Omega}$ 上的 L- 紧的, 如果 $QN(\overline{\Omega})$ 是有界的并且 $K_p(I - Q)N : \overline{\Omega} \mapsto X$ 是紧的. 因为 $\mathrm{Im}Q$ 同胚于 $\mathrm{Ker}L$, 所以存在同胚映射 $J : \mathrm{Im}Q \mapsto \mathrm{Ker}L$.

令 $\Omega \subset \mathbf{R}^n$ 是有界的开集, $f \in C^1(\Omega, \mathbf{R}^n) \cap C(\overline{\Omega}, \mathbf{R}^n)$, $y \in \mathbf{R}^n \setminus f(\partial\Omega \cup S_f)$, 即 y 是 f 的正则值. 其中 $S_f = \{x \in \Omega : J_f(x) = 0\}$ 是 f 的临界集, $\boldsymbol{J}_f$ 是 f 在 x 点的雅可比矩阵, 则拓扑度 $\deg\{f, \Omega, y\}$ 定义为

$$\deg\{f, \Omega, y\} = \sum_{x \in f^{-1}(y)} \mathrm{sgn}\boldsymbol{J}_f(x)$$

如果 $f^{-1}(y) = \varnothing$, 上述求和为零. 对拓扑度理论研究的更多细节请参考文献 [6].

下面介绍拓扑度理论中的一个拓展定理.

引理 3.2.1   延拓定理[10]: 令映射 L 是零指数 Fredholm 算子, N 是 $\overline{\Omega}$ 上的 L- 紧的. 假设: ① 对任意的 $\lambda \in (0,1)$, 算子方程 $Lx = \lambda Nx$ 的解 x 满足 $x \in \partial\Omega$; ② 对任意的 $x \in \partial\Omega \cap \mathrm{Ker}L$, 都有

$$QNx \neq 0 \text{ 和 } \deg\{JQN, \Omega \cap \mathrm{Ker}L, 0\} \neq 0$$

则方程 $Lx = Nx$ 至少存在一个属于 $\mathrm{Dom}L \cap \overline{\Omega}$ 的解.

接下来为简便起见, 对一个连续函数 $g : [0, \omega] \mapsto \mathbf{R}$, 记

$$g^* = \max_{t \in [0,\omega]} g(t)$$

$$g_* = \min_{t \in [0,\omega]} g(t)$$

$$\overline{g} = \frac{1}{\omega} \int_0^\omega g(t)\mathrm{d}t$$

定理 3.2.1   假设 (3A1)$\sim$(3A3) 成立, 记 $k_{ij} = \left(\dfrac{1}{d_i} + \omega\right)\left(\overline{|a_{ij}|} + \overline{|b_{ij}|} + \overline{|c_{ij}h_{ij}|}\right)p_j$, $\boldsymbol{K} = (k_{ij})_{n \times n}$. 如果 $\rho(\boldsymbol{K}) < 1$, 则式 (3.1.1) 至少存在一个 ω- 周期解.

证明   取 $X = Z = \{\boldsymbol{x}(t) = (x_1(t), x_2(t), \cdots, x_n(t))^{\mathrm{T}} \in C(\mathbf{R}, \mathbf{R}^n) : \boldsymbol{x}(t) = \boldsymbol{x}(t + \omega), \forall\, t \in \mathbf{R}\}$, 并记

$$|x_i| = \max_{t \in [0,\omega]} |x_i(t)|, \quad i = 1, 2, \cdots, n$$

$$\|\boldsymbol{x}\| = \max_{1 \leqslant i \leqslant n} |x_i|$$

赋予范数 $\|\cdot\|$, X 和 Z 都是 Banach 空间. 记

$$\Delta(x_i, t) := -d_i(t)x_i(t) + \sum_{j=1}^n a_{ij}(t)f_j(x_j(t)) + \sum_{j=1}^n b_{ij}(t)f_j(x_j(t - \tau_{ij}(t)))$$

$$+ \sum_{j=1}^n c_{ij}(t) \int_{-\infty}^t H_{ij}(t - s)f_j(x_j(s))\mathrm{d}s + J_i(t)$$

因为

$$\sum_{j=1}^n c_{ij}(t) \int_{-\infty}^t H_{ij}(t - s)f_j(x_j(s))\mathrm{d}s = \sum_{j=1}^n c_{ij}(t) \int_0^\infty H_{ij}(s)f_j(x_j(t - s))\mathrm{d}s$$

所以, 对任意的 $\boldsymbol{x}(t) \in X$, 考虑到周期性, 易知

$$\Delta(x_i, t) = - d_i(t)x_i(t) + \sum_{j=1}^{n} a_{ij}(t)f_j(x_j(t)) + \sum_{j=1}^{n} b_{ij}(t)f_j(x_j(t - \tau_{ij}(t)))$$

$$+ \sum_{j=1}^{n} c_{ij}(t) \int_0^\infty H_{ij}(s)f_j(x_j(t - s))\mathrm{d}s + J_i(t) \in Z$$

令

$$L : \mathrm{Dom}L = \{\boldsymbol{x} \in X : \boldsymbol{x} \in C^1(\mathbf{R}, \mathbf{R}^n)\} \ni \boldsymbol{x} \mapsto \boldsymbol{x}'(\cdot) \in Z$$

$$P : X \ni \boldsymbol{x} \mapsto \frac{1}{\omega} \int_0^\omega \boldsymbol{x}(t)\mathrm{d}t \in X$$

$$Q : Z \ni \boldsymbol{z} \mapsto \frac{1}{\omega} \int_0^\omega \boldsymbol{x}(t)\mathrm{d}t \in Z$$

$$N : X \ni \boldsymbol{x} \mapsto \Delta(x_i, t) \in Z$$

这里, 对任意的 $\boldsymbol{W} = (w_1, w_2, \cdots, w_n)^{\mathrm{T}} \in \mathbf{R}^n$, 可以将它看成 X 或 Z 中的向量. 则式 (3.1.1) 可写成算子方程 $L\boldsymbol{x} = N\boldsymbol{x}$. 易知

$$\mathrm{Ker}L = \mathbf{R}^n$$

$$\mathrm{Im}L = \left\{\boldsymbol{z} \in Z : \frac{1}{\omega} \int_0^\omega \boldsymbol{z}(t)\mathrm{d}t = 0\right\} \text{ 是} Z \text{ 中的闭集}$$

$$\mathrm{dimKer}L = \mathrm{codimIm}L = n < \infty$$

P, Q 都是满足

$$\mathrm{Im}P = \mathrm{Ker}L, \quad \mathrm{Ker}Q = \mathrm{Im}L = \mathrm{Im}(I - Q)$$

的连续投射. 因此 L 是一个指数为零的 Fredholm 映射. 并且 L 的广义逆 $K_p :$ $\mathrm{Im}L \mapsto \mathrm{Ker}P \cap \mathrm{Dom}L$ 定义为

$$(K_p(\boldsymbol{z}))_i(t) = \int_0^t z_i(s)\mathrm{d}s - \frac{1}{\omega} \int_0^\omega \int_0^s z_i(v)\mathrm{d}v\mathrm{d}s$$

于是

$$(QN\boldsymbol{x})_i(t) = \frac{1}{\omega} \int_0^\omega \Delta(x_i, s)\mathrm{d}s$$

$$(K_p(I - Q)N\boldsymbol{x})_i(t) = \int_0^t \Delta(x_i, s)\mathrm{d}s$$

$$- \frac{1}{\omega} \int_0^\omega \int_0^t \Delta(x_i, s)\mathrm{d}s\mathrm{d}t + \left(\frac{1}{2} - \frac{t}{\omega}\right) \int_0^\omega \Delta(x_i, s)\mathrm{d}s$$

显然 QN 和 $K_p(I-Q)N$ 都是连续的. 对任何有界开子集 $\Omega \subset X$, $QN(\overline{\Omega})$ 是明显有界的. 从而应用 Arzela-Ascoli 定理, 可知 $\overline{K_p(I-Q)N(\overline{\Omega})}$ 是紧的. 故 N 在任何有界开子集 $\Omega \in X$ 上是 L- 紧的. 由于 $\text{Im}Q = \text{Ker}L$, 所以可取同胚 J 为从 $\text{Im}Q$ 到 $\text{Ker}L$ 上的恒同映射.

现在寻求可应用于算子方程 $L\boldsymbol{x} = \lambda N\boldsymbol{x}(\lambda \in (0,1))$ 延拓定理的合适的有界开子集 Ω:

$$x_i'(t) = \lambda \Delta(x_i, t), \quad i = 1, 2, \cdots, n \tag{3.2.1}$$

假设 $\boldsymbol{x} = \boldsymbol{x}(t) \in X$ 是式 (3.1.1) 的满足某一个 $\lambda \in (0,1)$ 的解. 在区间 $[0,\omega]$ 上积分式 (3.2.1) 可得

$$0 = \int_0^\omega x_i'(t)\mathrm{d}t = \lambda \int_0^\omega \Delta(x_i, t)\mathrm{d}t \tag{3.2.2}$$

因而

$$\int_0^\omega d_i(t)x_i(t)\mathrm{d}t = \int_0^\omega \left\{ \sum_{j=1}^n a_{ij}(t)f_j(x_j(t)) + \sum_{j=1}^n b_{ij}(t)f_j(x_j(t - \tau_{ij}(t))) \right.$$
$$\left. + \sum_{j=1}^n c_{ij}(t)\int_0^\infty H_{ij}(s)f_j(x_j(t-s))\mathrm{d}s + J_i(t) \right\}\mathrm{d}t$$

注意到

$$|f_j(u)| \leqslant p_j|u| + q_j, \quad \forall\, u \in \mathbf{R}, j = 1, 2, \cdots, n$$

可得

$$|x_i|_* \overline{d_i} \leqslant \sum_{j=1}^n (\overline{|a_{ij}|} + \overline{|b_{ij}|} + \overline{|c_{ij}h_{ij}|})p_j|x_j|^* + \sum_{j=1}^n (\overline{|a_{ij}|} + \overline{|b_{ij}|} + \overline{|c_{ij}h_{ij}|})q_j + \overline{|J_i|}$$

从而

$$|x_i|_* \leqslant \frac{1}{\overline{d_i}} \sum_{j=1}^n (\overline{|a_{ij}|} + \overline{|b_{ij}|} + \overline{|c_{ij}h_{ij}|})p_j|x_j|^* + \frac{1}{\overline{d_i}} \left\{ \sum_{j=1}^n (\overline{|a_{ij}|} + \overline{|b_{ij}|} + \overline{|c_{ij}h_{ij}|})q_j + \overline{|J_i|} \right\}$$

由于每一个 $x_i(t)$ 都是连续可微的 $(i = 1, 2, \cdots, n)$, 则必存在 $t_i \in [0,\omega]$ 使得 $|x_i(t_i)| = |x_i(t)|_*$. 令

$$\boldsymbol{D} = (D_1, D_2, \cdots, D_n)^{\mathrm{T}}, \quad D_i = \left(\frac{1}{\overline{d_i}} + \omega\right) \left\{ \sum_{j=1}^n (\overline{|a_{ij}|} + \overline{|b_{ij}|} + \overline{|c_{ij}h_{ij}|})q_j + \overline{|J_i|} \right\}$$

由 $\rho(\boldsymbol{K}) < 1$ 和引理 3.1.1 可得 $(\boldsymbol{E} - \boldsymbol{K})^{-1}\boldsymbol{D} = \boldsymbol{l} = (l_1, l_2, \cdots, l_n)^{\mathrm{T}} \geqslant 0$, 其中

$$l_i = \sum_{j=1}^n k_{ij}l_j + D_i, \quad i = 1, 2, \cdots, n$$

令

$$\Omega = \{(x_1, x_2, \cdots, x_n)^{\mathrm{T}} \in \mathbf{R}^n; |x_i| \leqslant l_i, i = 1, 2, \cdots, n\}$$

则对 $t \in [t_i, t_i + \omega]$ 可得

$$|x_i(t)| \leqslant |x_i(t_i)| + \int_{t_i}^t D^+ |x_i(t)| \mathrm{d}t$$

$$\leqslant |x_i(t)|_* + \int_{t_i}^{t_i+\omega} D^+ |x_i(t)| \mathrm{d}t$$

$$\leqslant \frac{1}{\overline{d_i}} \sum_{j=1}^n (\overline{|a_{ij}|} + \overline{|b_{ij}|} + \overline{|c_{ij}h_{ij}|}) p_j |x_j|^*$$

$$+ \frac{1}{\overline{d_i}} \left\{ \sum_{j=1}^n (\overline{|a_{ij}|} + \overline{|b_{ij}|} + \overline{|c_{ij}h_{ij}|}) q_j + \overline{|J_i|} \right\} + \int_{t_i}^{t_i+\omega} D^+ |x_i(t)| \mathrm{d}t$$

$$\leqslant \left(\frac{1}{\overline{d_i}} + \omega \right) \sum_{j=1}^n (\overline{|a_{ij}|} + \overline{|b_{ij}|} + \overline{|c_{ij}h_{ij}|}) p_j |x_j|^*$$

$$+ \left(\frac{1}{\overline{d_i}} + \omega \right) \left\{ \sum_{j=1}^n (\overline{|a_{ij}|} + \overline{|b_{ij}|} + \overline{|c_{ij}h_{ij}|}) q_j + \overline{|J_i|} \right\}$$

$$\leqslant \sum_{j=1}^n k_{ij} l_j + D_i = l_i$$

其中, D^+ 表示右导数.

显然 $l_i(i = 1, 2, \cdots, n)$ 与 λ 无关, 所以不存在 $\lambda \in (0, 1)$ 和 $\boldsymbol{x} \in \Omega$ 使得 $L\boldsymbol{x} = \lambda N\boldsymbol{x}$. 当 $\boldsymbol{u} = (\boldsymbol{u}_1, \boldsymbol{u}_2, \cdots, \boldsymbol{u}_n)^{\mathrm{T}} \in \partial\Omega \cap \mathrm{Ker}L = \partial\Omega \cap \mathbf{R}^n$ 时, $\boldsymbol{u}$ 是 $\mathbf{R}^n$ 中的满足 $|x_i| = l_i(i = 1, 2, \cdots, n)$ 的常向量.

注意到 $QN\boldsymbol{u} = JQN\boldsymbol{u}$, 故当 $\boldsymbol{u} \in \mathrm{Ker}L$ 时, 必有

$$(QN\boldsymbol{u})_i = -\overline{d_i} + \sum_{j=1}^n (\overline{a_{ij}} + \overline{b_{ij}} + \overline{c_{ij}h_{ij}}) f_j(x_j) + \overline{J_i}$$

于是有

$$|(QN\boldsymbol{u})_i| > 0, \quad i = 1, 2, \cdots, n$$

否则假设存在某个 i 使得 $|(QN\boldsymbol{u})_i| = 0$, 即

$$\overline{d_i} x_i = \sum_{j=1}^n (\overline{a_{ij}} + \overline{b_{ij}} + \overline{c_{ij}h_{ij}}) f_j(x_j) + \overline{J_i}$$

则可得

$$l_i = |x_i|$$

$$= \frac{1}{\overline{d_i}} | \sum_{j=1}^n (\overline{a_{ij}} + \overline{b_{ij}} + \overline{c_{ij}h_{ij}}) f_j(x_j) + \overline{J_i}|$$

$$\leqslant \frac{1}{\overline{d_i}} \sum_{j=1}^n (\overline{|a_{ij}|} + \overline{|b_{ij}|} + \overline{|c_{ij}h_{ij}|}) p_j l_j$$

$$+ \frac{1}{\overline{d_i}} \left\{ \sum_{j=1}^n (\overline{|a_{ij}|} + \overline{|b_{ij}|} + \overline{|c_{ij}h_{ij}|}) q_j + \overline{|J_i|} \right\}$$

$$\leqslant \left(\frac{1}{\overline{d_i}} + \omega \right) \sum_{j=1}^n (\overline{|a_{ij}|} + \overline{|b_{ij}|} + \overline{|c_{ij}h_{ij}|}) p_j l_j$$

$$+ \left(\frac{1}{\overline{d_i}} + \omega \right) \left\{ \sum_{j=1}^n (\overline{|a_{ij}|} + \overline{|b_{ij}|} + \overline{|c_{ij}h_{ij}|}) q_j + \overline{|J_i|} \right\}$$

$$= \sum_{j=1}^n k_{ij} l_j + D_i = l_i$$

这是一个矛盾.

因此对任意的 $\boldsymbol{u} \in \partial\Omega \cap \mathrm{Ker}L = \partial\Omega \cap \mathbf{R}^n$, 都有

$$QN\boldsymbol{u} \neq 0$$

考虑定义为

$$F(\boldsymbol{u}, \mu) = \mu \mathrm{diag}(-\overline{d_1}, -\overline{d_2}, \cdots, -\overline{d_n})\boldsymbol{u} + (1-\mu)QN\boldsymbol{u}$$

$((\boldsymbol{u}, \mu) \in (\Omega \cap \mathrm{Ker}L) \times [0,1])$ 的同伦 $F: (\Omega \cap \mathrm{Ker}L) \times [0,1] \mapsto \Omega \cap \mathrm{Ker}L$. 注意到 $F(\cdot, 0) = JQN$, 如果 $F(\boldsymbol{u}, \mu) = 0$, 则像前面一样可得

$$|x_i| = \frac{1-\mu}{\overline{d_i}} | \sum_{j=1}^n (\overline{a_{ij}} + \overline{b_{ij}} + \overline{c_{ij}h_{ij}}) f_j(x_j) + \overline{J_i}|$$

$$\leqslant \frac{1}{\overline{d_i}} \sum_{j=1}^n (\overline{|a_{ij}|} + \overline{|b_{ij}|} + \overline{|c_{ij}h_{ij}|}) p_j |x_j|$$

$$+ \frac{1}{\overline{d_i}} \left\{ \sum_{j=1}^n (\overline{|a_{ij}|} + \overline{|b_{ij}|} + \overline{|c_{ij}h_{ij}|}) q_j + \overline{|J_i|} \right\}$$

$$\leqslant \frac{1}{d_i} \sum_{j=1}^{n} (\overline{|a_{ij}|} + \overline{|b_{ij}|} + \overline{|c_{ij}h_{ij}|}) p_j l_j$$

$$+ \frac{1}{d_i} \left\{ \sum_{j=1}^{n} (\overline{|a_{ij}|} + \overline{|b_{ij}|} + \overline{|c_{ij}h_{ij}|}) q_j + \overline{|J_i|} \right\}$$

$$< \sum_{j=1}^{n} k_{ij} l_j + D_i = l_i$$

因此有

$$F(\boldsymbol{u}, \mu) \neq 0, \quad (\boldsymbol{u}, \mu) \in (\partial \Omega \cap \mathrm{Ker}L) \times [0, 1]$$

根据同伦不变性质有

$$\deg\{JQN, \Omega \cap \mathrm{Ker}L, 0\} = \deg\{F(\cdot, 0), \Omega \cap \mathrm{Ker}L, 0\}$$

$$= \deg\{F(\cdot, 1), \Omega \cap \mathrm{Ker}L, 0\} = \deg\{\mathrm{diag}(-\overline{d_1}, -\overline{d_2}, \cdots, -\overline{d_n})\} \neq 0$$

从而 Ω 满足引理 3.2.1 的所有条件. 所以 $Lu = Nu$ 在 $\mathrm{Dom}L \cap \overline{\Omega}$ 上至少存在一个 ω- 周期解. 证毕.

当 $c_{ij} = 0$ 时, 则式 (3.1.1) 变为

$$x_i'(t) = - d_i(t)x_i(t) + \sum_{j=1}^{n} a_{ij}(t)f_j(x_j(t))$$

$$+ \sum_{j=1}^{n} b_{ij}(t)f_j(x_j(t - \tau(t))) + J_i(t), \quad i = 1, 2, \cdots, n \tag{3.2.3}$$

推论 3.2.1 假设 (3A1)~(3A3) 成立, 记 $k_{ij} = \left(\dfrac{1}{\overline{d_i}} + \omega \right) (\overline{|a_{ij}|} + \overline{|b_{ij}|}) p_j$, $\boldsymbol{K} = (k_{ij})_{n \times n}$. 如果 $\rho(\boldsymbol{K}) < 1$, 则式 (3.2.3) 至少存在一个 ω- 周期解.

定理 3.2.2 令 (3A1)、(3A2) 和 (3A4) 成立, $k_{ij} = \left(\dfrac{1}{\overline{d_i}} + \omega \right) (\overline{|a_{ij}|} + \overline{|b_{ij}|} + \overline{|c_{ij}h_{ij}|}) p_j$, $\boldsymbol{K} = (k_{ij})_{n \times n}$. 如果 $\rho(\boldsymbol{K}) < 1$, 并且

$$\overline{d_i} - \sum_{j=1}^{n} (\overline{|a_{ij}|} + \overline{|b_{ij}|} + \overline{|c_{ij}h_{ij}|}) p_j \mathrm{e}^{d_i^* \tau} > 0$$

则式 (3.1.1) 至少存在一个 ω- 周期解, 并且它还是全局指数稳定的.

证明 令 $C = C([-\tau, 0], \mathbf{R}^n)$, 赋予上确界范数 $\|\boldsymbol{\varphi}\| = \sup\limits_{s \in [-\tau, 0]; 1 \leqslant i \leqslant n} |\varphi_i(s)|$, $\boldsymbol{\varphi} \in C$. 照例, 如果 $(-\infty \leqslant)a \leqslant b(\leqslant \infty)$ 和 $\boldsymbol{\psi} \in C([-\tau + a, b], \mathbf{R}^n)$, 那么对 $t \in [a, b]$ 定

义 $\boldsymbol{\psi}_t \in C$ 为 $\boldsymbol{\psi}_t(\theta) = \boldsymbol{\psi}(t+\theta), \theta \in [-\tau, 0]$. 由 (3A4) 可得 $|f_j(u)| \leqslant p_j|u| + |f_j(0)|, j = 1, 2, \cdots, n$. 因此定理 3.2.1 中的所有条件在 $q_j = |f_j(0)|(j = 1, 2, \cdots, n)$ 时都满足. 故式 (3.1.1) 至少存在一个 ω- 周期解 $\widetilde{\boldsymbol{x}}(t) = (\widetilde{x}_1(t), \widetilde{x}_2(t), \cdots, \widetilde{x}_n(t))^{\mathrm{T}}$. 令 $\boldsymbol{x}(t) = (x_1(t), x_2(t), \cdots, x_n(t))^{\mathrm{T}}$ 为式 (3.1.1) 的任意解. 对 $t \geqslant 0$, 沿着式 (3.1.1) 的解, 直接计算 $|x_i(t) - \widetilde{x}_i(t)|$ 的右导数 $D^+|x_i(t) - \widetilde{x}_i(t)|$ 可得

$$
\begin{aligned}
D^+|x_i(t) - \widetilde{x}_i(t)| = {} & D^+\{\operatorname{sgn}(x_i(t) - \widetilde{x}_i(t))\}(x_i(t) - \widetilde{x}_i(t)) \\
\leqslant {} & -d_i(t)|x_i(t) - \widetilde{x}_i(t)| + \sum_{j=1}^{n} |a_{ij}(t)[f_j(x_j(t)) - f_j(\widetilde{x}_j(t))]| \\
& + \sum_{j=1}^{n} |b_{ij}(t)[f_j(x_j(t - \tau_{ij}(t))) - f_j(\widetilde{x}_j(t - \tau_{ij}(t)))]| \\
& + \sum_{j=1}^{n} |c_{ij}(t)| \left| \int_0^{+\infty} k_{ij}(s)[f_j(x_j(t-s)) - f_j(\widetilde{x}_j(t-s))]\mathrm{d}s \right| \\
\leqslant {} & -d_i(t)|x_i(t) - \widetilde{x}_i(t)| + \sum_{j=1}^{n} |a_{ij}(t)|p_j|x_j(t) - \widetilde{x}_j(t)| \\
& + \sum_{j=1}^{n} |b_{ij}(t)|p_j|x_j(t - \tau_{ij}(t)) - \widetilde{x}_j(t - \tau_{ij}(t))| \\
& + \sum_{j=1}^{n} |c_{ij}(t)h_{ij}|p_j \sup_{-\tau \leqslant s \leqslant t} |x_j(s) - \widetilde{x}_j(s)| \\
\leqslant {} & -d_i(t)|x_i(t) - \widetilde{x}_i(t)| \\
& + \sum_{j=1}^{n} (|a_{ij}(t)| + |b_{ij}(t)| \\
& + |c_{ij}(t)h_{ij}|)p_j \sup_{-\tau \leqslant s \leqslant t} |x_j(s) - \widetilde{x}_j(t)|
\end{aligned}
\tag{3.2.4}
$$

令 $z_i(t) = |x_i(t) - \widetilde{x}_i(t)|$. 则式 (3.2.4) 可转化为

$$
D^+ z_i(t) \leqslant -d_i(t)z_i(t) + \sum_{j=1}^{n} (|a_{ij}(t)| + |b_{ij}(t)| + |c_{ij}(t)h_{ij}|)p_j \sup_{-\tau \leqslant s \leqslant t} z_j(s) \tag{3.2.5}
$$

因此, 对 $t > t_0$ 可得

$$
D^+\left\{ z_i(t)\mathrm{e}^{\int_{t_0}^{t} d_i(s)\mathrm{d}s} \right\} \leqslant \sum_{j=1}^{n} (|a_{ij}(t)| + |b_{ij}(t)| + |c_{ij}(t)h_{ij}|)p_j \|z_t\| \mathrm{e}^{\int_{t_0}^{t} d_i(s)\mathrm{d}s} \tag{3.2.6}
$$

从而有

$$z_i(t)\mathrm{e}^{\int_{t_0}^t d_i(s)\mathrm{d}s} \leqslant |z_i(t_0)|$$
$$+ \int_{t_0}^t \left\{ \sum_{j=1}^n (|a_{ij}(u)| + |b_{ij}(u)| + |c_{ij}(u)h_{ij}|)p_j \|z_u\| \mathrm{e}^{\int_{t_0}^u d_i(s)\mathrm{d}s} \right\} \mathrm{d}u$$

于是对任意的 $t > 0$ 和 $\theta \in [-\min(\tau, t), 0]$, 可得

$$\mathrm{e}^{\int_{t_0}^{t+\theta} d_i(s)\mathrm{d}s} = \mathrm{e}^{(\int_{t_0}^t + \int_t^{t+\theta})d_i(s)\mathrm{d}s} \geqslant \mathrm{e}^{\int_{t_0}^t d_i(s)\mathrm{d}s - d_i^*\tau}$$

因此

$$\mathrm{e}^{\int_{t_0}^t d_i(s)\mathrm{d}s - d_i^*\tau} z_i(t+\theta) \leqslant \mathrm{e}^{\int_{t_0}^{t+\theta} d_i(s)\mathrm{d}s} z_i(t+\theta)$$
$$\leqslant \|z_{t_0}\| + \int_{t_0}^{t+\theta} \left\{ \sum_{j=1}^n (|a_{ij}(u)| + |b_{ij}(u)| + |c_{ij}(u)h_{ij}|)p_j \|z_u\| \mathrm{e}^{\int_{t_0}^u d_i(s)\mathrm{d}s} \right\} \mathrm{d}u$$

所以

$$\mathrm{e}^{\int_{t_0}^t d_i(s)\mathrm{d}s} \|z_t\| \leqslant \mathrm{e}^{d_i^*\tau} \|z_{t_0}\|$$
$$+ \int_{t_0}^t \mathrm{e}^{d_i^*\tau} \left\{ \sum_{j=1}^n (|a_{ij}(u)| + |b_{ij}(u)| + |c_{ij}(u)h_{ij}|)p_j \|z_u\| \mathrm{e}^{\int_{t_0}^u d_i(s)\mathrm{d}s} \right\} \mathrm{d}u$$

由 Gronwall 不等式可得

$$\|z_t\| \leqslant \mathrm{e}^{d_i^*\tau} \|z_{t_0}\| \mathrm{e}^{\int_{t_0}^t \mathrm{e}^{d_i^*\tau} \sum_{j=1}^n (|a_{ij}(u)| + |b_{ij}(u)| + |c_{ij}(u)h_{ij}|)p_j \mathrm{d}u} \mathrm{e}^{\int_{t_0}^t -d_i(s)\mathrm{d}s}, \quad t \geqslant t_0$$

不失一般性, 令 $t_0 = 0$. 对 $t \geqslant 0$, $\left[\dfrac{t}{\omega}\right]$ 表示不大于 $\dfrac{t}{\omega}$ 的最大整数. 注意 $\left[\dfrac{t}{\omega}\right] \geqslant \dfrac{t}{\omega} - 1$, $\overline{d_i} > \sum_{j=1}^n (|\overline{a_{ij}}| + |\overline{b_{ij}}| + |\overline{c_{ij}}h_{ij}|)p_j \mathrm{e}^{d_i^*\tau}$, 可得

$$\|z_t\| \leqslant \mathrm{e}^{d_i^*\tau} \|z_0\| \mathrm{e}^{\int_0^t \mathrm{e}^{d_i^*\tau} \sum_{j=1}^n (|a_{ij}(u)| + |b_{ij}(u)| + |c_{ij}(u)h_{ij}|)p_j \mathrm{d}u} \mathrm{e}^{\int_0^t -d_i(s)\mathrm{d}s}$$
$$= \mathrm{e}^{d_i^*\tau} \|z_0\| \mathrm{e}^{(\int_0^{\omega[\frac{t}{\omega}]} + \int_{\omega[\frac{t}{\omega}]}^t)\{\mathrm{e}^{d_i^*\tau} \sum_{j=1}^n (|a_{ij}(u)| + |b_{ij}(u)| + |c_{ij}(u)h_{ij}|)p_j - d_i(u)\}\mathrm{d}u}$$
$$\leqslant \mathrm{e}^{d_i^*\tau + (-\overline{d_i} + \sum_{j=1}^n (|\overline{a_{ij}}| + |\overline{b_{ij}}| + |\overline{c_{ij}}h_{ij}|)p_j \mathrm{e}^{d_i^*\tau})\omega[\frac{t}{\omega}]}$$
$$\times \|z_0\| \mathrm{e}^{\int_{\omega[\frac{t}{\omega}]}^t \{-d_i(s) + \sum_{j=1}^n (|a_{ij}(s)| + |b_{ij}(s)| + |c_{ij}(s)h_{ij}|)p_j \mathrm{e}^{d_i^*\tau}\}\mathrm{d}s}$$

$$\leqslant \mathrm{e}^{d_i^* \tau + (-\overline{d_i} + \sum\limits_{j=1}^{n} (\overline{|a_{ij}|} + \overline{|b_{ij}|} + \overline{|c_{ij} h_{ij}|})) p_j \mathrm{e}^{d_i^* \tau}) \omega [\frac{t}{\omega}]}$$

$$\times \|z_0\| \mathrm{e}^{\int_0^\omega \{-d_i(s) + \sum\limits_{j=1}^{n} (|a_{ij}(s)| + |b_{ij}(s)| + |c_{ij}(s) h_{ij}|) p_j \mathrm{e}^{d_i^* \tau}\} \mathrm{d}s}$$

$$\leqslant \mathrm{e}^{d_i^* \tau} \|z_0\| \mathrm{e}^{-\{\overline{d_i} - \sum\limits_{j=1}^{n} (\overline{|a_{ij}|} + \overline{|b_{ij}|} + \overline{|c_{ij} h_{ij}|}) p_j \mathrm{e}^{d_i^* \tau}\} t}$$

$$\leqslant m \|z_0\| \mathrm{e}^{-\lambda t}, \quad t \geqslant 0 \tag{3.2.7}$$

其中, $m = \max\limits_{1 \leqslant i \leqslant n} \{\mathrm{e}^{d_i^* \tau}\}$, $\lambda = \min\limits_{1 \leqslant i \leqslant n} \left\{\overline{d_i} - \sum\limits_{j=1}^{n} (\overline{|a_{ij}|} + \overline{|b_{ij}|} + \overline{|c_{ij} h_{ij}|}) p_j \mathrm{e}^{d_i^* \tau}\right\}$ 都是正常数. 由式 (3.2.7), 明显地, 系统的周期解是全局指数稳定的, 证毕.

推论 3.2.2　令 (3A1)、(3A2) 和 (3A4) 成立, $k_{ij} = \left(\dfrac{1}{\overline{d_i}} + \omega\right)(\overline{|a_{ij}|} + \overline{|b_{ij}|}) p_j$, $\boldsymbol{K} = (k_{ij})_{n \times n}$. 如果 $\rho(\boldsymbol{K}) < 1$, 并且

$$\overline{d_i} - \sum\limits_{j=1}^{n} (\overline{|a_{ij}|} + \overline{|b_{ij}|}) p_j \mathrm{e}^{d_i^* \tau} > 0$$

则式 (3.2.3) 存在一个 ω- 周期解, 并且它还是全局指数稳定的.

注记 3.2.1　据我们所知, 鲜有作者考虑系数和时滞都是周期变化的式 (3.1.1) 的周期解的存在性及全局指数稳定性. 仅仅发现式 (3.2.3) 在文献 [79] 和文献 [109] 出现过, 并且文献 [79] 中的 $\tau_{ij}(t) \geqslant 0$ 都是常数, 文献 [109] 中的 $a_{ij}(t), b_{ij}(t), J_i(t)$ 都是连续的 ω- 周期函数, d_i 都是常数. 特别地, 文献 [109] 假设 $\tau_{ij}(t) \geqslant 0$ 都是连续可微的 ω- 周期函数, 并且 $0 \leqslant \tau_{ij}'(t) < 1$, 这清楚地意味着 $\tau_{ij}(t)$ 也都是常数. 显然, 这里的模型更具广泛性. 此外, 在文献 [79] 和文献 [109] 中 $f_i, i = 1, 2, \cdots, n$ 都是严格单调的, 且在它们的主要结果里系数函数都存在最大值, 这些都是非常保守的限制. 因此, 这里的结论在设计神经网络时更简洁实用.

例 3.2.1　考虑如下的两个状态细胞神经网络:

$$\begin{bmatrix} x_1'(t) \\ x_2'(t) \end{bmatrix} = - \begin{bmatrix} d_1(t) & 0 \\ 0 & d_2(t) \end{bmatrix} \begin{bmatrix} x_1(t) \\ x_2(t) \end{bmatrix} + \begin{bmatrix} a_{11}(t) & a_{12}(t) \\ a_{21}(t) & a_{22}(t) \end{bmatrix} \begin{bmatrix} f_1(x_1(t)) \\ f_2(x_2(t)) \end{bmatrix}$$

$$+ \begin{bmatrix} b_{11}(t) & b_{12}(t) \\ b_{21}(t) & b_{22}(t) \end{bmatrix} \begin{bmatrix} f_1(x_1(t - \tau_1(t))) \\ f_2(x_2(t - \tau_2(t))) \end{bmatrix} + \begin{bmatrix} 3\cos t \\ 2\sin t \end{bmatrix}$$

$$+ \begin{bmatrix} c_{11}(t) & c_{12}(t) \\ c_{21}(t) & c_{22}(t) \end{bmatrix} \int_{-\infty}^{t} \begin{bmatrix} H_{11}(t - s) & H_{12}(t - s) \\ H_{21}(t - s) & H_{22}(t - s) \end{bmatrix} \begin{bmatrix} f_1(x_1(s)) \\ f_2(x_2(s)) \end{bmatrix} \mathrm{d}s$$

其中, 所有的 $d_i(t) > 0, a_{ij}(t), b_{ij}(t), c_{ij}(t), \tau_i(t)$ 都是 2π- 周期连续函数. 激励函数

$f_1(x) = \cos\dfrac{1}{3}x + \dfrac{1}{3}x, f_2(x) = \sin\dfrac{1}{2}x + \dfrac{1}{4}x. \ \tau = 0.6, \overline{d_1} = 4, \overline{d_2} = 3; \overline{|a_{11}|} + \overline{|b_{11}|} +$

$\overline{|c_{11}h_{11}|} = \dfrac{3}{80}; \overline{|a_{12}|} + \overline{|b_{12}|} + \overline{|c_{12}h_{12}|} = \dfrac{1}{6}; \overline{|a_{21}|} + \overline{|b_{21}|} + \overline{|c_{21}h_{21}|} = \dfrac{3}{40}; \overline{|a_{22}|} + \overline{|b_{22}|} +$

$\overline{|c_{22}h_{22}|} = \dfrac{2}{21}; d_1^* = 5, d_2^* = 4.$ 明显地，f_i 满足假设，其中 $p_1 = \dfrac{2}{3}, p_2 = \dfrac{3}{4}.$ 通过简单
的计算可得

$$\overline{d_i} - \sum_{j=1}^{n}(\overline{|a_{ij}|} + \overline{|b_{ij}|} + \overline{|c_{ij}h_{ij}|})p_j \mathrm{e}^{d_i^*\tau} > 0, \quad i = 1, 2$$

以及

$$\boldsymbol{K} = \begin{bmatrix} \dfrac{1+8\pi}{160} & \dfrac{1+8\pi}{32} \\ \dfrac{1+6\pi}{60} & \dfrac{1+6\pi}{42} \end{bmatrix}$$

则 $\rho(\boldsymbol{K}) \approx 0.860 < 1.$ 因此根据定理 3.2.2, 式 (3.1.1) 存在指数稳定的 2π- 周期解.

3.3 小   结

周期解是现实世界许多系统 (如天体力学和生物系统等) 的现实要求, 应用拓扑学方法证明某些类型周期解的存在性, 最初是 Poincare 提出的, 后由 Birkhoff 和 Arnold 等加以发展和充实, 成为方程理论中的一个重要内容. 本章应用拓扑度理论中的一个拓展定理讨论了一类时滞神经网络, 得到了其全局指数稳定的充分条件. 这些结果在设计和应用神经网络方面具有重要意义, 推广并改进了早期的一些相关结论.

第 4 章　一类递归时滞神经网络的稳定性

利用 Brouwer 不动点定理、M-矩阵理论、Razumikhin 型指数稳定性定理, 以及脉冲微分不等式技术, 本章研究了一类具有更广代表性的时滞递归神经网络及其脉冲随机情况, 给出了一系列验证全局指数稳定性的充分条件. 这些结果在设计和应用中具有重大的作用, 在某些方面改进并推广了已知的结果.

4.1　引　　言

近年来, 神经网络动态系统在现实生活的很多领域已经有广泛的应用, 如最优化、控制论、图像处理、模式识别以及信号过程甚至偏微分方程的求解等. 由于实现神经网络硬件的限制, 人工神经网络的实现过程中不可避免地会产生传输或计算时滞. 而时滞对于神经网络的影响也是不可忽视的, 它们可能导致非常复杂的动力学行为. 大量研究结果表明, 神经网络中时滞的存在是使网络产生持续振荡、不稳定甚至混沌现象的主要原因. 由于无论是在生物神经网络还是人工神经网络中, 时滞的出现是难以避免的, 所以对于具有时滞的神经网络的研究有其重要意义. 因此在过去的几年中, 含有各种时滞的神经网络的稳定性分析吸引了很多学者的关注[65-79,101,112,113,127,138,139,143-149,162], 并出现了许多研究成果.

神经网络的稳定性是网络的一个重要特性, 它已在联想记忆和最优化计算中获得了许多成功的应用. 在现有的参考文献中, 基于矩阵范数理论 (如 M-矩阵方法) 和 Lyapunov 函数方法所得到的神经网络稳定性判据一般分为非时滞依赖判据与时滞依赖判据两种. 最近在文献 [85]~ 文献 [87] 中, 一类时滞或概率测度时滞区间神经网络的全局指数稳定性或鲁棒 H_∞ 状态估计问题被研究. 此外, 由全局指数稳定性蕴含全局渐近稳定性这一事实, 我们知道能提供全局指数稳定性的结论可以给出关于网络实际运行速度的相关的估计. 例如, Cao 等[157,158] 研究了时滞细胞神经网络的全局指数稳定性. Morita[130] 通过将常用的激活函数 Sigmoid 替换为非单调激活函数证明了可以显著改善相关的记忆模型的绝对容量. 因此, 从某种意义上说, 单调 (不必光滑) 函数在设计和实现人工神经网络上似乎是神经元的激活函数更好的选择. 另外, 在人工神经网络的延迟常常是时变的, 并且有时会由于电子电路的放大器的有限开关速度或故障而遭到破坏. 这些会使电路中的传输速度降低, 并可能导致系统一定程度上的不稳定. 因此, 在实际设计人工神经网络时快速的反应是必需的, 这一直在困扰着众多的电路设计者. 众所周知, 在工程应用中, 人们最感兴趣的稳定性问题是指数稳定性问题. 在神经网络的应用中, 为了降低计算所需要的时间, 都要求提高网络趋于平衡状态的收敛速度. 一个重要的设计目标是使网络具有任意指定的趋于平衡状态的指数收敛速度, 所以, 深入研究时变时滞神经网络的动力学行为具有非常重要的意义. 另外, 在现实应用中由于建立的模型的偏差, 网络的参数可能包含一些不定性, 神经网络也会由于环境的噪声干扰而影响到平衡点的稳定性, 此时研究系统的鲁棒性则意义重大.

本章中, 在激活函数不存在有界性、单调性以及可微性的假设下, 考虑如下的系统, 即

$$
\begin{aligned}
x_i'(t) = {} & - d_i x_i(t) + \sum_{j=1}^{n} a_{ij} f_j(x_j(t)) + \sum_{j=1}^{n} b_{ij} f_j(x_j(t - \tau_j(t))) \\
& + \sum_{j=1}^{n} c_{ij} \int_{t-\tau}^{t} H_{ij}(t-s) f_j(x_j(s)) \mathrm{d}s + J_i, \ i = 1, 2, \cdots, n
\end{aligned}
\tag{4.1.1}
$$

及其随机脉冲系统, 即

$$
\begin{aligned}
\mathrm{d}y_i(t) = {} & \Bigg[- d_i y_i(t) + \sum_{j=1}^{n} a_{ij} g_j(y_j(t)) + \sum_{j=1}^{n} b_{ij} g_j(y_j(t - \tau(t))) \\
& + \sum_{j=1}^{n} c_{ij} \int_{t-\tau}^{t} H_{ij}(t-s) g_j(y_j(s)) \mathrm{d}s \Bigg] \mathrm{d}t \\
& + \sum_{j=1}^{n} \sigma_{ij}(y_j(t)) \mathrm{d}w_j(t), \quad t \geqslant 0, t \neq t_k
\end{aligned}
\tag{4.1.2}
$$

$$
y_i(t_k) = I_k(t_k^-), \quad k \in \mathbf{Z}_+
\tag{4.1.3}
$$

和带有脉冲时滞的系统, 即

$$
\begin{cases}
\begin{aligned}
y_i'(t) = {} & -d_i y_i(t) + \sum_{j=1}^{n} a_{ij} g_j(y_j(t)) + \sum_{j=1}^{n} b_{ij} g_j(y_j(t - \tau(t))) \\
& + \sum_{j=1}^{n} c_{ij} \int_{t-\tau}^{t} H_{ij}(t-s) g_j(y_j(s)) \mathrm{d}s, \quad t \geqslant 0, t \neq t_k
\end{aligned} \\
\Delta y_i|_{t=t_k} = y_i(t_k) - y_i(t_k^-) = \sum_{j=1}^{n} e_{ij} I_j(y_j(t_k^-)) + \sum_{j=1}^{n} m_{ij} J_j(y_j(t_k^- - \tau(t_k^-))), k \in \mathbf{Z}_+
\end{cases}
\tag{4.1.4}
$$

以及带有参数不定性和随机不定性的时滞递归系统, 即

$$
\begin{cases}
\mathrm{d}\boldsymbol{y}(t) = \Big[-\boldsymbol{A}_0(t)\boldsymbol{y}(t) + \boldsymbol{A}_1(t)\boldsymbol{g}(\boldsymbol{y}(t)) + \boldsymbol{A}_2(t)\boldsymbol{g}(\boldsymbol{y}(t-\boldsymbol{\tau}(t))) \\
\qquad + \boldsymbol{A}_3(t) \displaystyle\int_{-\infty}^{t} \boldsymbol{K}(t-s)\boldsymbol{g}(\boldsymbol{y}(s))\mathrm{d}s \Big]\mathrm{d}t \\
\qquad + \big[(\Delta\boldsymbol{M}_0)\boldsymbol{y}(t) + (\Delta\boldsymbol{M}_1)\boldsymbol{y}(t-\boldsymbol{\tau}(t)) \\
\qquad + (\Delta\boldsymbol{M}_2) \displaystyle\int_{-\infty}^{t} \boldsymbol{K}(t-s)\boldsymbol{g}(\boldsymbol{y}(s))\mathrm{d}s \big]\mathrm{d}\boldsymbol{w}(t) \\
\boldsymbol{y}(t) = \phi(t), \ -\infty < t \leqslant 0, \phi \in L^2_{\mathscr{F}_0}((-\infty,0],\mathbf{R}^n)
\end{cases}
\tag{4.1.5}
$$

其中, n 表示网络中细胞的个数; $x_i(t)(i = 1,2,\cdots,n)$ 表示细胞 i 在时刻 t 的状态, $\boldsymbol{x}(t) = [x_1(t),x_2(t),\cdots,x_n(t)]^{\mathrm{T}}$; $\boldsymbol{y}(t) = [y_1(t),y_2(t),\cdots,y_n(t)]^{\mathrm{T}} \in \mathbf{R}^n$ 是 t 时刻相应的状态向量, $\boldsymbol{f}(\boldsymbol{x}(t)) = [f_1(x_1(t)),f_2(x_2(t)),\cdots,f_n(x_n(t))]^{\mathrm{T}}$, $\boldsymbol{g}(\boldsymbol{y}(t)) = [g_1(y_1(t)),g_2(y_2(t)),\cdots,g_n(y_n(t))]^{\mathrm{T}} \in \mathbf{R}^n$ 是细胞间的激活函数. $\boldsymbol{A} = (a_{ij})_{n\times n}, \boldsymbol{B} = (b_{ij})_{n\times n}$ 及 $\boldsymbol{C} = (c_{ij})_{n\times n}$ 是细胞 i 和 j 之间的反馈矩阵与时滞反馈矩阵; $\boldsymbol{D} = \mathrm{diag}(d_1,d_2,\cdots,d_n) > 0$ 是一个正对角矩阵, 表示在与其他细胞隔绝及无输入的情况下第 i 个细胞的自反馈量; $\boldsymbol{J} = (J_1,J_2,\cdots,J_n)^{\mathrm{T}} \in \mathbf{R}^n$ 表示第 i 个从网络外部环境到细胞的外部输入. 矩阵 $\boldsymbol{A}_i(t)(i = 0,1,2,3)$是具有时变不定性的矩阵函数, 核 $H_{ij} : [0,+\infty) \to [0,+\infty)$ 是一个满足 $\displaystyle\int_0^{\tau} H_{ij}(s)\mathrm{d}s = h_{ij} < \infty$ 的分段连续函数, $K_{ij} : [0,+\infty) \to [0,+\infty)$ 是一个满足 $\displaystyle\int_0^{\infty} K_{ij}(s)\mathrm{d}s = 1$ 的分段连续函数. $\boldsymbol{H}(t-s) = (H_{ij}(t-s))_{n\times n}$, $\boldsymbol{K}(t-s) = (k_{ij}(t-s))_{n\times n}$. y_i' 表示 y_i 的右导数; $\boldsymbol{E} = (e_{ij})_{n\times n}, \boldsymbol{M} = (m_{ij})_{n\times n}$; $\boldsymbol{I}(\boldsymbol{y}(t)) = (I_1(y_1(t)),I_2(y_2(t)),\cdots,I_n(y_n(t)))^{\mathrm{T}}$, $\boldsymbol{J}(\boldsymbol{y}(t)) = (J_1(y_1(t)),\cdots,J_n(y_n(t)))^{\mathrm{T}}$ 分别表示 $\boldsymbol{y}(t)$ 在脉冲时刻 t_k 的两种突变状态. 时滞 $\tau_j(t)$ 是任意的非负连续函数, $0 \leqslant \tau_j(t) \leqslant \tau, \tau$ 是一个常数. $0 \leqslant t_0 < t_1 < t_2 < \cdots < t_k < t_{k+1} < \cdots$, $\displaystyle\lim_{k\to\infty} t_k = \infty$, $\sup_{k\in\mathbf{Z}_+}\{t_{k+1} - t_k\} < \infty$.

　　显然, 式 (4.1.1) 是一个最广泛和最典型的神经网络模型. 其他的确定性模型, 如 BAM 及 Hopfield 神经网络, 都是式 (4.1.1) 的特殊情况, 具体情况可参看文献 [83]、文献 [160]、文献 [163].

　　当使用人工神经网络解决最优化问题时, 设计这个网络最根本的命题之一就是如何确保存在唯一的全局渐近稳定的平衡点. 通常的做法就是对激活函数强加限制. 在激活函数的各种假定下, 网络平衡点的全局渐近稳定性已被大量地研究. 这些假定主要是连续可微性、单调性以及有界性[58,81,82,92,126]. 不过在一些实际应用中[117,118], 有时无界性和非单调性的激活函数是需要的. Morita[130]、Yoshizawa 等[90] 以及 Chua 等 [173] 都说明一个事实: 如果其激活函数 Sigmoid 被非单调函数代替, 则联想记忆神经网络的容量可以得到很大的增加. 而文献 [128]、文献 [129]、文

献 [158]、文献 [163] 中的激活函数虽然没有可微性、单调性以及有界性的假定, 但其模型仅是式 (4.1.1) 的特例. 据我们所知, 鲜有作者考虑在激活函数更宽松的条件下研究式 (4.1.1) 的稳定性问题.

本章关于式 (4.1.1) 有两个基本假设:

(4A1) 对任意的 $u \in \mathbf{R}$, $|f_j(u)| \leqslant p_j|u| + q_j (j = 1, 2, \cdots, n)$. 这里 p_j、q_j 是非负常数.

(4A2) 对任意的 $u, v \in \mathbf{R}$, 存在非负常数 $p_j (j = 1, 2, \cdots, n)$ 满足 $|f_j(u) - f_j(v)| \leqslant p_j|u - v|$.

关于式 (4.1.2) 及式 (4.1.3) 有如下基本假设:

(4B) $\sigma_{ij}(0) = g_j(0) = 0$, σ_{ij}、g_j 都是 Lipschitz- 连续的, $L_{ij} > 0, L_j > 0$ 是它们各自的 Lipschitz 常数, 这里 $i, j = 1, 2, \cdots, n$.

关于式 (4.1.4) 有下面的基本假设.

(4H1) $g_j(0) = 0$, g_j 都是 Lipschitz- 连续的, $L_j > 0$ 是它的 Lipschitz 常数, 这里 $j = 1, 2, \cdots, n$.

(4H2) $|I_i(y_i)| \leqslant p_i|y_i|, |J_i(y_i)| \leqslant q_i|y_i|, i = 1, 2, \cdots, n$.

关于式 (4.1.5) 有下面的基本假设:

$$\boldsymbol{A}_i(t) = \boldsymbol{A}_i + \Delta \boldsymbol{A}_i(t)$$

其中, $\boldsymbol{A}_i$ 是已知的合适维数的实常数矩阵, $\boldsymbol{A}_0 > 0$. $\Delta \boldsymbol{A}_i(t)$. $\Delta \boldsymbol{M}_j(t)$ 是代表时变参数不定性的不确定矩阵. 所有的不定性量都是范数有界的且满足

$$\begin{bmatrix} \Delta \boldsymbol{A}_0(t) & \Delta \boldsymbol{A}_1(t) & \Delta \boldsymbol{A}_2(t) & \Delta \boldsymbol{A}_3(t) \\ \Delta \boldsymbol{M}_0(t) & \Delta \boldsymbol{M}_1(t) & \Delta \boldsymbol{M}_2(t) & 0 \end{bmatrix} = \boldsymbol{EF}(t) \begin{bmatrix} \boldsymbol{B}_0 & \boldsymbol{B}_1 & \boldsymbol{B}_2 & \boldsymbol{B}_3 \\ \boldsymbol{C}_0 & \boldsymbol{C}_1 & \boldsymbol{C}_2 & 0 \end{bmatrix}$$

$$(4.1.6)$$

其中, $\boldsymbol{E}$、$\boldsymbol{B}_i$、$\boldsymbol{C}_j$ 皆为已知的合适维数的实常数矩阵, 并且不确定时变矩阵 $\boldsymbol{F}(t)$ 对任意的时刻 t 都满足 $\boldsymbol{F}^{\mathrm{T}}(t)\boldsymbol{F}(t) \leqslant \boldsymbol{I}$. 另外假设矩阵 $\boldsymbol{F}(t)$ 的元素都是 Lebesgue 可测的, 其激活函数 g_i 满足条件 (4H1).

注记 4.1.1 事实上, (4A1) 是线性增长条件而 (4A2) 是 Lipschitz 条件. 条件 (4A2) 在实际应用中是必要的, 因为激活函数常常选择 Sigmoid 函数、分段线性 Saturation 函数等. 明显地, 满足条件 (4A2) 的这类函数比起 Sigmoid 函数及分段线性函数[173] $f_i(x) \left(= \frac{1}{2}(|x + 1| - |x - 1|)\right)$ 更具广泛性. 至于条件 (4A1), 明显又比 (4A2) 更广泛. 在后面的定理 4.2.1 中, 关于激活函数涉及的是条件 (4A1), 而不是通常的 (4A2), 由此定理 4.2.1 推广了文献 [109] 中的引理 2.1 和引理 2.2 及文献 [113] 中的定理 2.1.

式 (4.1.1)~ 式 (4.1.4) 的初值条件设为

$$x_i(s) = \phi_i(s), \quad s \in [-\tau, 0], \quad i = 1, 2, \cdots, n$$

其中, $\phi_i(s)$ 是 $s \in [-\tau, 0]$ 上的连续函数.

对定义在 $[-\tau, 0]$ 的连续函数 $\phi_i(i = 1, 2, \cdots, n)$, 记 $\phi = (\phi_1, \phi_2, \cdots, \phi_n)^{\mathrm{T}}$. 如果 $\boldsymbol{x}^0 = (x_1^0, x_2^0, \cdots, x_n^0)^{\mathrm{T}}$ 是式 (4.1.1) 的平衡点, 令

$$\|\phi(t) - \boldsymbol{x}^0\| = \sum_{i=1}^n \left(\sup_{-\tau \leqslant t \leqslant 0} |\phi_i(t) - x_i^0| \right)$$

定义 4.1.1　系统的平衡点 $\boldsymbol{x}^0 = (x_1^0, x_2^0, \cdots, x_n^0)^{\mathrm{T}}$ 称为全局指数稳定的, 如果存在常数 $\lambda > 0$, $m \geqslant 1$ 使得对于系统的任意解 $\boldsymbol{x}(t) = (x_1(t), x_2(t), \cdots, x_n(t))^{\mathrm{T}}$ 及任意的 $t \geqslant 0$, 都有

$$|x_i(t) - x_i^0| \leqslant m\|\phi - \boldsymbol{x}^0\|\mathrm{e}^{-\lambda t}$$

其中, λ 称为全局指数收敛率.

引理 4.1.1[131]　如果对于 $\boldsymbol{K} = (k_{ij})_{n \times n} \geqslant 0$, 有 $\rho(\boldsymbol{K}) < 1$, 则 $(\boldsymbol{I} - \boldsymbol{K})^{-1} \geqslant 0$, 这里 $\boldsymbol{I}$ 表示 n 阶单位矩阵.

4.2　全局指数稳定性分析

4.2.1　平衡点的存在唯一性

定理 4.2.1　设 $f_i(i = 1, 2, \cdots, n)$ 满足条件 (4A1). 令 $k_i = d_i^{-1} \sum_{j=1}^n (|a_{ij}| + |b_{ij}| + |c_{ij}h_{ij}|)p_j$. 如果 $\max_{1 \leqslant i \leqslant n} \{k_i\} < 1$, 则式 (4.1.1) 必存在唯一平衡点.

证明　$\boldsymbol{x}^0 = (x_1^0, x_2^0, \cdots, x_n^0)^{\mathrm{T}}$ 是式 (4.1.1) 的平衡点, 当且仅当 $\boldsymbol{x}^0$ 满足

$$d_i x_i^0 = \sum_{j=1}^n a_{ij} f_j(x_j^0) + \sum_{j=1}^n b_{ij} f_j(x_j^0) + \sum_{j=1}^n c_{ij} \int_{t-\tau}^t H_{ij}(t-s) f_j(x_j^0)\mathrm{d}s + J_i, \quad i = 1, 2, \cdots, n$$

因为

$$\sum_{j=1}^n a_{ij} f_j(x_j^0) + \sum_{j=1}^n b_{ij} f_j(x_j^0) + \sum_{j=1}^n c_{ij} \int_{t-\tau}^t H_{ij}(t-s) f_j(x_j^0)\mathrm{d}s + J_i$$

$$= \sum_{j=1}^n a_{ij} f_j(x_j^0) + \sum_{j=1}^n b_{ij} f_j(x_j^0) + \sum_{j=1}^n c_{ij} \int_0^\tau H_{ij}(s)\mathrm{d}s f_j(x_j^0) + J_i$$

$$= \sum_{j=1}^n a_{ij} f_j(x_j^0) + \sum_{j=1}^n b_{ij} f_j(x_j^0) + \sum_{j=1}^n c_{ij} h_{ij} f_j(x_j^0) + J_i$$

所以 x^0 是式 (4.1.1) 的平衡点等价于 x^0 满足

$$d_i x_i^0 = \sum_{j=1}^n a_{ij} f_j(x_j^0) + \sum_{j=1}^n b_{ij} f_j(x_j^0) + \sum_{j=1}^n c_{ij} h_{ij} f_j(x_j^0) + J_i \qquad (4.2.1)$$

令

$$\boldsymbol{G}(\boldsymbol{v}) = (G_1(\boldsymbol{v}), G_2(\boldsymbol{v}), \cdots, G_n(\boldsymbol{v}))^{\mathrm{T}}$$

其中

$$G_i(\boldsymbol{v}) = d_i^{-1} \left[\sum_{j=1}^n (a_{ij} + b_{ij} + c_{ij} h_{ij}) f_j(v_j) + J_i \right], \quad i = 1, 2, \cdots, n$$

则式 (4.2.1) 可简写为 $x^0 = \boldsymbol{G}(x^0)$. 下面证明 x^0 的存在唯一性.

对于任意的 $\boldsymbol{x} = [x_1, x_2, \cdots, x_n]^{\mathrm{T}}$, $\boldsymbol{y}(t) = [y_1, y_2, \cdots, y_n]^{\mathrm{T}} \in \mathbf{R}^n$, 并令 $\|\boldsymbol{x}\| = \max\limits_{1 \leqslant i \leqslant n} |x_i|$. 由 (4A2) 得

$$\begin{aligned}
\|\boldsymbol{G}(\boldsymbol{x}) - \boldsymbol{G}(\boldsymbol{y})\| &= \max_{1 \leqslant i \leqslant n} |G_i(\boldsymbol{x}) - G_i(\boldsymbol{y})| \\
&= \max_{1 \leqslant i \leqslant n} \left\{ d_i^{-1} \left| \sum_{j=1}^n (a_{ij} + b_{ij} + c_{ij} h_{ij})(f_j(x_j) - f_j(y_j)) \right| \right\} \\
&\leqslant \max_{1 \leqslant i \leqslant n} \left\{ d_i^{-1} \sum_{j=1}^n (|a_{ij}| + |b_{ij}| + |c_{ij} h_{ij}|) p_j |x_j - y_j| \right\} \\
&\leqslant \max_{1 \leqslant i \leqslant n} \{k_i\} \|\boldsymbol{x} - \boldsymbol{y}\|
\end{aligned}$$

因为 $\max\limits_{1 \leqslant i \leqslant n} \{k_i\} < 1$, 则由 Banach 压缩原理得, $\boldsymbol{G}$ 必有唯一不动点存在, 它就是式 (4.1.1) 的平衡点. 证毕.

4.2.2 主要结果

定理 4.2.2 设 $f_i(i = 1, 2, \cdots, n)$ 满足 (4A2). 令 $k_i = d_i^{-1} \sum\limits_{j=1}^n (|a_{ij}| + |b_{ij}| + |c_{ij} h_{ij}|) p_j$. 如果 $\max\limits_{1 \leqslant i \leqslant n} \{k_i\} < 1$, 则式 (4.1.1) 必存在唯一平衡点 x^0, 且是全局指数稳定的.

证明 由定理 4.2.1, 式 (4.1.1) 必存在唯一平衡点 $x^0 = (x_1^0, x_2^0, \cdots, x_n^0)^{\mathrm{T}}$. 令 $\boldsymbol{x}(t)$ 为式 (4.1.1) 的任意一个解, 则

$$\begin{aligned}
D^+ |x_i(t) - x_i^0| &= D^+ \{\mathrm{sgn}(x_i(t) - x_i^0)\}(x_i(t) - x_i^0) \\
&\leqslant -d_i |x_i(t) - x_i^0| + \sum_{j=1}^n |a_{ij}[f_j(x_j(t)) - f_j(x_j^0)]|
\end{aligned}$$

$$+ \sum_{j=1}^{n} |b_{ij}[f_j(x_j(t-\tau(t))) - f_j(x_j^0)]|$$

$$+ \sum_{j=1}^{n} |c_{ij}| \left| \int_0^\tau H_{ij}(s)[f_j(x_j(t-s)) - f_j(x_j^0)]\mathrm{d}s \right|$$

$$\leqslant - d_i |x_i(t) - x_i^0| + \sum_{j=1}^{n} |a_{ij}| p_j |x_j(t) - x_j^0|$$

$$+ \sum_{j=1}^{n} |b_{ij}| p_j |x_j(t-\tau(t)) - x_j^0|$$

$$+ \sum_{j=1}^{n} |c_{ij} h_{ij}| p_j \sup_{t-\tau \leqslant s \leqslant t} |x_j(s) - x_j^0|$$

$$\leqslant \sum_{j=1}^{n} (|a_{ij}| + |b_{ij}| + |c_{ij} h_{ij}|) p_j \sup_{t-\tau \leqslant s \leqslant t} |x_j(s) - x_j^0|$$

$$- d_i |x_i(t) - x_i^0| \tag{4.2.2}$$

记 $z_i(t) = |x_i(t) - x_i^0|$，则式 (4.2.2) 可以转化为

$$D^+ z_i(t) \leqslant -d_i z_i(t) + \sum_{j=1}^{n} (|a_{ij}| + |b_{ij}| + |c_{ij} h_{ij}|) p_j \sup_{t-\tau \leqslant s \leqslant t} z_j(s) \tag{4.2.3}$$

令 $r_{ij} = d_i^{-1}(|a_{ij}| + |b_{ij}| + |c_{ij} h_{ij}|) p_j$，$\boldsymbol{R} = (r_{ij})_{n \times n}$. 由 $\max\limits_{1 \leqslant i \leqslant n} \{k_i\} < 1$，得 $\rho(\boldsymbol{R}) < 1$，因此矩阵 $\boldsymbol{I} - \boldsymbol{R}$ 是一个 M- 矩阵[131]，这里 $\boldsymbol{I}$ 表示一个 n 阶单位矩阵. 所以，存在一个对角元皆是正数的对角矩阵 $\boldsymbol{M} = \mathrm{diag}(m_1, m_2, \cdots, m_n)$ 使得 $(\boldsymbol{I} - \boldsymbol{R})\boldsymbol{M}$ 是一个对角元皆是正数的对角矩阵且满足

$$m_i > \sum_{j=1}^{n} m_j d_i^{-1}(|a_{ij}| + |b_{ij}| + |c_{ij} h_{ij}|) p_j, \quad i = 1, 2, \cdots, n \tag{4.2.4}$$

于是，存在常数 $\alpha > 0$ 使得

$$-m_i d_i + \sum_{j=1}^{n} m_j(|a_{ij}| + |b_{ij}| + |c_{ij} h_{ij}|) p_j < -\alpha, \quad i = 1, 2, \cdots, n \tag{4.2.5}$$

因此，可以选择常数 $0 < \lambda \ll 1$ 满足

$$\lambda m_i + \left[-m_i d_i + \sum_{j=1}^{n} m_j(|a_{ij}| + |b_{ij}| + |c_{ij} h_{ij}|) p_j \mathrm{e}^{\lambda \tau} \right] < 0, \quad i = 1, 2, \cdots, n \tag{4.2.6}$$

现在，选择常数 $\beta \gg 1$ 使得

$$\beta m_i \mathrm{e}^{-\lambda t} > 1, \quad \forall\, t \in (-\infty, 0], \quad i = 1, 2, \cdots, n \tag{4.2.7}$$

成立. 对于 $V \in C((a, +\infty), \mathbf{R})$, 令

$$D^- V(t) = \lim_{h \to 0^-} \sup \frac{V(t+h) - V(t)}{h}, \quad D_- V(t) = \lim_{h \to 0^-} \inf \frac{V(t+h) - V(t)}{h}$$

对任意的 $\varepsilon > 0$, 令

$$Y_i(t) = \beta m_i \left[\sum_{j=1}^n \sup_{-\tau \leqslant s \leqslant 0} z_j(s) + \varepsilon \right] \mathrm{e}^{-\lambda t}, \quad i = 1, 2, \cdots, n \qquad (4.2.8)$$

由式 (4.2.6) 和式 (4.2.8) 得

$$
\begin{aligned}
D_- Y_i(t) = & -\lambda \beta m_i \left[\sum_{j=1}^n \sup_{-\tau \leqslant s \leqslant 0} z_j(s) + \varepsilon \right] \mathrm{e}^{-\lambda t} \\
> & \left[-m_i d_i + \sum_{j=1}^n m_j(|a_{ij}| + |b_{ij}| + |c_{ij}h_{ij}|) p_j \mathrm{e}^{\lambda \tau} \right] \beta \\
& \cdot \left[\sum_{j=1}^n \sup_{-\tau \leqslant s \leqslant 0} z_j(s) + \varepsilon \right] \mathrm{e}^{-\lambda t} \\
= & -m_i d_i \beta \left[\sum_{j=1}^n \sup_{-\tau \leqslant s \leqslant 0} z_j(s) + \varepsilon \right] \mathrm{e}^{-\lambda t} \\
& + \sum_{j=1}^n \left\{ m_j \beta(|a_{ij}| + |b_{ij}| + |c_{ij}h_{ij}|) p_j \left[\sum_{j=1}^n \sup_{-\tau \leqslant s \leqslant 0} z_j(s) + \varepsilon \right] \mathrm{e}^{\lambda \tau} \mathrm{e}^{-\lambda t} \right\} \\
= & -d_i Y_i(t) + \sum_{j=1}^n (|a_{ij} + |b_{ij}| + |c_{ij}h_{ij}|) p_j \sup_{t-\tau \leqslant s \leqslant t} Y_j(s) \qquad (4.2.9)
\end{aligned}
$$

由式 (4.2.8) 和式 (4.2.7), 对于所有的 $t \in [-\tau, 0]$, 有

$$Y_i(t) = \beta m_i \left[\sum_{j=1}^n \sup_{-\tau \leqslant s \leqslant 0} z_j(s) + \varepsilon \right] \mathrm{e}^{-\lambda t} > \sum_{j=1}^n \sup_{-\tau \leqslant s \leqslant 0} z_j(s) + \varepsilon > z_i(t) \qquad (4.2.10)$$

对任意的 $t > 0$, 断言

$$z_i(t) < Y_i(t), \quad i = 1, 2, \cdots, n \qquad (4.2.11)$$

否则必存在 i 及 $t_i > 0$ 满足

$$z_i(t_i) = Y_i(t_i), \ z_i(t) < Y_i(t), \ \forall \, t \in [-\tau, t_i) \qquad (4.2.12)$$

于是有

$$
\begin{aligned}
0 \leqslant D^-(z_i(t_i) - Y_i(t_i)) &= \lim_{h\to 0^-}\sup \frac{\{z_i(t_i + h) - Y_i(t_i + h)\} - \{z_i(t_i) - Y_i(t_i)\}}{h} \\
&\leqslant \lim_{h\to 0^-}\sup \frac{z_i(t_i + h) - z_i(t_i)}{h} - \lim_{h\to 0^-}\inf \frac{Y_i(t_i + h) - Y_i(t_i)}{h} \\
&= D^- z_i(t_i) - D_- Y_i(t_i)
\end{aligned} \tag{4.2.13}
$$

由式 (4.2.3)、式 (4.2.9) 和式 (4.2.12) 得

$$
\begin{aligned}
D^- z_i(t_i) &\leqslant -d_i z_i(t_i) + \sum_{j=1}^{n}(|a_{ij} + |b_{ij}| + |c_{ij}h_{ij}|)p_j \sup_{t_i - \tau \leqslant s \leqslant t_i} z_i(s) \\
&= -d_i Y_i(t) + \sum_{j=1}^{n}(|a_{ij} + |b_{ij}| + |c_{ij}h_{ij}|)p_j \sup_{t_i - \tau \leqslant s \leqslant t_i} z_i(s) \\
&\leqslant -d_i Y_i(t) + \sum_{j=1}^{n}(|a_{ij} + |b_{ij}| + |c_{ij}h_{ij}|)p_j \sup_{t_i - \tau \leqslant s \leqslant t_i} Y_i(s) \\
&< D_- Y_i(t_i)
\end{aligned}
$$

这与式 (4.2.13) 矛盾. 因此, 式 (4.2.11) 成立. 令 $\varepsilon \to 0^+$, $m = \max_{1\leqslant i\leqslant n}\{\beta m_i + 1\}$, 由式 (4.2.8) 和式 (4.2.11), 对于 $t \geqslant 0$ 有

$$
\begin{aligned}
|x_i(t) - x_i^0| = z_i(t) &\leqslant \beta m_i\left[\sum_{j=1}^{n}\sup_{-\tau\leqslant s\leqslant 0} z_j(s) + \varepsilon\right]\mathrm{e}^{-\lambda t} \\
&\leqslant m\|\boldsymbol{\phi} - \boldsymbol{x}^0\|\mathrm{e}^{-\lambda t}, \quad i = 1, 2, \cdots, n
\end{aligned}
$$

证毕.

推论 4.2.1　假设 $f_i, i = 1, 2, \cdots, n$, 满足 (4A2). 令 $k_i = d_i^{-1}\sum_{j=1}^{n}(|a_{ij}| + |b_{ij}|)p_j$. 如果 $\max_{1\leqslant i\leqslant n}\{k_i\} < 1$, 则满足 $c_{ij} = 0$ 的式 (4.1.1) 必存在一个平衡点 $\boldsymbol{x}^0$, 且是全局指数稳定的.

注记 4.2.1　令 λ_0 表示如下方程的最小的正实根:

$$
\lambda m_i + \left[-m_i d_i + \sum_{j=1}^{n} m_j(|a_{ij}| + |b_{ij}| + |c_{ij}h_{ij}|)p_j\mathrm{e}^{\lambda\tau}\right] = 0, \quad i = 1, 2, \cdots, n \tag{4.2.14}
$$

根据式 (4.2.6), 已知 λ_0 是存在的. 从定理 4.2.2 的证明中可以看出, 式 (4.1.1) 的全局指数收敛率 λ 满足 $\lambda \geqslant \lambda_0$. 此外, 为了改善网络的状态, 通过修正参数 $d_i, a_{ij}, b_{ij}, c_{ij}, h_{ij}$, 可以做到既提高收敛的速度, 同时又减少系统响应所需要的时间.

注记 4.2.2　据我们所知, 以前鲜有作者考虑带有时变时滞的系统模型, 即式 (4.1.1) 的指数稳定性问题. 还有, 我们对于激活函数的要求比起文献 [18]、文献

[30]、文献 [43]、文献 [50]、文献 [78] 的要求也是更低的. 事实上, 我们不但不要求激活函数是有界的, 而且也不要求它们可微和严格单调.

注记 4.2.3　在式 (4.1.1) 中, 若 $a_{ij} \equiv 0, c_{ij} \equiv 0$, 那么式 (4.1.1) 转变为变时滞 Hopfield 神经网络. 因此定理 4.3.1 和推论 4.3.2 推广了文献 [82] 的结论, 即文献 [83] 结论中的常时滞可以为变时滞.

4.2.3　数值例子

下面举例说明, 本书的结论是有效的.

例 4.2.1　考虑下面的两个细胞神经网络:

$$
\begin{bmatrix} x_1'(t) \\ x_2'(t) \end{bmatrix} = - \begin{bmatrix} 2 & 0 \\ 0 & 3 \end{bmatrix} \begin{bmatrix} x_1(t) \\ x_2(t) \end{bmatrix} + \begin{bmatrix} \dfrac{1}{5} & \dfrac{1}{3} \\ \dfrac{3}{5} & \dfrac{1}{2} \end{bmatrix} \begin{bmatrix} f_1(x_1(t)) \\ f_2(x_2(t)) \end{bmatrix}
$$

$$
+ \begin{bmatrix} \dfrac{1}{5} & \dfrac{2}{3} \\ \dfrac{2}{5} & 1 \end{bmatrix} \int_{t-\tau}^{t} \begin{bmatrix} 2(t-s)\mathrm{e}^{-(t-s)^2} & 0 \\ 0 & 2(t-s)\mathrm{e}^{-(t-s)^2} \end{bmatrix}
$$

$$
\cdot \begin{bmatrix} f_1(x_1(s)) \\ f_2(x_2(s)) \end{bmatrix} \mathrm{d}s + \begin{bmatrix} \dfrac{1}{5} & 1 \\ \dfrac{4}{5} & \dfrac{1}{2} \end{bmatrix} \begin{bmatrix} f_1(x_1(t-\tau_1(t))) \\ f_2(x_2(t-\tau_2(t))) \end{bmatrix} + \begin{bmatrix} 3 \\ 2 \end{bmatrix}
$$

$$\tag{4.2.15}$$

其中, $t > 0$, $x_i(t)(i=1,2)$ 表示细胞 i 在时刻 t 的电压; $f_1(t) = \cos\dfrac{1}{3}t + \dfrac{1}{3}t$, $f_2(t) = \sin\dfrac{1}{2}t + \dfrac{1}{4}t$, $f_i(t)$ 表示非线性输出函数. $J_i(J_1 = 3, J_2 = 2)$ 表示第 i 个从网络外部环境到细胞的外部输入; $d_i(d_1 = 2, d_2 = 3)$ 表示在与其他细胞隔绝及无输入的情况下第 i 个细胞的自反馈量; $(a_{ij}(t)) = \begin{bmatrix} \dfrac{1}{5} & \dfrac{1}{3} \\ \dfrac{3}{5} & \dfrac{1}{2} \end{bmatrix}, (b_{ij}(t)) = \begin{bmatrix} \dfrac{1}{5} & 1 \\ \dfrac{4}{5} & \dfrac{1}{2} \end{bmatrix}, (c_{ij}(t)) = \begin{bmatrix} \dfrac{1}{5} & \dfrac{2}{3} \\ \dfrac{2}{5} & 1 \end{bmatrix}$; $a_{ij}(t)$、$b_{ij}(t)$ 和 $c_{ij}(t)$ 表示在时刻 t 细胞 i 与 j 之间的连接度; $\tau_1(t) = \tau_2(t) = 0.06|\sin t|$, $\tau_i(t)$ 表示在时刻 t 细胞 i 转换信号过程的时滞. 显然, f_i 满足假设 (4A1), 其中 $p_1 = \dfrac{2}{3}, p_2 = \dfrac{3}{4}$. 令 $\tau = 0.06$, 有

$$
\boldsymbol{K} = \begin{bmatrix} \dfrac{1}{5} & \dfrac{3}{4} \\ \dfrac{2}{5} & \dfrac{1}{2} \end{bmatrix}, \quad \rho(\boldsymbol{K}) \approx 0.91789 < 1 \tag{4.2.16}
$$

因此, 由定理 4.2.2, 式 (4.2.15) 的平衡点是全局指数稳定的. 若初始条件选择为

$\phi(s) = [-100s, 200s], s = -0.01, -0.02, -0.03, -0.04, -0.05 \in [-\tau, 0] = [-0.06, 0]$ 的
神经网络, 即式 (4.2.15) 的状态曲线如图 4.2.1 所示.

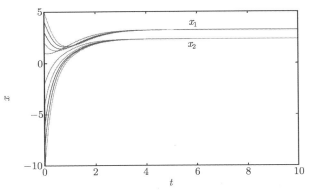

图 4.2.1　式 (4.2.15) 的状态曲线

注记 4.2.4　　因为文献 [51]、文献 [81]、文献 [84]、文献 [93] 处理的系统方程
没有积分项, 因此其结果不能用于判断式 (4.2.15) 的稳定性; 另外, 虽然文献 [93] 可
以部分解决问题 (4.2.15), 但是当时滞 $\tau = 0.06$ 时, 利用文献 [93] 的定理 1, 我们发
现其 LMI 是不可行的, 这说明不能利用该结论去推断式 (4.2.15) 是否稳定.

例 4.2.2　　考虑下面的两个细胞神经网络:

$$
\begin{bmatrix} x_1'(t) \\ x_2'(t) \end{bmatrix} = -\begin{bmatrix} 3 & 0 \\ 0 & 5 \end{bmatrix}\begin{bmatrix} x_1(t) \\ x_2(t) \end{bmatrix} + \begin{bmatrix} \dfrac{1}{5} & \dfrac{1}{3} \\ \dfrac{3}{5} & \dfrac{1}{2} \end{bmatrix}\begin{bmatrix} f_1(x_1(t)) \\ f_2(x_2(t)) \end{bmatrix}
$$

$$
+ \begin{bmatrix} \dfrac{1}{5} & \dfrac{2}{3} \\ \dfrac{2}{5} & 1 \end{bmatrix}\int_{t-\tau}^{t}\begin{bmatrix} 2(t-s)\mathrm{e}^{-(t-s)^2} & 0 \\ 0 & 2(t-s)\mathrm{e}^{-(t-s)^2} \end{bmatrix}\begin{bmatrix} f_1(x_1(s)) \\ f_2(x_2(s)) \end{bmatrix}\mathrm{d}s
$$

$$
+ \begin{bmatrix} \dfrac{1}{5} & 1 \\ \dfrac{4}{5} & \dfrac{1}{2} \end{bmatrix}\begin{bmatrix} f_1(x_1(t-\tau_1(t))) \\ f_2(x_2(t-\tau_2(t))) \end{bmatrix} + \begin{bmatrix} 3 \\ 2 \end{bmatrix}
$$

$$
\tag{4.2.17}
$$

其中, $t > 0$; $\tau = 0.06$; $f_1(t) = |t-1|$; $f_2(t) = \left| t - \dfrac{3}{2} \right|$. 显然, f_i 满足 (4A1), 其中
$p_1 = p_2 = 1$. 所以

$$
\boldsymbol{K} = \begin{bmatrix} \dfrac{4}{3} & \dfrac{4}{9} \\ \dfrac{21}{75} & \dfrac{3}{5} \end{bmatrix}, \quad \rho(\boldsymbol{K}) \approx 0.87726 < 1 \tag{4.2.18}
$$

因此, 由定理 4.2.2, 式 (4.2.17) 的平衡点是全局指数稳定的. 如果选择初始条件为

$[-100t, 200t](t = -0.01, -0.02, -0.03)$, 则式 (4.2.17) 的状态曲线如图 4.2.2 所示.

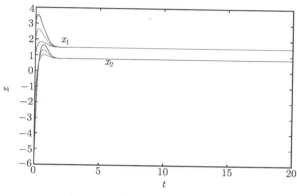

图 4.2.2 式 (4.2.17) 的状态曲线

4.3 脉冲指数稳定性

4.3.1 预备知识和引理

基于 Razumikhin 型稳定性方法, 本节研究了一类脉冲随机时滞系统的 Razumikhin 型全局 p- 阶矩指数稳定性、全局指数稳定性和几乎必然指数稳定性. 目的是研究比利用 Lyapunov 泛函或函数更容易验证的稳定性判定的充分条件. 最后通过几个例子说明本章结果的可行性.

受文献 [46]、文献 [61]、文献 [70]、文献 [165]、文献 [166] 等工作的启发, 利用 Razumikhin 分析方法和 Lyapunov 泛函, 本节具体研究了含有有界和无界时滞的脉冲随机时滞微分方程稳定性问题. 这类问题由于受到脉冲和随机因素的双重影响, 它们的稳定性分析是相当复杂的. 即使如此, 本节的新结果仍然可以广泛地应用于含有有界和无界时滞以及随机扰动的系统. 值得指出的是, 本节的结果证明脉冲在时滞微分系统稳定性中所起的作用, 另外不再需要关于脉冲的强条件限制 $|d_k| < 1$, 而这些条件是文献 [46]、文献 [151]、文献 [165] 所必需的.

考虑如下的一类广义脉冲时滞微分系统:

$$\begin{cases} \mathrm{d}\boldsymbol{x}(t) = \boldsymbol{h}(t, \boldsymbol{x}_t)\mathrm{d}t + \boldsymbol{f}(t, \boldsymbol{x}_t)\mathrm{d}\boldsymbol{w}, \quad t \geqslant t_0, \ t \neq t_k \\ \Delta\boldsymbol{x}|_{t=t_k} = \boldsymbol{x}(t_k) - \boldsymbol{x}(t_k^-) = \boldsymbol{I}_k(t_k, \boldsymbol{x}(t_k^-)), \quad k \in \mathbf{Z}_+ \\ \boldsymbol{x}_{t_0}(s) = \boldsymbol{\varphi}(s), \quad s \in [-\tau, 0] \end{cases} \tag{4.3.1}$$

其中, $\boldsymbol{\varphi} \in \mathrm{PCB}([-\tau, 0]; \mathbf{R}^n), \boldsymbol{x}(t) = (x_1(t), \cdots, x_n(t))^{\mathrm{T}}, \boldsymbol{h}: \mathbf{R}_+ \times \mathrm{PC}_{\mathscr{F}_t}^p([-\tau, 0]; \mathbf{R}^n) \to \mathbf{R}^n, \boldsymbol{f}: \mathbf{R}_+ \times \mathrm{PC}_{\mathscr{F}_t}^p([-\tau, 0]; \mathbf{R}^n) \to \mathbf{R}^{n \times m}, \boldsymbol{I}_k(t_k, \boldsymbol{x}(t_k^-)): \mathbf{R}_+ \times \mathbf{R}^n \to \mathbf{R}^n$ 表示系统

状态 $\boldsymbol{x}$ 在时刻 t_k 的脉冲扰动. 固定点脉冲时刻 t_k 满足 $0 \leqslant t_0 < t_1 < t_2 < \cdots < t_k < t_{k+1} < \cdots$, $\lim_{k \to \infty} t_k = \infty$, 并且 $\sup_{k \in \mathbf{Z}_+} \{t_{k+1} - t_k\} < \infty$.

作为一种标准的假设, $\boldsymbol{f}(t, \boldsymbol{\phi})$ 和 $\boldsymbol{h}(t, \boldsymbol{\phi})$ 对几乎所有的 $t \in [t_0, \infty)$ 都是连续的, 并且在空间 $\mathrm{PC}^p_{\mathscr{F}_t}([-\tau, 0]; \mathbf{R}^n)$ 的每一个紧集上关于 $\boldsymbol{\phi}$ 是 Lipschitz 的; $\boldsymbol{I}_k(t, \boldsymbol{x})$ 关于 $\boldsymbol{x}$ 在 $\mathbf{R}^n$ 的每个紧集上都是 Lipschitz 的, 其中 $k \in \mathbf{Z}_+$. 这样对于任何的 $\boldsymbol{\varphi} \in \mathrm{PCB}([-\tau, 0]; \mathbf{R}^n)$, 必存在唯一的右连续、左极限的随机过程 $\boldsymbol{x}(t; t_0, \boldsymbol{\varphi})$ 满足式 (4.3.1).

另外, 本章中假定对任意的 $t \geqslant t_0, k \in \mathbf{Z}_+$, 都有 $\boldsymbol{f}(t, \mathbf{0}) = \boldsymbol{h}(t, \mathbf{0}) = \mathbf{0}$, $I_k(t, \mathbf{0}) = \mathbf{0}$. 显然此时式 (4.3.1) 存在零解 $\boldsymbol{x}(t) = \mathbf{0}$.

定义 4.3.1   (1) 式 (4.3.1) 的零解称为全局弱指数稳定的, 如果存在函数 $\eta_1, \eta_2 \in \mathcal{K}$ 和常数 $\lambda > 0, A > 1$ 满足对任意的初值 $\boldsymbol{x}_0 = \boldsymbol{\phi} \in \mathrm{PCB}([-\tau, 0]; \mathbf{R}^n)$:

$$\eta_1(|\boldsymbol{x}(t; t_0, \boldsymbol{\phi})|) \leqslant A\mathrm{e}^{-\lambda(t-t_0)} \eta_2(\|\boldsymbol{\phi}\|), \quad t \geqslant t_0$$

(2) 式 (4.3.1) 的零解, 或者简单地, 式 (4.3.1) 称为 p- 阶 $(p > 0)$ 矩指数稳定的, 如果存在一对正常数 ν, C, 对所有的 $\boldsymbol{\xi} \in \mathrm{PCB}([-\tau, 0]; \mathbf{R}^n)$ 都有

$$\mathbb{E}|\boldsymbol{x}(t; t_0, \boldsymbol{\xi})|^p \leqslant C\|\boldsymbol{\xi}\|^p \mathrm{e}^{-\nu(t-t_0)}, \quad t \geqslant t_0$$

当 $p = 2$ 时, 常称为均方指数稳定的.

(3) 式 (4.3.1) 称为几乎必然指数稳定的, 如果存在一对正常数 ν, C 对任意的 $t \geqslant t_0$ 以及任意的 $\boldsymbol{\xi} \in \mathrm{PCB}([-\tau, 0]; \mathbf{R}^n)$ 都有

$$|\boldsymbol{x}(t; t_0, \boldsymbol{\xi})| \leqslant C\|\boldsymbol{\xi}\|\mathrm{e}^{-\nu(t-t_0)}, \quad \text{a.s.}$$

定义 4.3.2   函数 $V : [t_0 - \sigma, \infty) \times \mathrm{PC}([-\tau, 0], \mathbf{R}^n) \to \mathbf{R}_+$ 属于 $\mathcal{V}$ 类, 如果:
(1) V 在每一个区间 $[t_{k-1}, t_k) \times \mathrm{PC}([-\tau, 0], \mathbf{R}^n)$ 上是连续的并且

$$\lim_{(t, \boldsymbol{\varphi}_1) \to (t_k^-, \boldsymbol{\varphi}_2)} V(t, \boldsymbol{\varphi}_1) = V(t_k^-, \boldsymbol{\varphi}_2)$$

(2) $V(t, \boldsymbol{x})$ 关于 $\boldsymbol{x}$ 是局部 Lipschitz 的并且 $V(t, 0) \equiv 0$.

定义 4.3.3   设 $V \in \mathcal{V}$; 对任意的 $(t, \boldsymbol{\psi}) \in [t_{k-1}, t_k) \times \mathrm{PC}([-\tau, 0], \mathbf{R}^n)$, 定义 $V(t, \boldsymbol{x})$ 的右 Dini 导数为

$$D^+V(t, \boldsymbol{\psi}(0)) = \limsup_{s \to 0^+} \frac{1}{s}\{V(t + s, \boldsymbol{\psi}(0) + sh(t, \boldsymbol{\psi})) - V(t, \boldsymbol{\psi}(0))\}$$

注记 4.3.1   Dini 导数可以帮助研究更广义的一类函数, 包括不可微函数. 函数的单调性及其极值是函数的两大重要性质, 准确分析并判断所研究函数的相关性

质, 会给分析问题带来极大的方便. 因此, Dini 导数方法有非常重要的理论与应用价值. 利用 Dini 导数研究连续函数的单调性和极值问题, 从而拓宽了对函数可微性的要求, 这为研究函数的相关性质带来了极大的方便.

定理 4.3.1 假设存在函数 $\mu, \varsigma \in \mathcal{K}, g : [t_0, \infty) \times \mathbf{R}_+ \to \mathbf{R}, V(t, \boldsymbol{x}) \in C^{2,1}([t_0 - \tau, \infty) \times \mathbf{R}^n; \mathbf{R}^+)$, 常数 $q > 1, r \geqslant 1, p > 0, \boldsymbol{\gamma} > 0, \beta_k \geqslant 0, k \in \mathbf{Z}_+$ 满足如下条件:

(1) $\varsigma(|\boldsymbol{x}|) \leqslant V(t, \boldsymbol{x}) \leqslant \mu(|\boldsymbol{x}|),\ (t, \boldsymbol{x}) \in [t_0 - \tau, \infty) \times \mathbf{R}^n$.

(2) 对任意的 $\boldsymbol{\psi} \in \mathrm{PC}_{\mathscr{F}_t}^p([-\tau, 0], \mathbf{R}^n)$, 如果 $\mathrm{e}^{\gamma\theta}\mathbb{E}V(t + \theta, \boldsymbol{\psi}(\theta)) \leqslant rq\mathbb{E}V(t, \boldsymbol{\psi}(0))$, $\theta \in [-\tau, 0], t \neq t_k$, 则 $\mathbb{E}\mathcal{L}V(t, \boldsymbol{\psi}(0)) \leqslant g(t, \mathbb{E}V(t, \boldsymbol{\psi}(0)))$.

(3) 对所有的 $(t_k, \boldsymbol{\psi}) \in \mathbf{R}_+ \times \mathrm{PC}_{\mathscr{F}_t}^p([-\tau, 0], \mathbf{R}^n)$, $\mathbb{E}V(t_k, \boldsymbol{\psi}(0) + I_k(t_k, \boldsymbol{\psi})) \leqslant \dfrac{1}{r}(1 + \beta_k)\mathbb{E}V(t_k^-, \boldsymbol{\psi}(0))$, 其中 $\sum\limits_{j=1}^{\infty} \beta_j < \infty$.

(4) 若 $r > 1, \ln q > \sup\limits_{t \geqslant 0} \displaystyle\int_t^{t+\delta} \sup_{s>0} \dfrac{g(u, s)}{s} \mathrm{d}u$, 若 $r = 1, \ln q > \sup\limits_{\eta \geqslant \tau_1} \displaystyle\int_{t_0}^{t_0+\eta} \sup_{s>0} \dfrac{g(u, s)}{s} \mathrm{d}u$, 其中, $\lim\limits_{t \to \infty} \sup\limits_{s>0} \dfrac{g(t, s)}{s} < 0$; 这里 $\delta = \sup\limits_{k \in \mathbf{Z}_+} \{\tau_k : \tau_k = t_k - t_{k-1}\}$, 则式 (4.3.1) 的零解是全局弱指数稳定的.

证明 为简单起见, 下面用 $\boldsymbol{x}(t)$ 代替 $\boldsymbol{x}(t; t_0, \boldsymbol{\phi})$ 表示式 (4.3.1) 在给定初值条件 $\boldsymbol{\phi}$ 下的解, 并记 $v(t) = V(t, \boldsymbol{x})$. 定义

$$
a_k := \begin{cases} \displaystyle\prod_{i=1}^{k-1}(1 + \beta_i), & k \geqslant 2; i, k \in \mathbf{Z}_+ \\ 1, & k = 1 \end{cases}
$$

$$
b_k(t) := \begin{cases} \mathbb{E}v(t)\mathrm{e}^{\alpha_k(t-t_0)}, & t \in [t_0, t_k), k \geqslant 1, k \in \mathbf{Z}_+ \\ \mathbb{E}v(t), & t \in [t_0 - \tau, t_0), k = 1 \end{cases}
$$

$$
\tau_k^* := \frac{\ln q - \displaystyle\int_{t_{k-1}^r}^{t_k} \sup_{s>0} \dfrac{g(t, s)}{s} \mathrm{d}t}{\tau_k^r}
$$

$$
\tau_k^r := \begin{cases} \tau_k, & r > 1, k \in \mathbf{Z}_+ \\ \displaystyle\sum_{i=1}^{k} \tau_k, & r = 1, k \in \mathbf{Z}_+ \end{cases}
$$

$$
\alpha_k = \inf\{\boldsymbol{\gamma}, 0.99\tau_1^*, \cdots, 0.99\tau_k^*\}, \quad M := \lim_{k \to \infty} a_k = \prod_{i=1}^{\infty}(1 + \beta_i) < \infty
$$

$$\tau^* := \begin{cases} \dfrac{\ln q - \sup\limits_{t>0} \displaystyle\int_t^{t+\delta} \sup\limits_{s>0} \dfrac{g(u,s)}{s}\,\mathrm{d}u}{\delta} > 0, & r > 1 \\[4mm] \lim\limits_{\eta \to \infty} \dfrac{\ln q - \displaystyle\int_{t_0}^{t_0+\eta} \sup\limits_{s>0} \dfrac{g(u,s)}{s}\,\mathrm{d}u}{\eta} = \lim\limits_{\eta \to \infty} \sup\limits_{s>0} \dfrac{-g(t_0+\eta,s)}{s} > 0, & r = 1 \end{cases}$$

则根据条件 (4) 得

$$\alpha := \lim_{k \to \infty} \alpha_k \geqslant \begin{cases} \inf\{\gamma, 0.99\tau^*\} > 0, & r > 1 \\[2mm] \inf\{\gamma, 0.99\tau_1^*, \cdots, 0.99\tau^*\} > 0, & r = 1 \end{cases}$$

下面证明, 对任意的 $\phi \in \mathrm{PCB}([-\tau, 0]; \mathbf{R}^n)$, 有

$$\mathbb{E}v(t) \leqslant rqM\mathrm{e}^{-\alpha(t-t_0)}\mu(\|\phi\|), \quad t \geqslant t_0$$

这等价于证明

$$b_k(t) \leqslant rqa_k\mu(\|\phi\|), \quad t \in [t_0, t_k), k = 1, 2, \cdots$$

首先证明对任意的 $t \in [t_0, t_1), b_1(t) \leqslant a_1 rq\mu(\|\phi\|) = rq\mu(\|\phi\|)$. 否则必存在 $t \in [t_0, t_1)$ 使得

$$b_1(t) > rq\mu(\|\phi\|), \quad t \in [t_0, t_1)$$

令

$$t^* = \inf\{t \in [t_0, t_1) : b_1(t) \geqslant rq\mu(\|\phi\|)\}$$

由于 $b_1(t_0) = \mathbb{E}v(t_0) \leqslant \mu(\|\phi\|) \leqslant r\mu(\|\phi\|) < rq\mu(\|\phi\|)$ 以及 $\mathbb{E}v(t)$ 在 $t \in [t_0, t_1)$ 上是连续的, 所以有 $t^* > t_0, b_1(t^*) = rq\mu(\|\phi\|)$, 即

$$b_1(t) \leqslant rq\mu(\|\phi\|), \quad t \in [t_0, t^*)$$

由 $b_1(t)$ 的定义以及 $q > 1$ 可得

$$b_1(t) \leqslant rq\mu(\|\phi\|), \quad t \in [t_0 - \tau, t^*) \tag{4.3.2}$$

令 $t^{**} = \sup\{t \in [t_0, t^*) : b_1(t) \leqslant r\mu(\|\phi\|)\}$. 因为 $b_1(t^*) = rq\mu(\|\phi\|) > r\mu(\|\phi\|)$, $b_1(t_0) \leqslant r\mu(\|\phi\|)$, 所以 $t^{**} < t^*, b_1(t^{**}) = r\mu(\|\phi\|), b_1(t) > r\mu(\|\phi\|), t \in (t^{**}, t^*]$. 对于 $\theta \in [-\tau, 0], t \in [t^{**}, t^*]$, 由式 (4.3.2) 得

$$\mathrm{e}^{\gamma\theta}\mathbb{E}v(t+\theta) \leqslant \mathrm{e}^{\alpha_1\theta}\mathbb{E}v(t+\theta) = \begin{cases} \mathrm{e}^{-\alpha_1(t-t_0)}b_1(t+\theta), & t+\theta \geqslant t_0 \\[2mm] \mathrm{e}^{\alpha_1\theta}b_1(t+\theta), & t+\theta < t_0 \end{cases}$$

$$\leqslant e^{-\alpha_1(t-t_0)}b_1(t+\theta)$$

$$\leqslant e^{-\alpha_1(t-t_0)}rq\mu(\|\phi\|) \leqslant e^{-\alpha_1(t-t_0)}qb_1(t) \leqslant rq\mathbb{E}v(t)$$

根据条件 (2), 这蕴含着 $\mathbb{E}\mathcal{L}V(t,\psi(0)) \leqslant g(t,\mathbb{E}V(t,\psi(0)))$, $t \in [t^{**}, t^*]$. 因此可得

$$D^+b_1(t) = \alpha_1 e^{\alpha_1(t-t_0)}\mathbb{E}v(t) + e^{\alpha_1(t-t_0)}D^+\mathbb{E}v(t)$$

$$= e^{\alpha_1(t-t_0)}[\alpha_1\mathbb{E}v(t) + \mathbb{E}\mathcal{L}V(t)]$$

$$\leqslant e^{\alpha_1(t-t_0)}[\alpha_1\mathbb{E}v(t) + g(t,\mathbb{E}v(t))]$$

$$\leqslant b_1(t)\left[\alpha_1 + \frac{g(t,\mathbb{E}v(t))}{\mathbb{E}v(t)}\right]$$

$$\leqslant b_1(t)\left[\alpha_1 + \sup_{s>0}\frac{g(t,s)}{s}\right], \quad t \in [t^{**}, t^*]$$

则

$$\int_{b_1(t^{**})}^{b_1(t^*)}\frac{\mathrm{d}u}{u} \leqslant \int_{t^{**}}^{t^*}\left[\alpha_1 + \sup_{s>0}\frac{g(t,s)}{s}\right]\mathrm{d}t \leqslant \int_{t_0}^{t_1}\left[\alpha_1 + \sup_{s>0}\frac{g(t,s)}{s}\right]\mathrm{d}t$$

$$\leqslant \alpha_1\tau_1 + \int_{t_0}^{t_1}\sup_{s>0}\frac{g(t,s)}{s}\mathrm{d}t$$

另外有

$$\int_{b_1(t^{**})}^{b_1(t^*)}\frac{\mathrm{d}u}{u} = \int_{\mu(\|\phi\|)}^{q\mu(\|\phi\|)}\frac{\mathrm{d}u}{u} = \ln q = \tau_1^*\tau_1 + \int_{t_0}^{t_1}\sup_{s>0}\frac{g(t,s)}{s}\mathrm{d}t$$

$$> \alpha_1\tau_1 + \int_{t_0}^{t_1}\sup_{s>0}\frac{g(t,s)}{s}\mathrm{d}t$$

矛盾. 因此 $b_1(t) \leqslant rq\mu(\|\phi\|) = rq\mu(\|\phi\|)a_1$, $t \in [t_0, t_1)$. 所以, $b_1(t) \leqslant rq\mu(\|\phi\|)a_1, t \in [t_0-\tau, t_1)$.

现在假设, 对于 $k = 2, \cdots, m(m \geqslant 2, m \in \mathbf{Z}_+)$, 有

$$b_k(t) \leqslant rq\mu(\|\phi\|)a_k, \quad t \in [t_0, t_k) \tag{4.3.3}$$

下面证明

$$b_{m+1}(t) \leqslant rq\mu(\|\phi\|)a_{m+1}, \quad t \in [t_0, t_{m+1})$$

对于任意的 $t \in [t_0, t_m)$, 由于 $b_{m+1}(t) \leqslant b_m(t)$ 以及式 (4.3.2), 可得

$$b_{m+1}(t) \leqslant rq\mu(\|\phi\|)a_m < rq\mu(\|\phi\|)a_m(1+\beta_m)$$

$$= rq\mu(\|\phi\|)a_{m+1}, \quad t \in [t_0, t_m)$$

因此, 仅需要证明

$$b_{m+1}(t) \leqslant rq\mu(\|\phi\|)a_{m+1}, \quad t \in [t_m, t_{m+1}) \tag{4.3.4}$$

下面, 分两种情况证明: $r > 1$ 和 $r = 1$.

第一种情况: $r > 1$. 如果式 (4.3.4) 不成立, 则存在 $t \in [t_m, t_{m+1})$ 使得 $b_{m+1}(t) > rq\mu(\|\phi\|)a_{m+1}$. 根据 $b_k(t)$ 和 α_k 的定义, 以及式 (4.3.3) 及条件 (3) 可得

$$b_{m+1}(t_m) \leqslant \frac{1}{r}b_m(t_m^-)(1+\beta_m) \leqslant \frac{rq}{r}\mu(\|\phi\|)a_m(1+\beta_m)$$

$$= q\mu(\|\phi\|)a_{m+1} < rq\mu(\|\phi\|)a_{m+1}$$

令 $t_* = \inf\{t \in [t_m, t_{m+1}) : b_{m+1}(t) \geqslant rq\mu(\|\phi\|)a_{m+1}\}$, 则 $t_* > t_m, b_{m+1}(t_*) = rq\mu(\|\phi\|)a_{m+1}$, 有

$$b_{m+1}(t) \leqslant rq\mu(\|\phi\|)a_{m+1}, \quad t \in [t_m, t_*]$$

由于 $b_m(t)$ 对于任意的 t 关于 $m(m \in \mathbf{Z}_+)$ 是不增的, 而 a_k 关于 $k(k \in \mathbf{Z}_+)$ 是不减的, 所以得

$$b_{m+1}(t) \leqslant rq\mu(\|\phi\|)a_{m+1}, \quad t \in [t_0 - \tau, t_*]$$

令 $t_{**} = \sup\{t \in [t_m, t_*) : b_{m+1}(t) \leqslant r\mu(\|\phi\|)a_{m+1}\}$. 因为 $b_{m+1}(t_*) = rq\mu(\|\phi\|)a_{m+1} > q\mu(\|\phi\|)a_{m+1}, b_{m+1}(t_m) \leqslant q\mu(\|\phi\|)a_{m+1}$, 所以 $t_{**} < t_*, b_{m+1}(t_{**}) = q\mu(\|\phi\|)a_{m+1}$, 有

$$b_{m+1}(t) > q\mu(\|\phi\|)a_{m+1}, \quad t \in (t_{**}, t_*]$$

因此, 对于 $\theta \in [-\tau, 0], t \in [t_{**}, t_*]$, 有

$$\mathrm{e}^{\gamma\theta}\mathbb{E}v(t+\theta) \leqslant \mathrm{e}^{\alpha_{m+1}\theta}\mathbb{E}v(t+\theta) = \mathrm{e}^{-\alpha_{m+1}(t-t_0)}b_{m+1}(t+\theta)$$

$$\leqslant \mathrm{e}^{-\alpha_{m+1}(t-t_0)}rq\mu(\|\phi\|)a_{m+1}$$

$$\leqslant \mathrm{e}^{-\alpha_{m+1}(t-t_0)}rb_{m+1}(t) \leqslant rq\mathbb{E}v(t)$$

根据条件 (2), 这蕴含着 $\mathbb{E}\mathcal{L}V(t, \psi(0)) \leqslant g(t, \mathbb{E}V(t, \psi(0))), t \in [t_{**}, t_*]$. 于是有

$$D^+b_{m+1}(t) = \alpha_{m+1}\mathrm{e}^{\alpha_{m+1}(t-t_0)}\mathbb{E}v(t) + \mathrm{e}^{\alpha_{m+1}(t-t_0)}D^+\mathbb{E}v(t)$$

$$= \mathrm{e}^{\alpha_{m+1}(t-t_0)}[\alpha_{m+1}\mathbb{E}v(t) + \mathbb{E}\mathcal{L}V(t)]$$

$$\leqslant \mathrm{e}^{\alpha_{m+1}(t-t_0)}[\alpha_{m+1}\mathbb{E}v(t) + g(t, \mathbb{E}v(t))]$$

$$\leqslant b_{m+1}(t)\left[\alpha_{m+1} + \frac{g(t, \mathbb{E}v(t))}{\mathbb{E}v(t)}\right]$$

$$\leqslant b_{m+1}(t)\left[\alpha_{m+1}+\sup_{s>0}\frac{g(t,s)}{s}\right],\quad t\in[t_{**},t_*]$$

则

$$\int_{b_{m+1}(t_{**})}^{b_{m+1}(t_*)}\frac{\mathrm{d}u}{u}\leqslant\int_{t_{**}}^{t_*}\left[\alpha_{m+1}+\sup_{s>0}\frac{g(t,s)}{s}\right]\mathrm{d}t$$

$$\leqslant\int_{t_m}^{t_{m+1}}\left[\alpha_{m+1}+\sup_{s>0}\frac{g(t,s)}{s}\right]\mathrm{d}t$$

$$\leqslant\alpha_{m+1}\tau_{m+1}+\int_{t_m}^{t_{m+1}}\sup_{s>0}\frac{g(t,s)}{s}\mathrm{d}t$$

另外

$$\int_{b_{m+1}(t_{**})}^{b_{m+1}(t_*)}\frac{\mathrm{d}u}{u}=\int_{\mu(\|\phi\|)}^{q\mu(\|\phi\|)}\frac{\mathrm{d}u}{u}$$

$$=\ln q=\tau_{m+1}^*\tau_{m+1}+\int_{t_m}^{t_{m+1}}\sup_{s>0}\frac{g(t,s)}{s}\mathrm{d}t$$

$$>\alpha_{m+1}\tau_{m+1}+\int_{t_m}^{t_{m+1}}\sup_{s>0}\frac{g(t,s)}{s}\mathrm{d}t$$

矛盾.

第二种情况: $r=1$. 若式 (4.3.4) 不成立, 则存在 $t\in[t_m,t_{m+1})$ 使得 $b_{m+1}(t)>rq\mu(\|\phi\|)a_{m+1}=q\mu(\|\phi\|)a_{m+1}$. 由 $b_k(t)$ 和 α_k 的定义, 以及式 (4.3.3) 及条件 (3) 得

$$b_{m+1}(t_m)\leqslant b_m(t_m^-)(1+\beta_m)\leqslant q\mu(\|\phi\|)a_m(1+\beta_m)$$

$$=q\mu(\|\phi\|)a_{m+1}$$

令 $t_*=\inf\{t\in[t_0,t_{m+1}):b_{m+1}(t)\geqslant q\mu(\|\phi\|)a_{m+1}\}$, 则 $t_*\in[t_m,t_{m+1})$. 由于 $b_m(t)$ 对于任意的 t 关于 $m(m\in\mathbf{Z}_+)$ 是不增的, 而 a_k 关于 $k(k\in\mathbf{Z}_+)$ 是不减的, 因此得

$$b_{m+1}(t)\leqslant q\mu(\|\phi\|)a_{m+1},\quad t\in[t_0-\tau,t_*)$$

由于 $b_1(t_0)=\mathbb{E}v(t_0)\leqslant\mu(\|\phi\|)<\mu(\|\phi\|)a_{m+1}$, 若令 $t_{**}=\sup\{t\in[t_0,t_*):b_{m+1}(t)\leqslant\mu(\|\phi\|)a_{m+1}\}$. 因为 $b_{m+1}(t_*)=q\mu(\|\phi\|)a_{m+1}>\mu(\|\phi\|)a_{m+1}$, 所以 $t_0<t_{**}<t_*,b_{m+1}(t_{**})=\mu(\|\phi\|)a_{m+1}$, 有

$$b_{m+1}(t)>\mu(\|\phi\|)a_{m+1},\quad t\in(t_{**},t_*]$$

于是, 对于 $\theta\in[-\tau,0],t\in[t_{**},t_*]$ 可得

$$\mathrm{e}^{\gamma\theta}\mathbb{E}v(t+\theta)\leqslant\mathrm{e}^{\alpha_{m+1}\theta}\mathbb{E}v(t+\theta)=\mathrm{e}^{-\alpha_{m+1}(t-t_0)}b_{m+1}(t+\theta)$$

$$\leqslant \mathrm{e}^{-\alpha_{m+1}(t-t_0)} q\mu(\|\boldsymbol{\phi}\|)a_{m+1} \leqslant \mathrm{e}^{-\alpha_{m+1}(t-t_0)} qb_{m+1}(t) = q\mathbb{E}v(t)$$

根据条件 (2), 这蕴含着 $\mathbb{E}\mathcal{L}V(t, \boldsymbol{\psi}(0)) \leqslant g(t, \mathbb{E}V(t, \boldsymbol{\psi}(0)))$, $t \in [t_{**}, t_*]$. 因此有

$$
\begin{aligned}
D^+ b_{m+1}(t) &= \alpha_{m+1}\mathrm{e}^{\alpha_{m+1}(t-t_0)}\mathbb{E}v(t) + \mathrm{e}^{\alpha_{m+1}(t-t_0)}D^+\mathbb{E}v(t) \\
&= \mathrm{e}^{\alpha_{m+1}(t-t_0)}[\alpha_{m+1}\mathbb{E}v(t) + \mathbb{E}\mathcal{L}V(t)] \\
&\leqslant \mathrm{e}^{\alpha_{m+1}(t-t_0)}[\alpha_{m+1}\mathbb{E}v(t) + g(t, \mathbb{E}v(t))] \\
&\leqslant b_{m+1}(t)\left[\alpha_{m+1} + \frac{g(t, \mathbb{E}v(t))}{\mathbb{E}v(t)}\right] \\
&\leqslant b_{m+1}(t)\left[\alpha_{m+1} + \sup_{s>0}\frac{g(t, s)}{s}\right], \quad t \in [t_{**}, t_*]
\end{aligned}
$$

则

$$
\begin{aligned}
\int_{b_{m+1}(t_{**})}^{b_{m+1}(t_*)} \frac{\mathrm{d}u}{u} &\leqslant \int_{t_{**}}^{t_*}\left[\alpha_{m+1} + \sup_{s>0}\frac{g(t, s)}{s}\right]\mathrm{d}t \\
&< \int_{t_0}^{t_{m+1}}\left[\alpha_{m+1} + \sup_{s>0}\frac{g(t, s)}{s}\right]\mathrm{d}t \\
&\leqslant \alpha_{m+1}\left(\sum_{i=1}^{m+1}\tau_i\right) + \int_{t_0}^{t_{m+1}}\sup_{s>0}\frac{g(t, s)}{s}\mathrm{d}t
\end{aligned}
$$

另外

$$
\begin{aligned}
\int_{b_{m+1}(t_{**})}^{b_{m+1}(t_*)} \frac{\mathrm{d}u}{u} &= \int_{\mu(\|\boldsymbol{\phi}\|)}^{q\mu(\|\boldsymbol{\phi}\|)} \frac{\mathrm{d}u}{u} \\
&= \ln q = \tau_{m+1}^*\left(\sum_{i=1}^{k+1}\tau_i\right) + \int_{t_0}^{t_{m+1}}\sup_{s>0}\frac{g(t, s)}{s}\mathrm{d}t \\
&> \alpha_{m+1}\left(\sum_{i=1}^{k+1}\tau_i\right) + \int_{t_0}^{t_{m+1}}\sup_{s>0}\frac{g(t, s)}{s}\mathrm{d}t
\end{aligned}
$$

矛盾.

所以式 (4.3.4) 成立. 由数学归纳法得

$$b_k(t) \leqslant qa_k\mu(\|\boldsymbol{\phi}\|), \quad t \in [t_0, t_k), k = 1, 2, \cdots \tag{4.3.5}$$

在式 (4.3.5) 的两边关于 k 取极限得

$$\mathbb{E}v(t)\mathrm{e}^{\alpha(t-t_0)} \leqslant qM\mu(\|\boldsymbol{\phi}\|), \quad t \geqslant t_0 \tag{4.3.6}$$

则 $\mathbb{E}v(t) \leqslant qM\mathrm{e}^{-\alpha(t-t_0)}\mu(\|\boldsymbol{\phi}\|),\ t \geqslant t_0$. 所以有 $\varsigma(|\boldsymbol{x}|) \leqslant \mathbb{E}v(t) \leqslant qM\mathrm{e}^{-\alpha(t-t_0)}\mu(\|\boldsymbol{\phi}\|)$, $t \geqslant t_0$. 证毕.

如果在定理 4.3.1 取 $r = 1, g(t,s) = -cs$, 则得到的推论 4.3.1 不再需要脉冲获得 $|d_k| < 1$ 这个较强的条件, 这里的脉冲获得 $d_k \geqslant 1$.

推论 4.3.1 假设存在 $V(t,\boldsymbol{x}) \in C^{2,1}([t_0-\tau,\infty) \times \mathbf{R}^n; \mathbf{R}^+)$, 常数 $q > 1, p > 0, c > 0, \underline{c} > 0, \overline{c} > 0, \gamma > 0, \beta_k \geqslant 0, k \in \mathbf{Z}_+$ 使得如下条件成立:

(1) $\underline{c}|\boldsymbol{x}|^p \leqslant V(t,\boldsymbol{x}) \leqslant \overline{c}|\boldsymbol{x}|^p,\ (t,\boldsymbol{x}) \in [t_0-\tau,\infty) \times \mathbf{R}^n$.

(2) 对任意的 $\boldsymbol{\psi} \in \mathrm{PC}^p_{\mathscr{F}_t}([-\tau,0],\mathbf{R}^n)$, 如果 $\mathrm{e}^{\gamma\theta}\mathbb{E}V(t+\theta,\boldsymbol{\psi}(\theta)) \leqslant q\mathbb{E}V(t,\boldsymbol{\psi}(0)), \theta \in [-\tau,0], t \neq t_k$, 则 $\mathbb{E}\mathcal{L}V(t,\boldsymbol{\psi}(0)) \leqslant -c\mathbb{E}V(t,\boldsymbol{\psi}(0))$.

(3) 对任意的 $(t_k, \boldsymbol{\psi}) \in \mathbf{R}_+ \times \mathrm{PC}^p_{\mathscr{F}_t}([-\tau,0],\mathbf{R}^n), \mathbb{E}V(t,\boldsymbol{\psi}(0) + I_k(t_k,\boldsymbol{\psi})) \leqslant (1 + \beta_k)\mathbb{E}V(t_k^-, \boldsymbol{\psi}(0))$, 其中 $\sum\limits_{j=1}^n \beta_j < \infty$.

则式 (4.3.1) 的零解是 p- 阶矩指数稳定的.

如果在定理 4.3.1 取 $r = q, g(t,s) = cs$, 可得如下推论.

推论 4.3.2 假设存在函数 $V(t,\boldsymbol{x}) \in C^{2,1}([t_0-\tau,\infty) \times \mathbf{R}^n; \mathbf{R}^+)$, 常数 $q > 1, p > 0, c > 0, \underline{c} > 0, \overline{c} > 0, \gamma > 0, \beta_k \geqslant 0, k \in \mathbf{Z}_+$ 使得如下条件成立:

(1) $\underline{c}|\boldsymbol{x}|^p \leqslant V(t,\boldsymbol{x}) \leqslant \overline{c}|\boldsymbol{x}|^p,\ (t,x) \in [t_0-\tau,\infty) \times \mathbf{R}^n$.

(2) 对任意的 $\boldsymbol{\psi} \in \mathrm{PC}^p_{\mathscr{F}_t}([-\tau,0],\mathbf{R}^n)$, 如果 $\mathrm{e}^{\gamma\theta}\mathbb{E}V(t+\theta,\boldsymbol{\psi}(\theta)) \leqslant q^2\mathbb{E}V(t,\boldsymbol{\psi}(0))$, $\theta \in [-\tau,0], t \neq t_k$, 则 $\mathbb{E}\mathcal{L}V(t,\boldsymbol{\psi}(0)) \leqslant c\mathbb{E}V(t,\boldsymbol{\psi}(0))$.

(3) 对所有的 $(t_k, \boldsymbol{\psi}) \in \mathbf{R}_+ \times \mathrm{PC}^p_{\mathscr{F}_t}([-\tau,0],\mathbf{R}^n), \mathbb{E}V(t,\boldsymbol{\psi}(0) + I_k(t_k,\boldsymbol{\psi})) \leqslant \dfrac{1}{q}(1 + \beta_k)\mathbb{E}V(t_k^-, \boldsymbol{\psi}(0))$, 其中 $\sum\limits_{j=1}^n \beta_j < \infty$.

(4) $\sup\limits_{k \in \mathbf{Z}_+}\{t_k - t_{k-1}\} < \dfrac{\ln q}{c}$.

则式 (4.3.1) 的零解是 p- 阶矩指数稳定的.

定理 4.3.2 假设存在函数 $g: [t_0,\infty) \times \mathbf{R}_+ \to \mathbf{R}$, $V(t,\boldsymbol{x}) \in C^{2,1}([t_0-\tau,\infty) \times \mathbf{R}^n; \mathbf{R}^+)$, 以及常数 $q > 1, p > 0, c > 0, \underline{c} > 0, \overline{c} > 0, \lambda > 0, \gamma > 0, \beta_k \geqslant 0, k \in \mathbf{Z}_+$ 满足定理 4.3.1 的条件 (2)~(4) 以及推论 4.3.1 的条件 (1), 则式 (4.3.1) 的零解是 p- 阶矩指数稳定的. 此外, 若 $\inf_{k \in \mathbf{Z}_+}\{t_k - t_{k-1}\} > 0$ 并且:

(5) $\sup\limits_{t \geqslant 0} \int_t^{t+\delta} \sup\limits_{s > 0} \dfrac{|\boldsymbol{\chi}(u,s)|}{|s|} \mathrm{d}u \leqslant L$

其中, $\boldsymbol{\chi}(u,s) = \boldsymbol{h}(u,s)$ 或 $\boldsymbol{f}(u,s)$. 则式 (4.3.1) 的零解是几乎指数稳定的. 换句话说, 在条件 (5) 下, 式 (4.3.1) 的 p- 阶矩指数稳定性蕴含着它的几乎指数稳定性.

证明 第一部分显然.

根据文献 [150] 的定理 3.3, 类似地并注意到

$$\mathbb{E}\left(\int_{t_k+(i-1)a}^{t_k+ia}|\boldsymbol{h}(s,\boldsymbol{x}(s))|\mathrm{d}s\right)^p$$

$$=\mathbb{E}\left(\int_{t_k+(i-1)a}^{t_k+ia}\frac{|\boldsymbol{h}(s,\boldsymbol{x}(s))|}{|\boldsymbol{x}(s)|}|\boldsymbol{x}(s)|\mathrm{d}s\right)^p$$

$$\leqslant a^p L^p \mathbb{E}\left(\sup_{t_k+(i-1)a<s\leqslant t_k+ia}|\boldsymbol{x}(s)|^p\right)$$

$$\mathbb{E}\left(\left|\int_{t_k+(i-1)a}^{t}\boldsymbol{f}(s,\boldsymbol{x}(s))\mathrm{d}w\right|\right)^p$$

$$\leqslant C_p \mathbb{E}\left(\int_{t_k+(i-1)a}^{t}\frac{|\boldsymbol{f}(s,\boldsymbol{x}(s))|^2}{|\boldsymbol{x}(s)|^2}|\boldsymbol{x}(s)|^2\mathrm{d}s\right)^{(p/2)}$$

$$\leqslant C^p a^{(p/2)} L^p \mathbb{E}\left(\sup_{t_k+(i-1)a<s\leqslant t_k+ia}|\boldsymbol{x}(s)|^p\right)$$

可以得到式 (4.3.1) 的几乎指数稳定性.

注记 4.3.2　定理 4.3.1 的条件 (2) 中的项 $\mathrm{e}^{\gamma\theta}$ 包含着有限时滞和无限时滞的信息, 并且不管是脉冲泛函系统在有限时滞还是在无限时滞的情况下, 它对于得到的结果是否可行起着重要的作用.

注记 4.3.3　定理 4.3.1 的条件 (1)、(2) 应用于那些连续动力系统是稳定的但是脉冲系统不稳定的情况, 而定理 4.3.1 的条件 (3)、(4) 则应用于那些连续动力系统可能不稳定但是脉冲系统稳定的情况. Liu[150]研究那些连续动力系统没有状态时滞的随机脉冲系统的稳定性. 此外, 文献 [61] 的结果需要状态时滞小于最小的脉冲区间. 而推论 4.3.1 的条件 (3) 则去掉了这些强加的限制.

注记 4.3.4　据我们所知, 关于指数稳定性的结果 $\mathbb{E}\mathcal{L}V(t,\boldsymbol{\psi}(0))\leqslant g(t,\mathbb{E}V(t,\boldsymbol{\psi}(0)))$ 是新的, 这里 $g:[t_0,\infty)\times\mathbf{R}_+\to\mathbf{R}$. $g(t,V(t,\boldsymbol{\varphi}(0)))$ 可以选择为 $cV(t,\boldsymbol{\varphi}(0))$, $ctV(t,\boldsymbol{\varphi}(0))$, $-cV(t,\boldsymbol{\varphi}(0))\boldsymbol{\chi}(|\boldsymbol{w}_c|)$, $\lambda(t)V(t,\mathbb{E}\boldsymbol{\varphi}(0))$ 和 $l(t)m(V(t,\mathbb{E}\boldsymbol{\varphi}(0)))$ 等. 其中 $\boldsymbol{\chi}\in\mathcal{K}, \lambda\in C([t_0,\infty),\mathbf{R}), l\in C(\mathbf{R}_+,\mathbf{R}_+), m\in \mathrm{PC}(\mathbf{R}_+,\mathbf{R}_+)$. 因此, 本书的结果包含、推广和改进了文献 [46]、文献 [61]、文献 [70]、文献 [166] 的结果. 并且, 定理 4.3.1 中的 $\mathbb{E}\mathcal{L}V(t,\boldsymbol{\psi}(0))$ 可以是正的, 这蕴含着在脉冲区间上 V 可以显著增加, 只要在脉冲时刻 V 的减少可以平衡它就行. 因此, 脉冲对系统稳定性起到了重要的作用.

注记 4.3.5　定理 4.3.1 的条件 (3) 能够完全覆盖和改进文献 [61]、文献 [70]、文献 [165]、文献 [166] 等的条件 $0<d_k\leqslant 1$, 这是因为这里的结果允许 $0<d_k\leqslant 1$ 和

$d_k > 1$, 其中 $d_k = \dfrac{1}{r}(1+\beta_k)$. 推论 4.3.1 中的条件 (5) 能够完全包括全局 Lipschitz 条件[150]以及 p- 阶全局 Lipschitz 条件, 即 $E(|\boldsymbol{f}(t,\boldsymbol{\varphi})|^p \vee |\boldsymbol{g}(t,\boldsymbol{\varphi})|^p) \leqslant L \sup\limits_{-\tau \leqslant \theta \leqslant 0} |\boldsymbol{\varphi}(\theta)|^p$.

考虑式 (4.3.1) 的特殊情况, 即

$$
\begin{cases}
\mathrm{d}\boldsymbol{x}(t) = \left[\boldsymbol{A}\boldsymbol{x}(t) + \boldsymbol{B}\boldsymbol{x}(t-\tau) + \boldsymbol{C}\displaystyle\int_{t-h}^{t} \boldsymbol{x}(s)\mathrm{d}s \right]\mathrm{d}t + \left[\boldsymbol{G}\boldsymbol{x}(t) + \boldsymbol{H}\boldsymbol{x}(t-\tau) \right. \\
\qquad \left. + \boldsymbol{M}\displaystyle\int_{t-h}^{t} \boldsymbol{x}(s)\mathrm{d}s \right]\mathrm{d}\boldsymbol{w}(t), \qquad t \geqslant t_0, t \neq t_k \\
\Delta\boldsymbol{x}|_{t=t_k} = \boldsymbol{x}(t_k) - \boldsymbol{x}(t_k^-) = I_k(\boldsymbol{x}(t_k^-)), \quad k \in \mathbf{Z}_+ \\
\boldsymbol{x}(s) = \boldsymbol{\varphi}(s), \quad s \in [t_0 - r, t_0]
\end{cases} \tag{4.3.7}
$$

其中, $\boldsymbol{x}(t) \in \mathbf{R}^n$ 是状态向量; $h > 0; \tau > 0; r = \max\{h,\tau\}$; $\boldsymbol{A}$、$\boldsymbol{B}$、$\boldsymbol{G}$、$\boldsymbol{H}$、$\boldsymbol{C}$、$\boldsymbol{M}$ 是已知的常数矩阵.

命题 4.3.1 式 (4.3.7) 经过如下的脉冲控制器是指数稳定的, 即

$$
\begin{cases}
I_k(u) = \dfrac{1}{d}u \\
t_k - t_{k-1} < \dfrac{2\ln d}{\varrho}
\end{cases} \tag{4.3.8}
$$

其中, $\varrho = \lambda_{\max}(\boldsymbol{A} + \boldsymbol{A}^{\mathrm{T}} + \boldsymbol{B}\boldsymbol{B}^{\mathrm{T}} + \boldsymbol{C}\boldsymbol{C}^{\mathrm{T}} + 4\boldsymbol{G}^{\mathrm{T}}\boldsymbol{G}) + [1 + h^2 + 4\lambda_{\max}(\boldsymbol{H}^{\mathrm{T}}\boldsymbol{H}) + 2\lambda_{\max}(\boldsymbol{M}^{\mathrm{T}}\boldsymbol{M})]d^4 \mathrm{e}^{r\gamma} > 0$. $d > 1$, $\gamma > 0$ 是任意给定的常数.

证明 令

$$
V(t) = \boldsymbol{x}^2(t), \quad q = d^2 > 1
$$

则当

$$
\mathrm{e}^{\gamma\theta}\mathbb{E}V(t+\theta, \boldsymbol{\psi}(\theta)) \leqslant q\mathbb{E}V(t, \boldsymbol{\psi}(0)), \quad \theta \in [-r, 0], t \neq t_k
$$

时, 有

$$
\mathbb{E}|x(t+\theta)| \leqslant d^2 \mathrm{e}^{\frac{r\gamma}{2}}\mathbb{E}\sqrt{V(t)}, \quad \theta \in [-r, 0], t \neq t_k
$$

对 $t \in [t_k, t_{k+1}), k \in \mathbf{Z}_+$, 计算得

$$
\begin{aligned}
\mathcal{L}\mathrm{V}(t) = {} & \boldsymbol{x}^{\mathrm{T}}(t)\left(\boldsymbol{A}\boldsymbol{x}(t) + \boldsymbol{B}\boldsymbol{x}(t-\tau) + \boldsymbol{C}\int_{t-h}^{t} \boldsymbol{x}(s)\mathrm{d}s \right) \\
& + \left(\boldsymbol{A}\boldsymbol{x}(t) + \boldsymbol{B}\boldsymbol{x}(t-\tau) + \boldsymbol{C}\int_{t-h}^{t} \boldsymbol{x}(s)\mathrm{d}s \right)^{\mathrm{T}} \boldsymbol{x}(t) \\
& + \mathrm{trace}\left(\left[\boldsymbol{G}\boldsymbol{x}(t) + \boldsymbol{H}\boldsymbol{x}(t-\tau) \right.\right.
\end{aligned}
$$

$$+ M \int_{t-h}^{t} \boldsymbol{x}(s)\mathrm{d}s \Big]^{\mathrm{T}} \Big[\boldsymbol{G}\boldsymbol{x}(t) + \boldsymbol{H}\boldsymbol{x}(t-\tau) + M \int_{t-h}^{t} \boldsymbol{x}(s)\mathrm{d}s \Big] \Big)$$

$$= \boldsymbol{x}^{\mathrm{T}}(t)(\boldsymbol{A} + \boldsymbol{A}^{\mathrm{T}})\boldsymbol{x}(t) + \boldsymbol{x}^{\mathrm{T}}(t)\boldsymbol{B}\boldsymbol{x}(t-\tau) + \boldsymbol{x}^{\mathrm{T}}(t-\tau)\boldsymbol{B}^{\mathrm{T}}\boldsymbol{x}(t)$$

$$+ \boldsymbol{x}^{\mathrm{T}}(t)\boldsymbol{C} \int_{t-h}^{t} \boldsymbol{x}(s)\mathrm{d}s + \Big(\int_{t-h}^{t} \boldsymbol{x}(s)\mathrm{d}s \Big)^{\mathrm{T}} \boldsymbol{C}^{\mathrm{T}}\boldsymbol{x}(t)$$

$$+ \Big[\boldsymbol{G}\boldsymbol{x}(t) + \boldsymbol{H}\boldsymbol{x}(t-\tau) + M \int_{t-h}^{t} \boldsymbol{x}(s)\mathrm{d}s \Big]^{\mathrm{T}}$$

$$\cdot \Big[\boldsymbol{G}\boldsymbol{x}(t) + \boldsymbol{H}\boldsymbol{x}(t-\tau) + M \int_{t-h}^{t} \boldsymbol{x}(s)\mathrm{d}s \Big]$$

$$\leqslant \boldsymbol{x}^{\mathrm{T}}(t)(\boldsymbol{A} + \boldsymbol{A}^{\mathrm{T}})\boldsymbol{x}(t) + \boldsymbol{x}^{\mathrm{T}}(t)(\boldsymbol{B}\boldsymbol{B}^{\mathrm{T}} + \boldsymbol{C}\boldsymbol{C}^{\mathrm{T}})\boldsymbol{x}(t) + \boldsymbol{x}^{\mathrm{T}}(t-\tau)\boldsymbol{x}(t-\tau)$$

$$+ \Big[\int_{t-h}^{t} \boldsymbol{x}(s)\mathrm{d}s \Big]^{\mathrm{T}} \Big[\int_{t-h}^{t} \boldsymbol{x}(s)\mathrm{d}s \Big] + 4\boldsymbol{x}^{\mathrm{T}}(t)\boldsymbol{G}^{\mathrm{T}}\boldsymbol{G}\boldsymbol{x}(t)$$

$$+ 4\boldsymbol{x}^{\mathrm{T}}(t-\tau)\boldsymbol{H}^{\mathrm{T}}\boldsymbol{H}\boldsymbol{x}(t-\tau)$$

$$+ 2\Big[\int_{t-h}^{t} \boldsymbol{x}(s)\mathrm{d}s \Big]^{\mathrm{T}} \boldsymbol{M}^{\mathrm{T}}\boldsymbol{M} \Big[\int_{t-h}^{t} \boldsymbol{x}(s)\mathrm{d}s \Big]$$

因此

$$\mathbb{E}\mathcal{L}\mathrm{V}(t) \leqslant \Big\{ \lambda_{\max}(\boldsymbol{A} + \boldsymbol{A}^{\mathrm{T}} + \boldsymbol{B}\boldsymbol{B}^{\mathrm{T}} + \boldsymbol{C}\boldsymbol{C}^{\mathrm{T}} + 4\boldsymbol{G}^{\mathrm{T}}\boldsymbol{G}) + [1 + h^2 + 4\lambda_{\max}(\boldsymbol{H}^{\mathrm{T}}\boldsymbol{H})$$

$$+ 2\lambda_{\max}(\boldsymbol{M}^{\mathrm{T}}\boldsymbol{M})]d^4 \mathrm{e}^{r\gamma} \Big\} \cdot \mathbb{E}V(t)$$

另外, 由于 $V(t_k) = \boldsymbol{x}^2(t_k) = \dfrac{1}{d^2}(1 + 2d + d^2)V(t_k^-) = \dfrac{1}{q}(1 + 2d + d^2)V(t_k^-)$, 则
$\mathbb{E}V(t_k) = \dfrac{1}{q}(1 + 2d + d^2)\mathbb{E}V(t_k^-)$. 因此, 由推论 4.3.1, 命题 4.3.1 成立.

　　注记 4.3.6　推论 4.3.2 的条件 (3) 可以写为

(3)* 对所有的 $(t_k, \boldsymbol{\psi}) \in \mathbf{R}_+ \times \mathrm{PC}_{\mathscr{F}_t}^p([-\tau, 0], \mathbf{R}^n)$

$$\mathbb{E}V(t, \boldsymbol{\psi}(0) + I_k(t_k, \boldsymbol{\psi})) \leqslant \frac{1}{q}(1 + \beta)\mathbb{E}V(t_k^-, \boldsymbol{\psi}(0))$$

其中, $q > 1, \beta \geqslant 0$ 是任意给定的常数. 事实上, 这种情况下, 可以选择序列 $\beta_k \geqslant 0(k = 1, 2, \cdots)$ 使得 $\sum\limits_{j=1}^{\infty} \beta_j = \beta$, 再由定理 4.3.1, 就可以得到相应的结果.

　　例 4.3.1　考虑如下的随机时滞系统, 即

$$\mathrm{d}\boldsymbol{x}(t) = \boldsymbol{A}\boldsymbol{x}(t-r)\mathrm{d}t + \boldsymbol{B}\boldsymbol{x}(t-r)\mathrm{d}\boldsymbol{w}(t) \qquad (4.3.9)$$

其中, $\boldsymbol{A} = \begin{bmatrix} -c & 0 \\ 0.5 & -1 \end{bmatrix}$, $c \geqslant 0$; $\boldsymbol{B} = \begin{bmatrix} 0.5 & 1 \\ -0.5 & 0.5 \end{bmatrix}$.

在文献 [35] 和文献 [74] 中, 没有脉冲控制的系统, 即式 (4.3.9) 已经得到研究. 但是, 他们所有的结论都需要对系统参数和时滞 r 进行严格的限制. 依赖时滞的结论给出了指数稳定所需要的最大时滞, 最好的结果如表 4.3.1 所示.

表 4.3.1 指数稳定所需要的最大时滞

c	0	0.2	0.4	0.6	0.8	1	1.2	1.4	1.5
$r_{\max}$	0.1339	0.1856	0.2300	0.2627	0.2927	0.3200	0.3345	0.2233	0.1978

换句话说, 它们不能应用于系统具有较大参数以及较大时滞的系统. 然而, 本章的结果表明, 以上提到的这些限制都是可以放松的. 例如, 在考虑脉冲控制的情况下, 当 $c = 1.5$ 时, 如果选择 $d = \sqrt{e}, \gamma = 0.1, t_k = 0.058k$, $k \in \mathbf{Z}_+$, 根据命题 4.3.1, 式 (4.3.9) 在 $r = 1.5$ 时仍然是指数稳定的. 图 4.3.1 和图 4.3.2 中系统的初值为 $\boldsymbol{\varphi}(s) = (\sin s, \cos s)$, 带有脉冲的式 (4.3.9) 的控制器 (式 (4.3.8)) 的参数是 $d = \sqrt{e}, \gamma = 0.1, t_k = 0.058k$.

例 4.3.2 考虑随机时滞系统 (式 (4.3.9)), 其中

$$\boldsymbol{A} = \begin{bmatrix} 0.5 & 0 \\ 0 & 0.3 \end{bmatrix}, \quad \boldsymbol{B} = \begin{bmatrix} -0.2 & 0 \\ 1 & 0.2 \end{bmatrix}, \quad \boldsymbol{C} = \begin{bmatrix} -0.4 & 0.2 \\ 0 & -0.5 \end{bmatrix}$$

$\boldsymbol{G} = 0.2\boldsymbol{I}, \boldsymbol{H} = \boldsymbol{M} = 0.3\boldsymbol{I}$, $h = 8, \tau = 10$. 此时, 若选取 $d = \sqrt{e}, \gamma = 0.02, t_k = 0.009k$, $k \in \mathbf{Z}_+$ 使得式 (4.3.8) 满足, 则带有以上参数的式 (4.3.9) 可被镇定.

注记 4.3.7 在文献 [35] 和文献 [74] 中, 作者也研究了具有以上参数的系统. 然而, 他们的结果仅对严格限制的小时滞有效. 但是, 从例 4.3.2 可以看出, 本节的结果在实际应用中是简洁且更为有效的. 因此, 这里的结果从理论上提供了一种解决控制系统的稳定性和混沌系统同步控制[47,116]的方法.

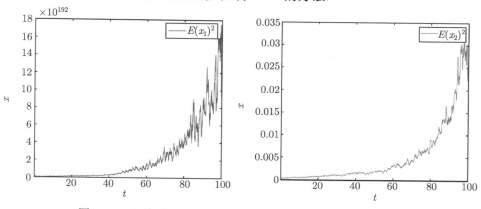

图 4.3.1 没有脉冲的式 (4.3.9) 当 $c = r = 1.5$ 时的状态曲线

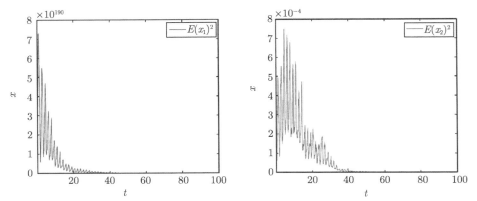

图 4.3.2   带有脉冲控制器 (式 (4.3.8)) 的式 (4.3.9) 当 $c = r = 1.5$ 时的状态曲线

注记 4.3.8   在本节中, 基于 Razumikhin 分析方法和 Lyapunov 泛函, 研究了某些随机脉冲泛函系统, 得到了一种新的 Razumikhin 型稳定性准则. 在过去的几年里, 时滞系统的依赖时滞的稳定性和控制吸引了众多研究者的注意. 一个重要的指标是可以允许的最大时滞. 然而, 所有的这些结果仅仅限于具体的特殊的系统, 并且其结果也是相当保守的. 而本节的结果可以有效地解决这类问题. 作为应用, 通过脉冲控制, 本节的结果可以应用于具有较大的参数和大时滞的情况.

4.3.2   随机系统

本节将利用 4.3.1 节的结论研究式 (4.1.2) 和式 (4.1.3). 为了书写方便, 先给出如下记号:

$$
\begin{cases}
\alpha = \max\limits_{1 \leqslant i \leqslant n} \left\{ -2d_i + \sum\limits_{j=1}^{n} \left[\left(\dfrac{1}{2\varepsilon_1}|a_{ij}| + \dfrac{1}{2\varepsilon_2}|c_{ij}h_{ij}| + \dfrac{1}{2\varepsilon_3}|b_{ij}| \right) L_j + L_{ij}^2 \right. \right. \\
\qquad \left. \left. + 2\varepsilon_1|a_{ji}|L_i \right] \right\} + \left(\sum\limits_{i=1}^{n} \sum\limits_{j=1}^{n} L_{ij}^2 \right) \\
\beta = \max\limits_{1 \leqslant i \leqslant n} \left\{ \sum\limits_{j=1}^{n} 2|b_{ji}|\varepsilon_3 L_i \right\}; \eta = \max\limits_{1 \leqslant i \leqslant n} \left(\sum\limits_{j=1}^{n} 2|c_{ji}h_{ji}|\varepsilon_2 L_i \right)
\end{cases}
$$

定理 4.3.3   设存在 $\varepsilon_1, \varepsilon_2, \varepsilon_3$ 使得 $\alpha + (\beta + \eta)d^2 \mathrm{e}^{\gamma\tau} > 0$, 则式 (4.1.2) 和式 (4.1.3) 通过下面的脉冲控制器是指数稳定的, 即

$$
\begin{cases}
I_k(u) = \dfrac{1}{d}u \\
t_k - t_{k-1} < \dfrac{2\ln d}{\alpha + (\beta + \eta)d^2 \mathrm{e}^{\gamma\tau}}
\end{cases}
\tag{4.3.10}
$$

其中, $d > 1$; $\gamma > 0$ 是任意给定的常数.

证明 $V(t) = \boldsymbol{x}^2(t)$, $q = d^2 > 1$, 则当 $\mathrm{e}^{\gamma\theta}\mathbb{E}V(t+\theta, \boldsymbol{\psi}(\theta)) \leqslant q\mathbb{E}V(t, \boldsymbol{\psi}(0))$, $\theta \in [-r, 0]$, $t \neq t_k$ 时, 有 $\mathbb{E}|\boldsymbol{x}(t+\theta)| \leqslant de^{\frac{r\gamma}{2}}\mathbb{E}\sqrt{V(t)}$, $\theta \in [-r, 0]$, $t \neq t_k$. 对 $t \in [t_k, t_{k+1})$, $k \in \mathbf{Z}_+$, 计算得

$$
\begin{aligned}
\mathcal{L}\mathrm{V}(t) =& 2\sum_{i=1}^{n} y_i(t)\bigg(-d_i y_i(t) + \sum_{j=1}^{n} a_{ij}g_j(y_j(t)) + \sum_{j=1}^{n} b_{ij}g_j(y_j(t - \tau(t))) \\
& + \sum_{j=1}^{n} c_{ij}\int_{t-\tau}^{t} H_{ij}(t-s)g_j(y_j(s))\mathrm{d}s \bigg) \\
& + \mathrm{trace}\sum_{i=1}^{n}\left\{ \left[\sum_{j=1}^{n}\sigma_{ij}(y_j(t))\right]^{\mathrm{T}}\left[\sum_{j=1}^{n}\sigma_{ij}(y_j(t))\right] \right\} \\
\leqslant& \sum_{i=1}^{n}\bigg[-2d_i y_i^2(t) + 2\sum_{j=1}^{n}|a_{ij}||y_i(t)|L_j|y_j(t)| \\
& + 2\sum_{j=1}^{n}|b_{ij}||y_i(t)|L_j|y_j(t - \tau(t))| \\
& + 2|y_i(t)|\sum_{j=1}^{n}|c_{ij}|\int_{0}^{\tau} H_{ij}(s)L_j|y_j(t-s)|\mathrm{d}s \bigg] \\
& + \left(\sum_{i=1}^{n}\sum_{j=1}^{n} L_{ij}^2\right)\left(\sum_{i=1}^{n} x_i^2(t)\right) \\
=:& D^+ V(t) + \left(\sum_{i=1}^{n}\sum_{j=1}^{n} L_{ij}^2\right) V(t)
\end{aligned}
$$

由于对任意的 $a, b \in \mathbf{R}$ 及任意的 $\varepsilon > 0$, 都有 $2|ab| \leqslant \dfrac{1}{2\varepsilon}a^2 + 2\varepsilon b^2$, 因此有

$$
2|y_i(t)||y_j(t)| \leqslant \frac{1}{2\varepsilon_1}y_i^2(t) + 2\varepsilon_1 y_j^2(t)
$$

$$
2|y_i(t)||y_j(t-s)| \leqslant \frac{1}{2\varepsilon_2}y_i^2(t) + 2\varepsilon_2 y_j^2(t-s)
$$

$$
2|y_i(t)||y_j(t-\tau(t))| \leqslant \frac{1}{2\varepsilon_3}y_i^2(t) + 2\varepsilon_3 y_j^2(t-\tau(t))
$$

所以有

$$
\begin{aligned}
& D^+ V(t) \\
& \leqslant \sum_{i=1}^{n}\bigg\{ -2d_i y_i^2(t) + \sum_{j=1}^{n}|a_{ij}|L_j\left[\frac{1}{2\varepsilon_1}y_i^2(t) + 2\varepsilon_1 y_j^2(t)\right]
\end{aligned}
$$

$$
+ \sum_{j=1}^{n} |b_{ij}| L_j \left[\frac{1}{2\varepsilon_3} y_i^2(t) + 2\varepsilon_3 y_j^2(t - \tau(t)) \right]
$$

$$
+ \sum_{j=1}^{n} |c_{ij}| \cdot \int_0^\tau H_{ij}(s) L_j \left[\frac{1}{2\varepsilon_2} y_i^2(t) + 2\varepsilon_2 y_j^2(t - s) \right] \mathrm{d}s \Bigg\}
$$

$$
\leqslant \sum_{i=1}^{n} \Bigg\{ - 2d_i y_i^2(t) + \sum_{j=1}^{n} \left(\frac{1}{2\varepsilon_1} |a_{ij}| + \frac{1}{2\varepsilon_2} |c_{ij} h_{ij}| + \frac{1}{2\varepsilon_3} |b_{ij}| \right) L_j y_i^2(t)
$$

$$
+ \sum_{j=1}^{n} 2\varepsilon_1 |a_{ij}| L_j y_j^2(t) \Bigg\} + \sum_{i=1}^{n} \left(\sum_{j=1}^{n} 2|b_{ji}| \varepsilon_3 L_i \right) y_i^2(t - \tau(t))
$$

$$
+ 2\varepsilon_2 \sum_{i=1}^{n} \sum_{j=1}^{n} |c_{ij}| \int_0^\tau H_{ij}(s) L_j y_j^2(t - s) \mathrm{d}s
$$

$$
\leqslant \sum_{i=1}^{n} \Bigg\{ - 2d_i + \sum_{j=1}^{n} \left[\left(\frac{1}{2\varepsilon_1} |a_{ij}| + \frac{1}{2\varepsilon_2} |c_{ij} h_{ij}| + \frac{1}{2\varepsilon_3} |b_{ij}| \right) L_j + 2\varepsilon_1 |a_{ji}| L_i \right] \Bigg\} y_i^2(t)
$$

$$
+ \sum_{i=1}^{n} \left(\sum_{j=1}^{n} 2|b_{ji}| \varepsilon_3 L_i \right) y_i^2(t - \tau(t)) + 2\varepsilon_2 \sum_{i=1}^{n} \sum_{j=1}^{n} |c_{ij}| L_j \int_0^\tau H_{ij}(s) y_j^2(t - s) \mathrm{d}s
$$

$$
\leqslant \max_{1 \leqslant i \leqslant n} \Bigg\{ - 2d_i + \sum_{j=1}^{n} \left[\left(\frac{1}{2\varepsilon_1} |a_{ij}| + \frac{1}{2\varepsilon_2} |c_{ij} h_{ij}| + \frac{1}{2\varepsilon_3} |b_{ij}| \right) L_j + 2\varepsilon_1 |a_{ji}| L_i \right] \Bigg\} V(t)
$$

$$
+ \max_{1 \leqslant i \leqslant n} \Big\{ \sum_{j=1}^{n} 2|b_{ji}| \varepsilon_3 L_i \Big\} d^2 \mathrm{e}^{\gamma \tau} V(t) + \max_{1 \leqslant i \leqslant n} \left(\sum_{j=1}^{n} 2|c_{ji} h_{ji}| \varepsilon_2 L_i \right) d^2 \mathrm{e}^{\gamma \tau} V(t)
$$

$$
\leqslant \max_{1 \leqslant i \leqslant n} \Bigg\{ - 2d_i + \sum_{j=1}^{n} \left[\left(\frac{1}{2\varepsilon_1} |a_{ij}| + \frac{1}{2\varepsilon_2} |c_{ij} h_{ij}| + \frac{1}{2\varepsilon_3} |b_{ij}| \right) L_j + 2\varepsilon_1 |a_{ji}| L_i \right] \Bigg\} V(t)
$$

$$
+ \max_{1 \leqslant i \leqslant n} \Big\{ \sum_{j=1}^{n} 2|b_{ji}| \varepsilon_3 L_i \Big\} d^2 \mathrm{e}^{\gamma \tau} V(t) + \max_{1 \leqslant i \leqslant n} \left(\sum_{j=1}^{n} 2|c_{ji} h_{ji}| \varepsilon_2 L_i \right) d^2 \mathrm{e}^{\gamma \tau} V(t)
$$

因此得

$$
\mathcal{L} V(t) \leqslant [\alpha + (\beta + \eta) d^2 \mathrm{e}^{\gamma \tau}] V(t)
$$

又因为 $V(t_k) = y^2(t_k) = \dfrac{1}{d^2} V(t_k^-) = \dfrac{1}{q} V(t_k^-)$, 所以由命题 4.3.1 可得, 定理 4.3.3 成立.

例 4.3.3   考虑如下的具体的式 (4.1.2) 和式 (4.1.3):

$$
\boldsymbol{A} = \begin{bmatrix} 0.6 & 0.2 \\ -0.3 & 0.5 \end{bmatrix}, \quad \boldsymbol{B} = \begin{bmatrix} 0.5 & -0.5 \\ -0.5 & 0.5 \end{bmatrix}
$$

$$C = \begin{bmatrix} 0.2 & 0.3 \\ -0.3 & 0.2 \end{bmatrix}, \quad L = \begin{bmatrix} 0.1 & 0.2 \\ 0.1 & 0.2 \end{bmatrix}, \quad d_1 = d_2 = 3.9$$

激活函数为 $f_i(x) = \frac{1}{2}(|x+1| - |x-1|)$, 其时滞 $\tau = 100$. 明显地, f_i 满足假定, 其中 $L_1 = L_2 = 1$. 在定理 4.3.3 中, 若令 $\varepsilon_1 = 1, \varepsilon_2 = \varepsilon_3 = \frac{1}{2}$. 此时, $\alpha = -0.4, \beta = 1, \eta = 0.2$, 则若选择 $d = \sqrt{e}, \gamma = 0.001, t_k = 0.32k, \ k \in \mathbf{Z}_+$, 那么由定理 4.3.3, 如上的系统可以被指数镇定.

4.3.3 脉冲时滞系统

本节将考虑式 (4.1.4). 对于 $\boldsymbol{x} \in \mathbf{R}^n$, 记 $\|\boldsymbol{x}\| = \sqrt{\boldsymbol{x}^{\mathrm{T}}\boldsymbol{x}}, \ |\boldsymbol{x}| = \sum_{i=1}^{n} |x_i|$.

引理 4.3.1[105]　考虑如下的微分不等式, 即

$$
\begin{aligned}
\frac{\mathrm{d}f(t)}{\mathrm{d}t} &\leqslant -af(t) + b\|f_t\|, \quad t \neq t_k \\
f(t_k) &\leqslant c_k k f(t_k^-) + d_k \|f_{t_k^-}\|
\end{aligned}
\tag{4.3.11}
$$

其中, $f(t) \geqslant 0; f_t(s) = f(t+s), s \in [-\tau, 0]; \|f_t\| = \sup_{t-\tau \leqslant s \leqslant t} f(s); \|f_{t-}\| = \sup_{t-\tau \leqslant s < t} f(s), f_{t_0}(\cdot)$ 是连续函数.

若 $a > b \geqslant 0$, 并且存在实数 $\delta > 1$ 使得 $t_k - t_{k-1} > \delta\tau$, 则

$$f(t) \leqslant \rho_1 \rho_2 \cdots \rho_{k+1} \exp\{k\lambda\tau\} \|f_{t_0}\| \exp\{-\lambda(t-t_0)\}$$

其中, $t \in [t_k, t_{k+1}]; \rho_i = \max\{1, c_i + d_i \exp\{\lambda\tau\}\}(i = 1, 2, \cdots, k+1); \lambda$ 是方程 $\lambda = a - b\exp\{\lambda\tau\}$ 的唯一正根. 特别地, 如果

$$\theta = \sup_{i \geqslant 1}\{1, c_i + d_i \exp\{\lambda\tau\}\}$$

则

$$f(t) \leqslant \theta\|f_{t_0}\| \exp\left\{-\left(\lambda - \frac{\ln(\theta\exp\{\lambda\tau\})}{\lambda\tau}\right)(t-t_0)\right\}$$

注记 4.3.9　在以上的引理中, 当 $\delta > \dfrac{\ln(\theta\exp\{\lambda\tau\})}{\lambda\tau}$ 时, 则式 (4.1.4) 是指数稳定的.

定理 4.3.4　假设 (4H1)、(4H2) 成立, 式 (4.1.4) 的平衡点是唯一的并且是全局指数稳定的, 如果如下的条件成立:

(1) 存在常数 $\varepsilon_1, \varepsilon_2, \varepsilon_3$ 使得

$$\eta > \mu \geqslant 0$$

其中

$$
\begin{cases}
\eta = \min_{1 \leqslant i \leqslant n} \left\{ 2d_i - \sum_{j=1}^{n} \left[\left(\frac{1}{2\varepsilon_1}|a_{ij}| + \frac{1}{2\varepsilon_2}|c_{ij}h_{ij}| + \frac{1}{2\varepsilon_3}|b_{ij}| \right) L_j + 2\varepsilon_1|a_{ji}|L_i \right] \right\} \\[4mm]
\mu = \max_{1 \leqslant i \leqslant n} \sum_{j=1}^{n} \left(2|b_{ji}|\varepsilon_3 L_i + 2|c_{ji}h_{ji}|\varepsilon_2 L_i \right)
\end{cases}
$$

(2) 存在实数 $\delta > \dfrac{\ln(\theta\exp\{\lambda\tau\})}{\lambda\tau}$ 使得

$$
\inf_{k=1,2,\cdots} \{t_k - t_{k-1}\} > \lambda\tau \tag{4.3.12}
$$

其中, $\theta = \max\{1, a + b\exp\{\lambda\tau\}\}$, λ 是方程 $\lambda = \eta - \mu\exp\{\lambda\tau\}$ 的唯一正根, 有

$$
a = \max_{1 \leqslant j \leqslant n} \frac{10}{3} \left(1 + \sum_{i=1}^{n} p_j^2 e_{ij}^2 \right), \quad b = \max_{1 \leqslant j \leqslant n} \left(\frac{10}{3} \sum_{i=1}^{n} q_j^2 m_{ij}^2 \right)
$$

证明　令 $V(t) = \sum_{i=1}^{n} y_i^2(t)$. 首先, 考虑 $t \neq t_k$ 的情况:

$$
\begin{aligned}
\dot{V}(t) = {} & 2\sum_{i=1}^{n} y_i(t) \bigg(-d_i y_i(t) + \sum_{j=1}^{n} a_{ij} g_j(y_j(t)) + \sum_{j=1}^{n} b_{ij} g_j(y_j(t-\tau(t))) \\
& + \sum_{j=1}^{n} c_{ij} \int_{t-\tau}^{t} H_{ij}(t-s) g_j(y_j(s)) \mathrm{d}s \bigg) \\
\leqslant {} & \sum_{i=1}^{n} \bigg(-2d_i y_i^2(t) + 2\sum_{j=1}^{n} |a_{ij}||y_i(t)|L_j|y_j(t)| \\
& + 2\sum_{j=1}^{n} |b_{ij}||y_i(t)|L_j|y_j(t-\tau(t))| \\
& + 2|y_i(t)| \sum_{j=1}^{n} |c_{ij}| \int_{0}^{\tau} H_{ij}(s)L_j|y_j(t-s)|\mathrm{d}s \bigg)
\end{aligned}
$$

又因为

$$
2|y_i(t)||y_j(t)| \leqslant \frac{1}{2\varepsilon_1} y_i^2(t) + 2\varepsilon_1 y_j^2(t)
$$

$$
2|y_i(t)||y_j(t-s)| \leqslant \frac{1}{2\varepsilon_2} y_i^2(t) + 2\varepsilon_2 y_j^2(t-s)
$$

$$
2|y_i(t)||y_j(t-\tau(t))| \leqslant \frac{1}{2\varepsilon_3} y_i^2(t) + 2\varepsilon_3 y_j^2(t-\tau(t))
$$

故有

$$
\begin{aligned}
\dot{V}(t) \leqslant & \sum_{i=1}^{n}\Bigg\{ -2d_i y_i^2(t) + \sum_{j=1}^{n}|a_{ij}|L_j\left[\frac{1}{2\varepsilon_1}y_i^2(t) + 2\varepsilon_1 y_j^2(t)\right] \\
& + \sum_{j=1}^{n}|b_{ij}|L_j\left[\frac{1}{2\varepsilon_3}y_i^2(t) + 2\varepsilon_3 y_j^2(t-\tau(t))\right] \\
& + \sum_{j=1}^{n}|c_{ij}|\int_0^\tau H_{ij}(s)L_j\left[\frac{1}{2\varepsilon_2}y_i^2(t) + 2\varepsilon_2 y_j^2(t-s)\right]\mathrm{d}s\Bigg\} \\
\leqslant & \sum_{i=1}^{n}\Bigg\{ -2d_i y_i^2(t) + \sum_{j=1}^{n}\left(\frac{1}{2\varepsilon_1}|a_{ij}| + \frac{1}{2\varepsilon_2}|c_{ij}h_{ij}| + \frac{1}{2\varepsilon_3}|b_{ij}|\right)L_j y_i^2(t) \\
& + \sum_{j=1}^{n}2\varepsilon_1|a_{ij}|L_j y_j^2(t)\Bigg\} + \sum_{i=1}^{n}\left(\sum_{j=1}^{n}2|b_{ji}|\varepsilon_3 L_i\right)y_i^2(t-\tau(t)) \\
& + 2\varepsilon_2\sum_{i=1}^{n}\sum_{j=1}^{n}|c_{ij}|\int_0^\tau H_{ij}(s)L_j y_j^2(t-s)\mathrm{d}s \\
\leqslant & \sum_{i=1}^{n}\Bigg\{ -2d_i + \sum_{j=1}^{n}\left[\left(\frac{1}{2\varepsilon_1}|a_{ij}| + \frac{1}{2\varepsilon_2}|c_{ij}h_{ij}| + \frac{1}{2\varepsilon_3}|b_{ij}|\right)L_j + 2\varepsilon_1|a_{ji}|L_i\right]\Bigg\}y_i^2(t) \\
& + \sum_{i=1}^{n}\left(\sum_{j=1}^{n}2|b_{ji}|\varepsilon_3 L_i\right)y_i^2(t-\tau(t)) \\
& + 2\varepsilon_2\sum_{i=1}^{n}\sum_{j=1}^{n}|c_{ij}|L_j\int_0^\tau H_{ij}(s)y_j^2(t-s)\mathrm{d}s \\
\leqslant & \max_{1\leqslant i\leqslant n}\left\{ -2d_i + \sum_{j=1}^{n}\left[\left(\frac{1}{2\varepsilon_1}|a_{ij}| + \frac{1}{2\varepsilon_2}|c_{ij}h_{ij}| + \frac{1}{2\varepsilon_3}|b_{ij}|\right)L_j + 2\varepsilon_1|a_{ji}|L_i\right]\right\} \\
& \cdot V(t) + \max_{1\leqslant i\leqslant n}\sum_{j=1}^{n}\left(2|b_{ji}|\varepsilon_3 L_i + 2|c_{ji}h_{ji}|\varepsilon_2 L_i\right)\overline{V}(t) \\
\leqslant & -\eta V(t) + \mu\overline{V}(t)
\end{aligned}
$$

(4.3.13)

其次, 考虑 $t = t_k$ 的情况. 由式 (4.1.4) 及条件 (2) 得

$$
V(t_k) = \sum_{i=1}^{n}\left(y_i(t_k^-) + \sum_{j=1}^{n}e_{ij}I_j(y_j(t_k^-)) + \sum_{j=1}^{n}m_{ij}J_j(y_j(t_k^- - \tau(t_k^-)))\right)^2
$$

$$\leqslant \sum_{i=1}^{n} \frac{10}{3} \left(y_i^2(t_k^-) + \sum_{j=1}^{n} p_j^2 e_{ij}^2 y_j^2(t_k^-) + \sum_{j=1}^{n} q_j^2 m_{ij}^2 y_j^2(t_k^- - \tau(t_k^-)) \right)$$

$$= \sum_{j=1}^{n} \frac{10}{3} \left(1 + \sum_{i=1}^{n} p_j^2 e_{ij}^2 \right) y_j^2(t_k^-) + \sum_{i=1}^{n} \sum_{j=1}^{n} \frac{10}{3} q_j^2 m_{ij}^2 y_j^2(t_k^- - \tau(t_k^-))$$

$$\leqslant a V(t) + b \overline{V}(t) \tag{4.3.14}$$

由式 (4.3.11)～式 (4.3.14) 及引理 4.3.1, 对于 $t \geqslant t_0$, 得

$$\| \boldsymbol{y}(t) \|^2 \leqslant \theta \| y_{t_0} \|^2 \exp \left\{ - \left(\lambda - \frac{\ln(\theta \exp\{\lambda\tau\})}{\lambda\tau} \right) (t - t_0) \right\}$$

证毕.

定理 4.3.5　假设 (4H1)、(4H2) 成立, 式 (4.1.4) 的平衡点是唯一的并且是全局指数稳定的, 如果如下的条件成立:

(1) $\eta > \mu \geqslant 0$, 这里

$$\eta = \min_{1 \leqslant j \leqslant n} \left(d_j - \sum_{i=1}^{n} |a_{ij}| L_j \right), \quad \mu = \max_{1 \leqslant j \leqslant n} \left\{ \sum_{i=1}^{n} (L_j |b_{ij}| + |c_{ij}| h_{ij} L_j) \right\}$$

(2) 存在实数 $\delta > \dfrac{\ln(\theta \exp\{\lambda\tau\})}{\lambda\tau}$ 使得

$$\inf_{k=1,2,\cdots} \{ t_k - t_{k-1} \} > \lambda\tau$$

其中, $\theta = \max\{1, a + b\exp\{\lambda\tau\}\}$; λ 是方程 $\lambda = \eta - \mu\exp\{\lambda\tau\}$ 的唯一正根, 有

$$a = \max_{1 \leqslant j \leqslant n} \left(1 + \sum_{i=1}^{n} p_j |e_{ij}| \right), \quad b = \max_{1 \leqslant j \leqslant n} \left(\sum_{i=1}^{n} q_j |m_{ij}| \right)$$

证明　定义 $V(t) = \sum\limits_{i=1}^{n} |y_i(t)|$. 首先, 考虑 $t \neq t_k$ 的情况. 由条件 (1) 得

$$\dot{V}(t) = \sum_{i=1}^{n} \operatorname{sgn}(y_i(t)) \Bigg[- d_i y_i(t) + \sum_{j=1}^{n} a_{ij} g_j(y_j(t)) + \sum_{j=1}^{n} b_{ij} g_j(y_j(t - \tau(t)))$$

$$+ \sum_{j=1}^{n} c_{ij} \int_{t-\tau}^{t} H_{ij}(t-s) g_j(y_j(s)) \mathrm{d}s \Bigg]$$

$$\leqslant - \sum_{i=1}^{n} d_i |y_i(t)| + \sum_{i=1}^{n} \left(\sum_{j=1}^{n} |a_{ij}| L_j |y_j(t)| + \sum_{j=1}^{n} |b_{ij}| L_j |y_j(t - \tau(t))| \right.$$

$$+ \sum_{j=1}^n |c_{ij}| \int_0^\tau H_{ij}(s) L_j |y_j(t-s)| \mathrm{d}s \Bigg)$$

$$\leqslant - \sum_{j=1}^n \left(d_j - \sum_{i=1}^n |a_{ij}| L_j \right) |y_j(t)| + \sum_{i=1}^n \Bigg(\sum_{j=1}^n L_j |b_{ij}| |y_j(t-\tau(t))|$$

$$+ \sum_{j=1}^n |c_{ij}| \int_0^\tau H_{ij}(s) L_j |y_j(t-s)| \mathrm{d}s \Bigg)$$

$$\leqslant - \eta V(t) + \mu \overline{V}(t) \tag{4.3.15}$$

其次, 考虑 $t = t_k$, 由条件 (2) 得

$$V(t_k) = \sum_{i=1}^n \left| y_i(t_k^-) + \sum_{j=1}^n e_{ij} I_j(y_j(t_k^-)) + \sum_{j=1}^n m_{ij} J_j(y_j(t_k^- - \tau(t_k^-))) \right|$$

$$\leqslant \sum_{i=1}^n \left[|y_i(t_k^-)| + \sum_{j=1}^n p_j |e_{ij}| |y_j(t_k^-)| + \sum_{j=1}^n q_j |m_{ij}| |y_j(t_k^- - \tau(t_k^-))| \right]$$

$$= \sum_{j=1}^n \left(1 + \sum_{i=1}^n p_j |e_{ij}| \right) |y_j(t_k^-)| + \sum_{i=1}^n \sum_{j=1}^n q_j |m_{ij}| |y_j(t_k^- - \tau(t_k^-))|$$

$$\leqslant a V(t) + b \overline{V}(t) \tag{4.3.16}$$

根据式 (4.3.15)、式 (4.3.16) 及引理 4.3.1, 对 $t \geqslant t_0$, 得

$$\|\boldsymbol{y}(t)\|^2 \leqslant \theta |y_{t_0}| \exp \left\{ - \left(\lambda - \frac{\ln(\theta \exp\{\lambda\tau\})}{\lambda\tau} \right) (t - t_0) \right\}$$

证毕.

例 4.3.4   考虑具有如下参数的式 (4.1.4), 即

$$\boldsymbol{A} = (a_{ij})_{2\times 2} = \begin{bmatrix} 0.6 & 0.2 \\ -0.3 & 0.5 \end{bmatrix}, \quad \boldsymbol{B} = (b_{ij})_{2\times 2} = \begin{bmatrix} 0.4 & -0.4 \\ -0.5 & 0.5 \end{bmatrix}$$

$$\boldsymbol{C} = (c_{ij})_{2\times 2} = \begin{bmatrix} 0.2 & 0.3 \\ -0.3 & 0.2 \end{bmatrix}, \quad \boldsymbol{E} = \boldsymbol{M} = \boldsymbol{I}, \quad d_1 = d_2 = 2.25$$

$$\boldsymbol{H}(t-s) = \begin{bmatrix} 2(t-s)\mathrm{e}^{-(t-s)^2} & 0 \\ 0 & 2(t-s)\mathrm{e}^{-(t-s)^2} \end{bmatrix}$$

激活函数 $f_i(x) = \dfrac{1}{2}(|x+1| - |x-1|)$, $\tau(t) = 3|\cos t|$. 显然, f_i 满足假定, 其中 $L_1 = L_2 = 1$. 在定理 4.3.5 中, 若 $p_1 = 0.8, p_2 = 0.9, q_1 = q_2 = 1.5, \varepsilon_1 = 1, \varepsilon_2 = \varepsilon_3 = \dfrac{1}{2}$. 此

时, $\eta = 1.3, \mu = 1.1, a = \dfrac{18.1}{3}, b = \dfrac{15}{2}$. 令 $\delta > 21.2162$, 由定理 4.3.5 知以上的系统是全局指数稳定的. 如果选择初始点为 $(1, -2)$, 则以上的脉冲神经网络的状态曲线如图 4.3.3 所示.

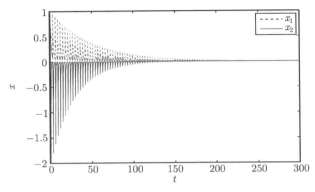

图 4.3.3　脉冲神经网络的状态曲线

4.4　不定神经网络的均方渐近稳定性分析

4.4.1　预备知识

定义

$$\mathcal{L}\mathrm{V}(\boldsymbol{y}(t), t) = V_t(\boldsymbol{y}, t) + \boldsymbol{V}_{\boldsymbol{y}}(\boldsymbol{y}, t)\bigg[-\boldsymbol{A}_0(t)\boldsymbol{y}(t) + \boldsymbol{A}_1(t)\boldsymbol{g}(\boldsymbol{y}(t)) + \boldsymbol{A}_2(t)\boldsymbol{g}(\boldsymbol{y}(t - \tau(t)))$$

$$+ \boldsymbol{A}_3(t)\int_{-\infty}^{t} \boldsymbol{K}(t - s)\boldsymbol{g}(\boldsymbol{y}(s))\mathrm{d}s\bigg] + \frac{1}{2}\mathrm{trace}[\boldsymbol{\sigma}^{\mathrm{T}}(t)\boldsymbol{V}_{\boldsymbol{y}\boldsymbol{y}}(\boldsymbol{y}, t)\boldsymbol{\sigma}(t)]$$

其中

$$\boldsymbol{\sigma}(t) := (\Delta\boldsymbol{M}_0)\boldsymbol{y}(t) + (\Delta\boldsymbol{M}_1)\boldsymbol{y}(t - \tau(t)) + (\Delta\boldsymbol{M}_2)\int_{-\infty}^{t} \boldsymbol{K}(t - s)\boldsymbol{g}(\boldsymbol{y}(s))\mathrm{d}s$$

$$V_t(\boldsymbol{y}, t) = \frac{\partial V(\boldsymbol{y}, t)}{\partial t}, \quad \boldsymbol{V}_{\boldsymbol{y}}(\boldsymbol{y}, t) = \left(\frac{\partial V(\boldsymbol{y}, t)}{\partial y_1}, \frac{\partial V(\boldsymbol{y}, t)}{\partial y_2}, \cdots, \frac{\partial V(\boldsymbol{y}, t)}{\partial y_n} \right)$$

$$\boldsymbol{V}_{\boldsymbol{y}\boldsymbol{y}}(\boldsymbol{y}, t) = \left(\frac{\partial^2 V(\boldsymbol{y}, t)}{\partial y_i \partial y_j} \right)_{n \times n}, \quad i, j = 1, 2, \cdots, n$$

令 $\boldsymbol{y}(t, \boldsymbol{\xi})$ 表示式 (4.1.5) 满足初值 $\boldsymbol{y}(s) = \boldsymbol{\xi}(s)$ 的解, 这里 $\boldsymbol{\xi}(s) \in L^2_{\mathscr{F}_0}((-\infty, 0], \mathbf{R}^n)$.

定义 4.4.1 对于任意的 $\boldsymbol{\xi} \in L^2_{\mathscr{F}_0}((-\infty, 0], \mathbf{R}^n)$, 式 (4.1.5) 是鲁棒全局均方渐近稳定的, 当所有的 $\boldsymbol{F}(t)$ 满足 $\boldsymbol{F}^{\mathrm{T}}(t)\boldsymbol{F}(t) \leqslant \boldsymbol{I}$ 时, 式 (4.1.5) 的解满足

$$\lim_{t \to \infty} \mathbb{E}\{|\boldsymbol{y}(t, \boldsymbol{\xi})|^2\} = 0$$

引理 4.4.1 对任意的向量 $\boldsymbol{a}, \boldsymbol{b} \in \mathbf{R}^n$, 以及 $\forall \rho > 0$, 都有

$$2\boldsymbol{a}^{\mathrm{T}}\boldsymbol{b} \leqslant \rho \boldsymbol{a}^{\mathrm{T}}\boldsymbol{a} + \frac{1}{\rho}\boldsymbol{b}^{\mathrm{T}}\boldsymbol{b}$$

引理 4.4.2[132] 对给定的常数矩阵 $\boldsymbol{\Sigma}_1, \boldsymbol{\Sigma}_2, \boldsymbol{\Sigma}_3$, 其中 $\boldsymbol{\Sigma}_1 = \boldsymbol{\Sigma}_1^{\mathrm{T}}$, $0 < \boldsymbol{\Sigma}_2 = \boldsymbol{\Sigma}_2^{\mathrm{T}}$, 则

$$\boldsymbol{\Sigma}_1 + \boldsymbol{\Sigma}_3^{\mathrm{T}}\boldsymbol{\Sigma}_2^{-1}\boldsymbol{\Sigma}_3 < 0$$

当且仅当

$$\begin{bmatrix} \boldsymbol{\Sigma}_1 & \boldsymbol{\Sigma}_3^{\mathrm{T}} \\ \boldsymbol{\Sigma}_3 & -\boldsymbol{\Sigma}_2 \end{bmatrix} < 0$$

或

$$\begin{bmatrix} -\boldsymbol{\Sigma}_2 & \boldsymbol{\Sigma}_3 \\ \boldsymbol{\Sigma}_3^{\mathrm{T}} & \boldsymbol{\Sigma}_1 \end{bmatrix} < 0$$

4.4.2 鲁棒稳定性分析

简便起见, 令

$$\boldsymbol{\Omega}_1 := -\boldsymbol{M}\boldsymbol{A}_0 - \boldsymbol{A}_0^{\mathrm{T}}\boldsymbol{M} + \epsilon_1^{-1}\boldsymbol{B}_0^{\mathrm{T}}\boldsymbol{B}_0 + (\epsilon_1 + \epsilon_3 + \epsilon_5 + \epsilon_6)\boldsymbol{M}\boldsymbol{E}\boldsymbol{E}^{\mathrm{T}}\boldsymbol{M} + \epsilon_2\boldsymbol{M}\boldsymbol{A}_1\boldsymbol{A}_1^{\mathrm{T}}\boldsymbol{M}$$

$$+ \frac{1}{\tau}\boldsymbol{Q} + \epsilon_2^{-1}\boldsymbol{L}^{\mathrm{T}}\boldsymbol{L} + \epsilon_3^{-1}\lambda_{\max}(\boldsymbol{B}_1^{\mathrm{T}}\boldsymbol{B}_1)\boldsymbol{L}^{\mathrm{T}}\boldsymbol{L} + \epsilon_4\boldsymbol{M}\boldsymbol{A}_2\boldsymbol{A}_2^{\mathrm{T}}\boldsymbol{M} + \boldsymbol{L}^{\mathrm{T}}\boldsymbol{H}\boldsymbol{L} + \epsilon_7\boldsymbol{C}_0^{\mathrm{T}}\boldsymbol{C}_0$$

$$\boldsymbol{\Omega}_2 := -\frac{1-\delta}{\tau}\boldsymbol{Q} + \epsilon_4^{-1}\boldsymbol{L}^{\mathrm{T}}\boldsymbol{L} + \epsilon_5^{-1}\lambda_{\max}(\boldsymbol{B}_2^{\mathrm{T}}\boldsymbol{B}_2)\boldsymbol{L}^{\mathrm{T}}\boldsymbol{L} + \epsilon_7\boldsymbol{C}_1^{\mathrm{T}}\boldsymbol{C}_1$$

$$\boldsymbol{\Omega}_3 := -\boldsymbol{H} + \epsilon_6^{-1}\boldsymbol{B}_3^{\mathrm{T}}\boldsymbol{B}_3 + \epsilon_7\boldsymbol{C}_2^{\mathrm{T}}\boldsymbol{C}_2$$

$$\boldsymbol{R}_1 := [\epsilon_1^{1/2}\boldsymbol{M}\boldsymbol{E} \quad \epsilon_2^{1/2}\boldsymbol{M}\boldsymbol{A}_1 \quad \epsilon_3^{1/2}\boldsymbol{M}\boldsymbol{E} \quad \epsilon_4^{1/2}\boldsymbol{M}\boldsymbol{A}_2 \quad \epsilon_5^{1/2}\boldsymbol{M}\boldsymbol{E} \quad \boldsymbol{L}^{\mathrm{T}}\boldsymbol{H} \quad \epsilon_6^{1/2}\boldsymbol{M}\boldsymbol{E}$$

$$\epsilon_7^{1/2}\boldsymbol{C}_0^{\mathrm{T}} \quad \boldsymbol{\Upsilon} \quad \epsilon_1^{-1/2}\boldsymbol{B}_0^{\mathrm{T}}]^{\mathrm{T}}$$

$$\boldsymbol{R}_2 := [\epsilon_1^{-1/2}\lambda_{\max}^{1/2}(\boldsymbol{B}_2^{\mathrm{T}}\boldsymbol{B}_2)\boldsymbol{L}^{\mathrm{T}} \quad \epsilon_7^{1/2}\boldsymbol{C}_1^{\mathrm{T}} \quad \epsilon_4^{-1/2}\boldsymbol{L}^{\mathrm{T}}]^{\mathrm{T}}$$

$$\boldsymbol{R}_3 := [\epsilon_6^{-1/2}\boldsymbol{B}_3^{\mathrm{T}} \quad \epsilon_7^{1/2}\boldsymbol{C}_2^{\mathrm{T}}]^{\mathrm{T}}$$

定理 4.4.1 式 (4.1.5) 是鲁棒全局均方渐近稳定的, 如果存在纯量 $\nu_i > 0(i = 1, 2, 3, 4, 5, 6, 7)$ 及矩阵 $\boldsymbol{M} > 0, \boldsymbol{Q} > 0, \boldsymbol{H} > 0$ 满足

$$\begin{bmatrix} -\boldsymbol{M} & \boldsymbol{M}\boldsymbol{E} \\ \boldsymbol{M}^{\mathrm{T}}\boldsymbol{M} & -\nu_7\boldsymbol{I} \end{bmatrix} < 0 \tag{4.4.1}$$

和

$$\Xi = \left[\begin{smallmatrix}
\Theta & \epsilon_7 C_0^{\mathrm{T}} C_1 & MA_3+\epsilon_7 C_0^{\mathrm{T}} C_2 & ME & MA_1 & ME & MA_2 & ME & L^{\mathrm{T}}H & ME & \nu_7 C_0^{\mathrm{T}} & \nu_3\lambda_{\max}^{1/2}(B_1^{\mathrm{T}}B_1)L^{\mathrm{T}} & \nu_1 B_0^{\mathrm{T}} & 0 & 0 & 0 & 0 & 0 \\
* & -\dfrac{1-\delta}{\tau}Q & \epsilon_7 C_1^{\mathrm{T}} C_2 & 0 & 0 & 0 & 0 & 0 & 0 & 0 & 0 & 0 & 0 & \nu_5\lambda_{\max}^{1/2}(B_2^{\mathrm{T}}B_2)L^{\mathrm{T}} & \nu_7 C_1^{\mathrm{T}} & \nu_4 L^{\mathrm{T}} & 0 & 0 \\
* & * & -H & 0 & 0 & 0 & 0 & 0 & 0 & 0 & 0 & 0 & 0 & 0 & 0 & 0 & \nu_6 B_3^{\mathrm{T}} & \nu_7 C_2^{\mathrm{T}} \\
* & * & * & -\nu_1 I & 0 & 0 & 0 & 0 & 0 & 0 & 0 & 0 & 0 & 0 & 0 & 0 & 0 & 0 \\
* & * & * & * & -\nu_2 I & 0 & 0 & 0 & 0 & 0 & 0 & 0 & 0 & 0 & 0 & 0 & 0 & 0 \\
* & * & * & * & * & -\nu_3 I & 0 & 0 & 0 & 0 & 0 & 0 & 0 & 0 & 0 & 0 & 0 & 0 \\
* & * & * & * & * & * & -\nu_4 I & 0 & 0 & 0 & 0 & 0 & 0 & 0 & 0 & 0 & 0 & 0 \\
* & * & * & * & * & * & * & -\nu_5 I & 0 & 0 & 0 & 0 & 0 & 0 & 0 & 0 & 0 & 0 \\
* & * & * & * & * & * & * & * & -I & 0 & 0 & 0 & 0 & 0 & 0 & 0 & 0 & 0 \\
* & * & * & * & * & * & * & * & * & -\nu_6 I & 0 & 0 & 0 & 0 & 0 & 0 & 0 & 0 \\
* & * & * & * & * & * & * & * & * & * & -\nu_7 I & 0 & 0 & 0 & 0 & 0 & 0 & 0 \\
* & * & * & * & * & * & * & * & * & * & * & -\nu_3 I & 0 & 0 & 0 & 0 & 0 & 0 \\
* & * & * & * & * & * & * & * & * & * & * & * & -\nu_1 I & 0 & 0 & 0 & 0 & 0 \\
* & * & * & * & * & * & * & * & * & * & * & * & * & -\nu_5 I & 0 & 0 & 0 & 0 \\
* & * & * & * & * & * & * & * & * & * & * & * & * & * & -\nu_7 I & 0 & 0 & 0 \\
* & * & * & * & * & * & * & * & * & * & * & * & * & * & * & -\nu_4 I & 0 & 0 \\
* & * & * & * & * & * & * & * & * & * & * & * & * & * & * & * & -\nu_6 I & 0 \\
* & * & * & * & * & * & * & * & * & * & * & * & * & * & * & * & * & -\nu_7 I
\end{smallmatrix}\right] < 0 \qquad (4.4.2)$$

其中, $\Theta = -MA_0 - A_0^{\mathrm{T}} M + \dfrac{1}{\tau}Q + \nu_2 L^{\mathrm{T}} L$.

证明　首先, 令

$$\nu_i = \epsilon_i^{-1}(i=1,2,3,4,5,6), \quad \nu_7 = \epsilon_7$$

用如下的分块矩阵左乘、右乘式 (4.4.2), 即

$$\mathrm{diag}\{I, I, I, \epsilon_1^{1/2}I, \epsilon_2^{1/2}I, \epsilon_3^{1/2}I, \epsilon_4^{1/2}I, \epsilon_5^{1/2}I, I, \epsilon_6^{1/2}I, \epsilon_7^{-1/2}I, \epsilon_3^{1/2}I, \epsilon_1^{1/2}I, \epsilon_5^{1/2}I, \epsilon_7^{-1/2}I,$$
$$\epsilon_4^{1/2}I, \epsilon_6^{1/2}I, \epsilon_7^{1/2}I\}$$

得

$$
\begin{bmatrix}
\boldsymbol{\Theta} & \epsilon_7 C_0^{\mathrm{T}} C_1 & MA_3+\epsilon_7 C_0^{\mathrm{T}} C_2 & \epsilon_1^{1/2} ME & \epsilon_2^{1/2} MA_1 & \epsilon_3^{1/2} ME & \epsilon_4^{1/2} MA_2 & \epsilon_5^{1/2} ME & L^{\mathrm{T}} H \\
* & -\dfrac{1-\delta}{\tau}Q & +\epsilon_7 C_1^{\mathrm{T}} C_2 & 0 & 0 & 0 & 0 & 0 & 0 \\
* & * & -H & 0 & 0 & 0 & 0 & 0 & 0 \\
* & * & * & -I & 0 & 0 & 0 & 0 & 0 \\
* & * & * & * & -I & 0 & 0 & 0 & 0 \\
* & * & * & * & * & -I & 0 & 0 & 0 \\
* & * & * & * & * & * & -I & 0 & 0 \\
* & * & * & * & * & * & * & -I & 0 \\
* & * & * & * & * & * & * & * & -I \\
* & * & * & * & * & * & * & * & * \\
* & * & * & * & * & * & * & * & * \\
* & * & * & * & * & * & * & * & * \\
* & * & * & * & * & * & * & * & * \\
* & * & * & * & * & * & * & * & * \\
* & * & * & * & * & * & * & * & *
\end{bmatrix}
$$

$$
\begin{bmatrix}
\epsilon_6^{1/2} ME & \epsilon_7^{1/2} C_0^{\mathrm{T}} & \boldsymbol{\Upsilon} & \epsilon_1^{-1/2} B_0^{\mathrm{T}} & 0 & 0 & 0 & 0 \\
0 & 0 & 0 & 0 & \epsilon_1^{-1/2}\lambda_{\max}^{1/2}(I_2^{\mathrm{T}} B_2) L^{\mathrm{T}} & \epsilon_7^{1/2} C_1^{\mathrm{T}} & \epsilon_4^{-1/2} L^{\mathrm{T}} & 0 & 0 \\
0 & 0 & 0 & 0 & 0 & 0 & 0 & \epsilon_6^{-1/2} B_3^{\mathrm{T}} & \epsilon_7^{1/2} C_2^{\mathrm{T}} \\
0 & 0 & 0 & 0 & 0 & 0 & 0 & 0 & 0 \\
0 & 0 & 0 & 0 & 0 & 0 & 0 & 0 & 0 \\
0 & 0 & 0 & 0 & 0 & 0 & 0 & 0 & 0 \\
0 & 0 & 0 & 0 & 0 & 0 & 0 & 0 & 0 \\
-I & 0 & 0 & 0 & 0 & 0 & 0 & 0 & 0 \\
* & -I & 0 & 0 & 0 & 0 & 0 & 0 & 0 \\
* & * & -I & 0 & 0 & 0 & 0 & 0 & 0 \\
* & * & * & -I & 0 & 0 & 0 & 0 & 0 \\
* & * & * & * & -I & 0 & 0 & 0 & 0 \\
* & * & * & * & * & -I & 0 & 0 & 0 \\
* & * & * & * & * & * & -I & 0 & 0 \\
* & * & * & * & * & * & * & -I & 0 \\
* & * & * & * & * & * & * & * & -I
\end{bmatrix} < 0
$$

或者

$$
\begin{bmatrix}
\boldsymbol{\Sigma}_1 & \boldsymbol{\Sigma}_3^{\mathrm{T}} \\
\boldsymbol{\Sigma}_3 & -\boldsymbol{\Sigma}_2
\end{bmatrix} < 0
\tag{4.4.3}
$$

其中, $\boldsymbol{\Upsilon} := \epsilon_3^{-1/2}\lambda_{\max}^{1/2}(B_1^{\mathrm{T}} B_1) L^{\mathrm{T}}$, $\boldsymbol{\Sigma}_2 := I$.

$$
\boldsymbol{\Sigma}_1 := \begin{bmatrix}
\boldsymbol{\Theta} & \epsilon_7 C_0^{\mathrm{T}} C_1 & MA_3 + \epsilon_7 C_0^{\mathrm{T}} C_2 \\
* & \boldsymbol{\Phi} & \epsilon_7 C_1^{\mathrm{T}} C_2 \\
* & * & -H
\end{bmatrix}, \quad
\boldsymbol{\Sigma}_3 := \begin{bmatrix}
R_1^{\mathrm{T}} & 0 & 0 \\
* & R_2^{\mathrm{T}} & 0 \\
* & * & R_3^{\mathrm{T}}
\end{bmatrix}
$$

由引理 4.1.2 得式 (4.4.3) 成立当且仅当

$$\Sigma_1 + \Sigma_3^{\mathrm{T}} \Sigma_2^{-1} \Sigma_3 < 0$$

即

$$\begin{bmatrix} \boldsymbol{\Omega}_1 & \epsilon_7 \boldsymbol{C}_0^{\mathrm{T}} \boldsymbol{C}_1 & \boldsymbol{M} \boldsymbol{A}_3 + \epsilon_7 \boldsymbol{C}_0^{\mathrm{T}} \boldsymbol{C}_2 \\ * & \boldsymbol{\Omega}_2 & \epsilon_7 \boldsymbol{C}_1^{\mathrm{T}} \boldsymbol{C}_2 \\ * & * & \boldsymbol{\Omega}_3 \end{bmatrix} < 0$$

考虑如下的 Lyapunov 泛函:

$$\begin{aligned} V(\boldsymbol{y}(t), t) =& \boldsymbol{y}^{\mathrm{T}}(t) \boldsymbol{M} \boldsymbol{y}(t) + \frac{1}{\tau} \int_{t-\tau(t)}^{t} \boldsymbol{y}^{\mathrm{T}}(s) \boldsymbol{Q} \boldsymbol{y}(s) \mathrm{d}s \\ & + \sum_{i=1}^{n} \sum_{j=1}^{n} \int_{0}^{\infty} k_{ij}(\xi) \int_{t-\xi}^{t} H_{ij} g_i(y_i(s)) g_j(y_j(s)) \mathrm{d}s \mathrm{d}\xi \end{aligned}$$

根据 Itô 公式得

$$\begin{aligned} & \mathcal{L}\mathrm{V}(\boldsymbol{y}(t), t) \\ =& \Bigg\{ \boldsymbol{y}^{\mathrm{T}}(t)(-\boldsymbol{M}\boldsymbol{A}_0 - \boldsymbol{A}_0^{\mathrm{T}}\boldsymbol{M} + \frac{1}{\tau}\boldsymbol{Q})\boldsymbol{y}(t) \\ & - 2\boldsymbol{y}^{\mathrm{T}}(t)\boldsymbol{M}\Delta\boldsymbol{A}_0(t)\boldsymbol{y}(t) + 2\boldsymbol{y}^{\mathrm{T}}(t)\boldsymbol{M}\boldsymbol{A}_1\boldsymbol{g}(\boldsymbol{y}(t)) \\ & + 2\boldsymbol{y}^{\mathrm{T}}(t)\boldsymbol{M}\Delta\boldsymbol{A}_1(t)\boldsymbol{g}(\boldsymbol{y}(t)) \\ & + 2\boldsymbol{y}^{\mathrm{T}}(t)\boldsymbol{M}[\boldsymbol{A}_2 + \Delta\boldsymbol{A}_2(t)]\boldsymbol{g}(\boldsymbol{y}(t-\tau(t))) + 2\boldsymbol{y}^{\mathrm{T}}(t) \\ & \cdot \boldsymbol{M}\boldsymbol{A}_3 \int_{-\infty}^{t} \boldsymbol{K}(t-s)\boldsymbol{g}(\boldsymbol{y}(s))\mathrm{d}s \\ & + 2\boldsymbol{y}^{\mathrm{T}}(t)\boldsymbol{M}\Delta\boldsymbol{A}_3(t) \int_{-\infty}^{t} \boldsymbol{K}(t-s)\boldsymbol{g}(\boldsymbol{y}(s))\mathrm{d}s \Bigg\} \\ & - \frac{1-\delta}{\tau} \boldsymbol{y}^{\mathrm{T}}(t-\tau(t))\boldsymbol{Q}\boldsymbol{y}(t-\tau(t)) \\ & + \boldsymbol{g}^{\mathrm{T}}(\boldsymbol{y}(t))\boldsymbol{H}\boldsymbol{g}(\boldsymbol{y}(t)) \\ & - \sum_{i=1}^{n} \sum_{j=1}^{n} \int_{0}^{\infty} k_{ij}(\xi) H_{ij} g_i(y_i(t-\xi)) g_j(y_j(t-\xi)) \mathrm{d}\xi \\ & + \mathrm{trace}[\boldsymbol{\sigma}^{\mathrm{T}}(t)\boldsymbol{M}\boldsymbol{\sigma}(t)] \end{aligned} \tag{4.4.4}$$

注意到

$$\sum_{i=1}^{n} \sum_{j=1}^{n} \int_{0}^{\infty} k_{ij}(\xi) H_{ij} g_i(y_i(t-\xi)) g_j(y_j(t-\xi)) \mathrm{d}\xi$$

$$= \sum_{i=1}^{n} \sum_{j=1}^{n} \int_{0}^{\infty} k_{ij}(\xi) \mathrm{d}\xi \int_{0}^{\infty} k_{ij}(\xi) H_{ij} g_i(y_i(s)) g_j(y_j(t-\xi)) \mathrm{d}\xi$$

$$= \sum_{i=1}^{n} \sum_{j=1}^{n} H_{ij} \left(\int_{0}^{\infty} k_{ij}(\xi) g_j(y_j(t-\xi)) \mathrm{d}\xi \right)^2$$

$$= \left(\int_{-\infty}^{t} \boldsymbol{K}(t-s) \boldsymbol{g}(\boldsymbol{y}(s)) \mathrm{d}s \right)^{\mathrm{T}} \boldsymbol{H} \left(\int_{-\infty}^{t} \boldsymbol{K}(t-s) \boldsymbol{g}(\boldsymbol{y}(s)) \mathrm{d}s \right) \qquad (4.4.5)$$

由引理 4.4.1 得

$$-2\boldsymbol{y}^{\mathrm{T}}(t) \boldsymbol{M} \Delta \boldsymbol{A}_0(t) \boldsymbol{y}(t) = -2\boldsymbol{y}^{\mathrm{T}}(t) \boldsymbol{M} \boldsymbol{E} \boldsymbol{F}(t) \boldsymbol{B}_0 \boldsymbol{y}(t)$$
$$\leqslant \epsilon_1 \boldsymbol{y}^{\mathrm{T}}(t) \boldsymbol{M} \boldsymbol{E} \boldsymbol{E}^{\mathrm{T}} \boldsymbol{M} \boldsymbol{y}(t)$$
$$+ \epsilon_1^{-1} \boldsymbol{y}^{\mathrm{T}}(t) \boldsymbol{B}_0^{\mathrm{T}} \boldsymbol{F}^{\mathrm{T}}(t) \boldsymbol{F}(t) \boldsymbol{B}_0 \boldsymbol{y}(t)$$
$$\leqslant \boldsymbol{y}^{\mathrm{T}}(t) (\epsilon_1 \boldsymbol{M} \boldsymbol{E} \boldsymbol{E}^{\mathrm{T}} \boldsymbol{M} + \epsilon_1^{-1} \boldsymbol{B}_0^{\mathrm{T}} \boldsymbol{B}_0) \boldsymbol{y}(t) \qquad (4.4.6)$$

$$2\boldsymbol{y}^{\mathrm{T}}(t) \boldsymbol{M} \boldsymbol{A}_1 \boldsymbol{g}(\boldsymbol{y}(t)) \leqslant \epsilon_2 \boldsymbol{y}^{\mathrm{T}}(t) \boldsymbol{M} \boldsymbol{A}_1 \boldsymbol{A}_1^{\mathrm{T}} \boldsymbol{M}^{\mathrm{T}} \boldsymbol{y}(t) + \epsilon_2^{-1} \boldsymbol{g}^{\mathrm{T}}(\boldsymbol{y}(t)) \boldsymbol{g}(\boldsymbol{y}(t))$$
$$\leqslant \boldsymbol{y}^{\mathrm{T}}(t) (\epsilon_2 \boldsymbol{M} \boldsymbol{A}_1 \boldsymbol{A}_1^{\mathrm{T}} \boldsymbol{M}^{\mathrm{T}} + \epsilon_2^{-1} \boldsymbol{L}^{\mathrm{T}} \boldsymbol{L}) \boldsymbol{y}(t) \qquad (4.4.7)$$

$$2\boldsymbol{y}^{\mathrm{T}}(t) \boldsymbol{M} \Delta \boldsymbol{A}_1 \boldsymbol{g}(\boldsymbol{y}(t)) \leqslant 2\boldsymbol{y}^{\mathrm{T}}(t) \boldsymbol{M} \boldsymbol{E} \boldsymbol{F}(t) \boldsymbol{B}_1 \boldsymbol{g}(\boldsymbol{y}(t))$$
$$\leqslant \epsilon_3 \boldsymbol{y}^{\mathrm{T}}(t) \boldsymbol{M} \boldsymbol{E} \boldsymbol{E}^{\mathrm{T}} \boldsymbol{M} \boldsymbol{y}(t)$$
$$+ \epsilon_3^{-1} \boldsymbol{g}^{\mathrm{T}}(\boldsymbol{y}(t)) \boldsymbol{B}_1^{\mathrm{T}} \boldsymbol{F}^{\mathrm{T}}(t) \boldsymbol{F}(t) \boldsymbol{B}_1 \boldsymbol{g}(\boldsymbol{y}(t))$$
$$\leqslant \boldsymbol{y}^{\mathrm{T}}(t) (\epsilon_3 \boldsymbol{M} \boldsymbol{E} \boldsymbol{E}^{\mathrm{T}} \boldsymbol{M}$$
$$+ \epsilon_3^{-1} \lambda_{\max}(\boldsymbol{B}_1^{\mathrm{T}} \boldsymbol{B}_1) \boldsymbol{L}^{\mathrm{T}} \boldsymbol{L}) \boldsymbol{y}(t) \qquad (4.4.8)$$

$$2\boldsymbol{y}^{\mathrm{T}}(t) \boldsymbol{M} \boldsymbol{A}_2 \boldsymbol{g}(\boldsymbol{y}(t-\tau(t)))$$
$$\leqslant \epsilon_4 \boldsymbol{y}^{\mathrm{T}}(t) \boldsymbol{M} \boldsymbol{A}_2 \boldsymbol{A}_2^{\mathrm{T}} \boldsymbol{M}^{\mathrm{T}} \boldsymbol{y}(t)$$
$$+ \epsilon_4^{-1} \boldsymbol{g}^{\mathrm{T}}(\boldsymbol{y}(t-\tau(t))) \boldsymbol{g}(\boldsymbol{y}(t-\tau(t)))$$
$$\leqslant \epsilon_4 \boldsymbol{y}^{\mathrm{T}}(t) (\boldsymbol{M} \boldsymbol{A}_2 \boldsymbol{A}_2^{\mathrm{T}} \boldsymbol{M}) \boldsymbol{y}(t)$$
$$+ \epsilon_4^{-1} \boldsymbol{y}^{\mathrm{T}}(t-\tau(t)) \boldsymbol{L}^{\mathrm{T}} \boldsymbol{L} \boldsymbol{y}(t-\tau(t)) \qquad (4.4.9)$$

$$2\boldsymbol{y}^{\mathrm{T}}(t) \boldsymbol{M} \Delta \boldsymbol{A}_2 \boldsymbol{g}(\boldsymbol{y}(t-\tau(t)))$$

$$\leqslant 2\boldsymbol{y}^{\mathrm{T}}(t)\boldsymbol{M}\boldsymbol{E}\boldsymbol{F}(t)\boldsymbol{B}_2\boldsymbol{g}(\boldsymbol{y}(t-\tau(t)))$$

$$\leqslant \epsilon_5 \boldsymbol{y}^{\mathrm{T}}(t)\boldsymbol{M}\boldsymbol{E}\boldsymbol{E}^{\mathrm{T}}\boldsymbol{M}\boldsymbol{y}(t)$$

$$+ \epsilon_5^{-1}\boldsymbol{g}^{\mathrm{T}}(\boldsymbol{y}(t-\tau(t)))\boldsymbol{B}_2^{\mathrm{T}}\boldsymbol{F}^{\mathrm{T}}(t)\boldsymbol{F}(t)\boldsymbol{B}_2\boldsymbol{g}(\boldsymbol{y}(t-\tau(t)))$$

$$\leqslant \epsilon_5 \boldsymbol{y}^{\mathrm{T}}(t)(\boldsymbol{M}\boldsymbol{E}\boldsymbol{E}^{\mathrm{T}}\boldsymbol{M})\boldsymbol{y}(t)$$

$$+ \epsilon_5^{-1}\lambda_{\max}(\boldsymbol{B}_2^{\mathrm{T}}\boldsymbol{B}_2)\boldsymbol{y}(t-\tau(t))\boldsymbol{L}^{\mathrm{T}}\boldsymbol{L}\boldsymbol{y}(t-\tau(t)) \qquad (4.4.10)$$

$$2\boldsymbol{y}^{\mathrm{T}}(t)\boldsymbol{M}\Delta\boldsymbol{A}_3\int_{-\infty}^{t}\boldsymbol{K}(t-s)\boldsymbol{g}(\boldsymbol{y}(s))\mathrm{d}s$$

$$=2\boldsymbol{y}^{\mathrm{T}}(t)\boldsymbol{M}\boldsymbol{E}\boldsymbol{F}(t)\boldsymbol{B}_3\int_{-\infty}^{t}\boldsymbol{K}(t-s)\boldsymbol{g}(\boldsymbol{y}(s))\mathrm{d}s$$

$$\leqslant \epsilon_6 \boldsymbol{y}^{\mathrm{T}}(t)\boldsymbol{M}\boldsymbol{E}\boldsymbol{E}^{\mathrm{T}}\boldsymbol{M}\boldsymbol{y}(t) + \epsilon_6^{-1}$$

$$\cdot \left(\int_{-\infty}^{t}\boldsymbol{K}(t-s)\boldsymbol{g}(\boldsymbol{y}(s))\mathrm{d}s\right)^{\mathrm{T}}\boldsymbol{B}_3^{\mathrm{T}}\boldsymbol{F}^{\mathrm{T}}(t)\boldsymbol{F}(t)\boldsymbol{B}_3\left(\int_{-\infty}^{t}\boldsymbol{K}(t-s)\boldsymbol{g}(\boldsymbol{y}(s))\mathrm{d}s\right)$$

$$\leqslant \epsilon_6 \boldsymbol{y}^{\mathrm{T}}(t)\boldsymbol{M}\boldsymbol{E}\boldsymbol{E}^{\mathrm{T}}\boldsymbol{M}\boldsymbol{y}(t)$$

$$+ \epsilon_6^{-1}\left(\int_{-\infty}^{t}\boldsymbol{K}(t-s)\boldsymbol{g}(\boldsymbol{y}(s))\mathrm{d}s\right)^{\mathrm{T}}\boldsymbol{B}_3^{\mathrm{T}}\boldsymbol{B}_3\left(\int_{-\infty}^{t}\boldsymbol{K}(t-s)\boldsymbol{g}(\boldsymbol{y}(s))\mathrm{d}s\right) \qquad (4.4.11)$$

由式 (4.4.1), 并根据引理 4.4.2 得

$$-\boldsymbol{M} + (\boldsymbol{E}^{\mathrm{T}}\boldsymbol{M})^{\mathrm{T}}(\nu_7\boldsymbol{I})^{-1}(\boldsymbol{E}^{\mathrm{T}}\boldsymbol{M}) < 0$$

或者

$$\boldsymbol{M}^{-1} - \epsilon_7^{-1}\boldsymbol{E}\boldsymbol{E}^{\mathrm{T}} > 0$$

则有

$$\boldsymbol{\sigma}^{\mathrm{T}}(t)\boldsymbol{M}\boldsymbol{\sigma}(t)$$

$$= \left\{\boldsymbol{E}\boldsymbol{F}(t)\left[\boldsymbol{C}_0\boldsymbol{y}(t) + \boldsymbol{C}_1\boldsymbol{y}(t-\tau(t)) + \boldsymbol{C}_2\int_{-\infty}^{t}\boldsymbol{K}(t-s)\boldsymbol{g}(\boldsymbol{y}(s))\mathrm{d}s\right]\right\}^{\mathrm{T}}$$

$$\cdot \boldsymbol{M}\cdot\left\{\boldsymbol{E}\boldsymbol{F}(t)\left[\boldsymbol{C}_0\boldsymbol{y}(t) + \boldsymbol{C}_1\boldsymbol{y}(t-\tau(t)) + \boldsymbol{C}_2\int_{-\infty}^{t}\boldsymbol{K}(t-s)\boldsymbol{g}(\boldsymbol{y}(s))\mathrm{d}s\right]\right\}$$

$$\leqslant \epsilon_7\left\{\left[\boldsymbol{C}_0\boldsymbol{y}(t) + \boldsymbol{C}_1\boldsymbol{y}(t-\tau(t)) + \boldsymbol{C}_2\int_{-\infty}^{t}\boldsymbol{K}(t-s)\boldsymbol{g}(\boldsymbol{y}(s))\mathrm{d}s\right]\right\}^{\mathrm{T}}$$

$$\cdot\left\{\left[\boldsymbol{C}_0\boldsymbol{y}(t) + \boldsymbol{C}_1\boldsymbol{y}(t-\tau(t)) + \boldsymbol{C}_2\int_{-\infty}^{t}\boldsymbol{K}(t-s)\boldsymbol{g}(\boldsymbol{y}(s))\mathrm{d}s\right]\right\} \qquad (4.4.12)$$

由式 (4.4.4)∼ 式 (4.4.12) 得

$$\mathcal{L}\mathrm{V}(\boldsymbol{y}(t),t) \leqslant \boldsymbol{\zeta}^{\mathrm{T}}(t)\boldsymbol{\Pi}\boldsymbol{\zeta}(t)$$

其中

$$\boldsymbol{\Pi} = \begin{bmatrix} \boldsymbol{\Omega}_1 & \epsilon_7\boldsymbol{C}_0^{\mathrm{T}}\boldsymbol{C}_1 & \boldsymbol{MA}_3 + \epsilon_7\boldsymbol{C}_0^{\mathrm{T}}\boldsymbol{C}_2 \\ * & \boldsymbol{\Omega}_2 & \epsilon_7\boldsymbol{C}_1^{\mathrm{T}}\boldsymbol{C}_2 \\ * & * & \boldsymbol{\Omega}_3 \end{bmatrix}$$

$$\boldsymbol{\zeta}^{\mathrm{T}}(t) = \left(\boldsymbol{y}^{\mathrm{T}}(t), \boldsymbol{y}^{\mathrm{T}}(t-\tau(t)), \left(\int_{-\infty}^{t} \boldsymbol{K}(t-s)\boldsymbol{g}(\boldsymbol{y}(s))\mathrm{d}s\right)^{\mathrm{T}} \right)^{\mathrm{T}}.$$ 因此, $\mathcal{L}\mathrm{V}(\boldsymbol{y}(t),t) <$

0. 这蕴含着式 (4.1.5) 是鲁棒全局均方渐近稳定的. 证毕.

下面证明以上的结果可以容易地应用于文献 [7] 和文献 [11]~ 文献 [14] 中已经被研究过的三种特殊情况.

(1) 当 $\boldsymbol{A}_3(t) = 0$ 时, 式 (4.1.5) 变为

$$\begin{cases} \mathrm{d}\boldsymbol{y}(t) = [-\boldsymbol{A}_0(t)\boldsymbol{y}(t) + \boldsymbol{A}_1(t)\boldsymbol{g}(\boldsymbol{y}(t)) + \boldsymbol{A}_2(t)\boldsymbol{g}(\boldsymbol{y}(t-\tau(t)))]\,\mathrm{d}t \\ \qquad + \boldsymbol{\sigma}(t,\boldsymbol{y}(t),\boldsymbol{y}(t-\tau(t)))\mathrm{d}\boldsymbol{w}(t) \\ \boldsymbol{y}(t) = \boldsymbol{\phi}(t),\ -\tau \leqslant t \leqslant 0,\ \boldsymbol{\phi} \in L^2_{\mathscr{F}_0}([-\tau,0],\mathbf{R}^n) \end{cases} \tag{4.4.13}$$

推论 4.4.1 式 (4.4.13) 是鲁棒全局均方渐近稳定的, 如果存在纯量 $\nu_i > 0(i = 1,2,3,4,5,6,7)$ 及矩阵 $\boldsymbol{M} > 0, \boldsymbol{Q} > 0, \boldsymbol{H} > 0$ 满足

$$\begin{bmatrix} \boldsymbol{\Theta}_1 & 0 & 0 & \boldsymbol{ME} & \boldsymbol{MA}_1 & \boldsymbol{ME} & \boldsymbol{MA}_2 & \boldsymbol{ME} & \boldsymbol{L}^{\mathrm{T}}\boldsymbol{H} & \nu_6\boldsymbol{C}_0^{\mathrm{T}} & \boldsymbol{E} & \boldsymbol{\Upsilon} & \nu_1\boldsymbol{B}_0^{\mathrm{T}} & 0 & 0 & 0 \\ * & \boldsymbol{\Phi}_1 & 0 & 0 & 0 & 0 & 0 & 0 & 0 & 0 & 0 & 0 & \nu_7\boldsymbol{C}_1^{\mathrm{T}} & \boldsymbol{\amalg} & \boldsymbol{E} \\ * & * & -\boldsymbol{H} & 0 & 0 & 0 & 0 & 0 & 0 & 0 & 0 & 0 & 0 & 0 & 0 & 0 \\ * & * & * & -\nu_1\boldsymbol{I} & 0 & 0 & 0 & 0 & 0 & 0 & 0 & 0 & 0 & 0 & 0 & 0 \\ * & * & * & * & -\nu_2\boldsymbol{I} & 0 & 0 & 0 & 0 & 0 & 0 & 0 & 0 & 0 & 0 & 0 \\ * & * & * & * & * & -\nu_3\boldsymbol{I} & 0 & 0 & 0 & 0 & 0 & 0 & 0 & 0 & 0 & 0 \\ * & * & * & * & * & * & -\nu_4\boldsymbol{I} & 0 & 0 & 0 & 0 & 0 & 0 & 0 & 0 & 0 \\ * & * & * & * & * & * & * & -\nu_5\boldsymbol{I} & 0 & 0 & 0 & 0 & 0 & 0 & 0 & 0 \\ * & * & * & * & * & * & * & * & -\boldsymbol{H} & 0 & 0 & 0 & 0 & 0 & 0 & 0 \\ * & * & * & * & * & * & * & * & * & -\nu_6\boldsymbol{I} & 0 & 0 & 0 & 0 & 0 & 0 \\ * & * & * & * & * & * & * & * & * & * & -\nu_6\boldsymbol{I} & 0 & 0 & 0 & 0 & 0 \\ * & * & * & * & * & * & * & * & * & * & * & -\nu_3\boldsymbol{I} & 0 & 0 & 0 & 0 \\ * & * & * & * & * & * & * & * & * & * & * & * & -\nu_1\boldsymbol{I} & 0 & 0 & 0 \\ * & * & * & * & * & * & * & * & * & * & * & * & * & -\nu_7\boldsymbol{I} & 0 & 0 \\ * & * & * & * & * & * & * & * & * & * & * & * & * & * & -\nu_5\boldsymbol{I} & 0 \\ * & * & * & * & * & * & * & * & * & * & * & * & * & * & * & -\nu_7 \end{bmatrix} < 0$$

其中, $\boldsymbol{\Upsilon} = \nu_3\lambda_{\max}^{1/2}(\boldsymbol{B}_1^{\mathrm{T}}\boldsymbol{B}_1)\boldsymbol{L}^{\mathrm{T}}; \boldsymbol{\amalg} = \nu_5\lambda_{\max}^{1/2}(\boldsymbol{B}_2^{\mathrm{T}}\boldsymbol{B}_2)\boldsymbol{L}^{\mathrm{T}}; \boldsymbol{\Theta}_1 = -\boldsymbol{MA}_0 - \boldsymbol{A}_0^{\mathrm{T}}\boldsymbol{M} + \frac{1}{\tau}\boldsymbol{Q} + \nu_2\boldsymbol{L}^{\mathrm{T}}\boldsymbol{L} + \boldsymbol{M}_0; \boldsymbol{\Phi}_1 = \nu_4\boldsymbol{L}^{\mathrm{T}}\boldsymbol{L} + \boldsymbol{M}_1 - \frac{1-\delta}{\tau}\boldsymbol{Q}.$

(2) 如果式 (4.4.13) 中的 $\boldsymbol{A}_0$、$\boldsymbol{A}_1$ 和 $\boldsymbol{A}_2$ 只是常矩阵, 则有

$$\begin{cases} \mathrm{d}\boldsymbol{y}(t) = [-\boldsymbol{A}_0\boldsymbol{y}(t) + \boldsymbol{A}_1\boldsymbol{g}(\boldsymbol{y}(t)) + \boldsymbol{A}_2\boldsymbol{g}(\boldsymbol{y}(t-\tau(t)))]\,\mathrm{d}t \\ \qquad + \boldsymbol{\sigma}(t,\boldsymbol{y}(t),\boldsymbol{y}(t-\tau(t)))\mathrm{d}\boldsymbol{w}(t) \\ \boldsymbol{y}(t) = \boldsymbol{\phi}(t),\ -\tau \leqslant t \leqslant 0,\ \boldsymbol{\phi} \in L^2_{\mathscr{F}_0}([-\tau,0],\mathbf{R}^n) \end{cases} \tag{4.4.14}$$

推论 4.4.2　式 (4.4.14) 是鲁棒全局均方渐近稳定的, 如果存在纯量 $\nu_i > 0(i = 1, 2, 3, 4)$ 及矩阵 $M > 0, Q > 0, H > 0$ 满足

$$
\begin{bmatrix}
\boldsymbol{\Theta}_2 & 0 & 0 & \boldsymbol{E} & \boldsymbol{M A}_1 & 0 & \boldsymbol{M A}_2 & \boldsymbol{L}^{\mathrm{T}}\boldsymbol{H} & \nu_1 \boldsymbol{C}_0^{\mathrm{T}} & 0 \\
* & \boldsymbol{\Phi}_2 & 0 & 0 & 0 & \boldsymbol{E} & 0 & 0 & 0 & \nu_3 \boldsymbol{C}_1^{\mathrm{T}} \\
* & * & -\boldsymbol{H} & 0 & 0 & 0 & 0 & 0 & 0 & 0 \\
* & * & * & -\nu_1 \boldsymbol{I} & 0 & 0 & 0 & 0 & 0 & 0 \\
* & * & * & * & -\nu_2 \boldsymbol{I} & 0 & 0 & 0 & 0 & 0 \\
* & * & * & * & * & -\nu_3 \boldsymbol{I} & 0 & 0 & 0 & 0 \\
* & * & * & * & * & * & -\nu_4 \boldsymbol{I} & 0 & 0 & 0 \\
* & * & * & * & * & * & * & -\boldsymbol{H} & 0 & 0 \\
* & * & * & * & * & * & * & * & -\nu_1 \boldsymbol{I} & 0 \\
* & * & * & * & * & * & * & * & * & -\nu_3 \boldsymbol{I}
\end{bmatrix} < 0
$$

其中, $\boldsymbol{\Theta}_2 = -\boldsymbol{M A}_0 - \boldsymbol{A}_0^{\mathrm{T}}\boldsymbol{M} + \dfrac{1}{\tau}\boldsymbol{Q} + \nu_2 \boldsymbol{L}^{\mathrm{T}}\boldsymbol{L}; \boldsymbol{\Phi}_2 = \nu_4 \boldsymbol{L}^{\mathrm{T}}\boldsymbol{L} + \boldsymbol{M}_1 - \dfrac{1-\delta}{\tau}\boldsymbol{Q}$.

(3) 如果式 (4.4.13) 中没有随机项, 则有

$$
\begin{cases}
\mathrm{d}\boldsymbol{y}(t) = [-\boldsymbol{A}_0(t)\boldsymbol{y}(t) + \boldsymbol{A}_1(t)\boldsymbol{g}(\boldsymbol{y}(t)) + \boldsymbol{A}_2(t)\boldsymbol{g}(\boldsymbol{y}(t - \tau(t)))]\,\mathrm{d}t \\
\boldsymbol{y}(t) = \boldsymbol{\phi}(t), \ -\tau \leqslant t \leqslant 0, \ \boldsymbol{\phi} \in L_{\mathscr{F}_0}^2([-\tau, 0], \mathbf{R}^n)
\end{cases}
\tag{4.4.15}
$$

推论 4.4.3　式 (4.4.15) 是鲁棒全局均方渐近稳定的, 如果存在纯量 $\nu_i > 0(i = 1, 2, 3, 4, 5)$ 及矩阵 $M > 0, Q > 0, H > 0$ 满足

$$
\begin{bmatrix}
\boldsymbol{\Theta}_3 & 0 & 0 & \boldsymbol{ME} & \boldsymbol{MA}_1 & \boldsymbol{ME} & \boldsymbol{MA}_2 & \boldsymbol{ME} & \boldsymbol{L}^{\mathrm{T}}\boldsymbol{H} & \nu_3\lambda_{\max}^{1/2}(\boldsymbol{B}_1^{\mathrm{T}}\boldsymbol{B}_1)\boldsymbol{L}^{\mathrm{T}} & \nu_1\boldsymbol{B}_0^{\mathrm{T}} & 0 \\
* & \boldsymbol{\Phi}_3 & 0 & 0 & 0 & 0 & 0 & 0 & 0 & 0 & 0 & \nu_5\lambda_{\max}^{1/2}(\boldsymbol{B}_2^{\mathrm{T}}\boldsymbol{B}_2)\boldsymbol{L}^{\mathrm{T}} \\
* & * & -\boldsymbol{H} & 0 & 0 & 0 & 0 & 0 & 0 & 0 & 0 & 0 \\
* & * & * & -\nu_1\boldsymbol{I} & 0 & 0 & 0 & 0 & 0 & 0 & 0 & 0 \\
* & * & * & * & -\nu_2\boldsymbol{I} & 0 & 0 & 0 & 0 & 0 & 0 & 0 \\
* & * & * & * & * & -\nu_3\boldsymbol{I} & 0 & 0 & 0 & 0 & 0 & 0 \\
* & * & * & * & * & * & -\nu_4\boldsymbol{I} & 0 & 0 & 0 & 0 & 0 \\
* & * & * & * & * & * & * & -\nu_5\boldsymbol{I} & 0 & 0 & 0 & 0 \\
* & * & * & * & * & * & * & * & -\boldsymbol{H} & 0 & 0 & 0 \\
* & * & * & * & * & * & * & * & * & -\nu_3\boldsymbol{I} & 0 & 0 \\
* & * & * & * & * & * & * & * & * & * & -\nu_1\boldsymbol{I} & 0 \\
* & * & * & * & * & * & * & * & * & * & * & -\nu_5\boldsymbol{I}
\end{bmatrix} < 0
$$

其中, $\boldsymbol{\Theta}_3 = -\boldsymbol{M A}_0 - \boldsymbol{A}_0^{\mathrm{T}}\boldsymbol{M} + \dfrac{1}{\tau}\boldsymbol{Q} + \epsilon_2^{-1}\boldsymbol{L}^{\mathrm{T}}\boldsymbol{L}; \boldsymbol{\Phi}_3 = \epsilon_4^{-1}\boldsymbol{L}^{\mathrm{T}}\boldsymbol{L} - \dfrac{1-\delta}{\tau}\boldsymbol{Q}$.

注记 4.4.1　事实上, 不定性矩阵 $\boldsymbol{F}(t)$ 可以为依赖状态的, 即 $\boldsymbol{F}(t) = \boldsymbol{F}(t, \boldsymbol{y}(t))$.

注记 4.4.2　定理 4.4.1 及其推论的矩阵不等式都是关于 $\nu_i > 0$ 及矩阵 $M > 0, Q > 0, H > 0$ 的线性不等式. 因此, 可以利用 MATLAB LMI 工具箱直接验证其可行性.

4.4.3　数值例子

考虑具有如下参数的式 (4.1.5): 激活函数为 $g_i(x) = \tanh 0.5x, \tau_1(t) = 0.9 +$

$0.1\sin t,\ \tau_2(t)=0.9+0.1\cos t$:

$$C_0=\begin{bmatrix}0.2&0\\0&0.2\end{bmatrix},C_1=\begin{bmatrix}-0.2&0\\0&-0.2\end{bmatrix},C_2=\begin{bmatrix}0.3&0\\0&0.3\end{bmatrix},A_0=\begin{bmatrix}0.5&0\\0&0.6\end{bmatrix}$$

$$A_1=\begin{bmatrix}0.5&0\\0&0.3\end{bmatrix},A_2=\begin{bmatrix}0.6&0\\0&0.4\end{bmatrix},A_3=\begin{bmatrix}0.3&0\\0&0\end{bmatrix},B_0=\begin{bmatrix}0.2&0\\0&0.1\end{bmatrix}$$

$$B_1=\begin{bmatrix}0.1&0\\0&0.1\end{bmatrix},B_3=\begin{bmatrix}0.2&0\\0&0.2\end{bmatrix},L=\begin{bmatrix}0.2&0\\0&0.15\end{bmatrix},E=\begin{bmatrix}0.09&0.12\\0.12&0.09\end{bmatrix}$$

$B_1=B_2$, 所以 $\delta=0.1,\tau=1$.

通过解关于 $\nu_i>0(i=1,2,3,4,5,6,7)$ 和矩阵 $M=M^{\mathrm{T}}>0,Q=Q^{\mathrm{T}}>0$, $H=H^{\mathrm{T}}>0$ 的线性矩阵不等式 (式 (4.4.1)、式 (4.4.2)), 可得

$$\nu_1=2.5216,\ \nu_2=3.6810,\ \nu_3=2.8851,\ \nu_4=3.7174,\ \nu_5=2.8864$$

$$\nu_6=2.7873,\ \nu_7=2.0804,\ M=\begin{bmatrix}2.1849&-0.1323\\-0.1323&2.4243\end{bmatrix}$$

$$Q=\begin{bmatrix}0.4312&-0.1434\\-0.1434&1.4134\end{bmatrix},H=\begin{bmatrix}3.2099&-0.0562\\-0.0562&2.7067\end{bmatrix}$$

因此, 根据定理 4.4.1, 具有以上参数的式 (4.1.5) 是鲁棒全局均方渐近稳定的.

4.5 小　　结

首先利用 Brouwer 不动点定理、M- 矩阵理论, 研究了一类具有更广代表性的时滞递归神经网络; 其次利用第 2 章建立的新的 Razumikhin 型指数稳定性定理, 以及脉冲微分不等式技术, 研究了一类广义脉冲随机时滞递归神经网络. 主要结果是给出了一系列验证全局指数稳定性的充分条件, 并且在各部分研究中都给出了数值例子, 说明了这些结果的有效性, 并通过例子和注记指出本章的结果在诸多方面改进并推广了已知的结果.

第5章 不确定脉冲双向时滞神经网络的
鲁棒稳定与镇定

本章研究一类高阶固定时刻脉冲双向时滞神经网络的鲁棒全局渐近稳定性. 证明利用 Lyapunov-Krasovskii 泛函技术, 结论是用线性矩阵不等式[132]表达的, 并设计了能镇定该双向网络的控制律. 最后用两个实例说明本章结果的可行性.

5.1 背 景

在现有的参考文献中, 由于时滞对于动力系统的影响的重要性, 所以深入研究时变时滞神经网络的动力学行为的并不少. 但是另外, 对脉冲现象的研究却还未深入. 由于许多实例, 如电力网络就常常因为开关电路、频繁改变或突然的噪声而引起网络出现固定时刻突然的改变和扰动, 这些都表现为脉冲现象[49-51,53,55]. 最近, 文献 [59] 和文献 [144] 研究了具有有限或无限时滞的脉冲泛函微分方程的全局指数稳定性.

特别地, Kosto[127-129]提出了一系列关于双向联想记忆的神经网络模型. 这类模型[62,110,118,119]在模式识别和人工智能等领域有着广泛的应用, 也引起了人们的广泛关注并已取得了一些研究结果. 其中, 文献 [160] 和文献 [161] 研究了带离散与分布时滞的双向联想记忆神经网络的收敛特性, 利用 Halanay 型不等式得到了该网络与时滞无关的全局指数稳定性的充分条件. 文献 [162] 研究了延迟双向联想记忆神经网络的周期振荡现象. 考虑到脉冲的因素, 文献 [163] 利用文献 [164] 的具时滞脉冲微分不等式技术, 给出了高阶双向联想记忆神经网络能全局指数稳定性的充分条件.

据我们所知, 除了文献 [163], 关于具脉冲的双向时滞神经网络的稳定性的结果尚未见到. 更多的脉冲高阶双向时滞神经网络的研究仍然是一个重要的理论和应用课题. 在本章中, 利用 Lyapunov-Krasovskii 泛函、线性矩阵不等式和具时滞脉冲微分不等式技术, 研究一类更具代表性的高阶神经网络的稳定性理论, 得到了某些能确保系统全局均方渐近稳定的充分条件.

5.2 系统的描述和引理

考虑如下的一类高阶脉冲时滞神经网络, 即

$$
\begin{cases}
\dfrac{\mathrm{d}x_i(t)}{\mathrm{d}t} = -d_i x_i(t) + \displaystyle\sum_{j=1}^{m} a_{ij} f_j(y_j(t)) + \sum_{j=1}^{m} b_{ij} f_j(y_j(t-\tau(t))) \\
\qquad + \displaystyle\sum_{j=1}^{m}\sum_{l=1}^{m} c_{ijl} \int_{t-\tau}^{t} f_j(y_j(t-s)) f_l(y_l(s))\mathrm{d}s + \sum_{j=1}^{m_1} r_{ij} u_j(t), \quad t \neq t_k \\
\dfrac{\mathrm{d}y_j(t)}{\mathrm{d}t} = -\widetilde{d}_j y_j(t) + \displaystyle\sum_{i=1}^{n} \widetilde{a_{ji}} g_i(x_i(t)) + \sum_{i=1}^{n} \widetilde{b_{ji}} g_i(x_i(t-\sigma(t))) \\
\qquad + \displaystyle\sum_{i=1}^{n}\sum_{l=1}^{n} \widetilde{c_{jil}} \int_{t-\sigma}^{t} g_i(x_i(t-s)) g_l(x_l(s))\mathrm{d}s + \sum_{i=1}^{m_2} \widetilde{r}_{ji} \widetilde{u}_i(t), \quad t \neq t_k \\
\Delta x_i(t) = x_i(t) - x_i(t^-) = \displaystyle\sum_{j=1}^{n} (e_{ij}(t) - \delta_{ij}) x_j(t^-) + \sum_{l=1}^{n} m_{il} J_l(t^-), \quad t = t_k \\
\Delta y_j(t)|_{t=t_k} = y_j(t) - y_j(t^-) = \displaystyle\sum_{i=1}^{m} (\widetilde{e_{ji}}(t) - \delta_{ji}) y_i(t^-) + \sum_{l=1}^{m} \widetilde{m_{jl}} \widetilde{J}_l(t^-), \quad t = t_k
\end{cases}
\tag{5.2.1}
$$

或等价的

$$
\begin{cases}
\dfrac{\mathrm{d}\boldsymbol{x}(t)}{\mathrm{d}t} = -\boldsymbol{D}\boldsymbol{x}(t) + \boldsymbol{A}\boldsymbol{f}(\boldsymbol{y}(t)) + \boldsymbol{B}\boldsymbol{f}(\boldsymbol{y}(t-\tau(t))) \\
\qquad + \displaystyle\int_{t-\tau}^{t} \boldsymbol{\Upsilon}_f^{\mathrm{T}}(s)\boldsymbol{\Gamma}_1 \boldsymbol{f}(\boldsymbol{y}(s))\mathrm{d}s + \boldsymbol{R}\boldsymbol{u}(t), \quad t \neq t_k \\
\dfrac{\mathrm{d}\boldsymbol{y}(t)}{\mathrm{d}t} = -\widetilde{\boldsymbol{D}}\boldsymbol{y}(t) + \widetilde{\boldsymbol{A}}\boldsymbol{g}(\boldsymbol{x}(t)) + \widetilde{\boldsymbol{B}}\boldsymbol{g}(\boldsymbol{x}(t-\sigma(t))) \\
\qquad + \displaystyle\int_{t-\sigma}^{t} \boldsymbol{\Upsilon}_g^{\mathrm{T}}(s)\boldsymbol{\Gamma}_2 \boldsymbol{g}(\boldsymbol{x}(s))\mathrm{d}s + \widetilde{\boldsymbol{R}}\widetilde{\boldsymbol{u}}(t), \quad t \neq t_k \\
\Delta \boldsymbol{x}(t) = \boldsymbol{x}(t) - \boldsymbol{x}(t^-) = (\boldsymbol{E}(t) - \boldsymbol{I})\boldsymbol{x}(t^-) + \boldsymbol{M}\boldsymbol{J}(t^-), \quad t = t_k \\
\Delta \boldsymbol{y}(t) = \boldsymbol{y}(t) - \boldsymbol{y}(t^-) = (\widetilde{\boldsymbol{E}}(t) - \boldsymbol{I})\boldsymbol{y}(t^-) + \widetilde{\boldsymbol{M}}\widetilde{\boldsymbol{J}}(t^-), \quad t = t_k
\end{cases}
\tag{5.2.2}
$$

其中, $t \geqslant 0$; $i = 1, 2, \cdots, n$; $j = 1, 2, \cdots, m$; $0 \leqslant t_0 < t_1 < t_2 < \cdots < t_k < t_{k+1} < \cdots$, $\lim\limits_{k\to\infty} t_k = \infty$; $x_i(t), y_j(t)$ 表示神经细胞 i 和 j 在时刻 t 的电压, $\boldsymbol{x}(t) = (x_1(t), x_2(t), \cdots, x_n(t))^{\mathrm{T}} \in \mathbf{R}^n$, $\boldsymbol{y}(t) = (y_1(t), y_2(t), \cdots, y_m(t))^{\mathrm{T}} \in \mathbf{R}^m$, $\boldsymbol{u}(t) = (u_1(t), u_2(t), \cdots, u_{m_1}(t))^{\mathrm{T}} \in \mathbf{R}^{m_1}$, $\widetilde{\boldsymbol{u}}(t) = (\widetilde{u}_1(t), \widetilde{u}_2(t), \cdots, \widetilde{u}_{m_2}(t))^{\mathrm{T}} \in \mathbf{R}^{m_2}$ 是连续控制输入, $\boldsymbol{J}(t) = (J_1(t), J_2(t), \cdots, J_n(t))^{\mathrm{T}} \in \mathbf{R}^n$, $\widetilde{\boldsymbol{J}}(t) = (\widetilde{J}_1(t), \widetilde{J}_2(t), \cdots, \widetilde{J}_m(t))^{\mathrm{T}} \in \mathbf{R}^m$ 是时刻 t 的脉冲控制输入, $\boldsymbol{f}(\boldsymbol{y}(t)) = (f_1(y_1(t)), f_2(y_2(t)), \cdots, f_m(y_m(t)))^{\mathrm{T}} \in$

$\mathbf{R}^m, \boldsymbol{g}(\boldsymbol{x}(t)) = (g_1(x_1(t)), g_2(x_2(t)), \cdots, g_n(x_n(t)))^{\mathrm{T}} \in \mathbf{R}^n$ 表示神经细胞在时刻 t 的激活函数，$\boldsymbol{\Upsilon}_f(s) = \mathrm{diag}(\boldsymbol{f}(\boldsymbol{y}(t-s)), \boldsymbol{f}(\boldsymbol{y}(t-s)), \cdots, \boldsymbol{f}(\boldsymbol{y}(t-s)))_{n\times n}, \boldsymbol{\Upsilon}_g(s) = \mathrm{diag}(\boldsymbol{g}(\boldsymbol{x}(t-s)), \boldsymbol{g}(\boldsymbol{x}(t-s)), \cdots, \boldsymbol{g}(\boldsymbol{x}(t-s)))_{m\times m}; \boldsymbol{D} = \mathrm{diag}(d_1, d_2, \cdots, d_n) > 0, \widetilde{\boldsymbol{D}} = \mathrm{diag}(\widetilde{d_1}, \widetilde{d_2}, \cdots, \widetilde{d_m}) > 0$ 是正对角矩阵，其中 d_i，$\widetilde{d_j}$ 各自代表细胞 i 和 j 与其他细胞的绝缘程度．这意味着在与其他细胞绝缘期间 i 和 j 会重置它们的势能．$\boldsymbol{A} = (a_{ij})_{n\times m}, \boldsymbol{B} = (b_{ij})_{n\times m}, \boldsymbol{R} = (r_{ij})_{n\times m_1}, \boldsymbol{M} = (m_{ij})_{n\times n}, \boldsymbol{E} = (e_{ij}(t))_{n\times n}, \widetilde{\boldsymbol{A}} = (\widetilde{a_{ji}})_{m\times n}, \widetilde{\boldsymbol{B}} = (\widetilde{b_{ji}})_{m\times n}, \widetilde{\boldsymbol{R}} = (\widetilde{r_{ji}})_{m\times m_2}, \widetilde{\boldsymbol{M}} = (\widetilde{m_{ji}})_{m\times m}, \widetilde{\boldsymbol{E}} = (\widetilde{e_{ji}}(t))_{m\times m}$ 各自为反馈矩阵与时滞反馈矩阵．$\boldsymbol{\Gamma}_1 = [\boldsymbol{C}_1^{\mathrm{T}}, \boldsymbol{C}_2^{\mathrm{T}}, \cdots, \boldsymbol{C}_n^{\mathrm{T}}]^{\mathrm{T}}, \boldsymbol{C}_i = (c_{ijl})_{m\times m}; \boldsymbol{\Gamma}_2 = [\widetilde{\boldsymbol{C}}_1^{\mathrm{T}}, \widetilde{\boldsymbol{C}}_2^{\mathrm{T}}, \cdots, \widetilde{\boldsymbol{C}}_m^{\mathrm{T}}]^{\mathrm{T}}, \widetilde{\boldsymbol{C}}_j = (\widetilde{c_{jil}})_{n\times n}$．$\boldsymbol{E}(t), \widetilde{\boldsymbol{E}}(t)$ 是具时变不定性的矩阵函数，$\boldsymbol{E}(t) = \boldsymbol{E} + \Delta\boldsymbol{E}, \widetilde{\boldsymbol{E}}(t) = \widetilde{\boldsymbol{E}} + \Delta\widetilde{\boldsymbol{E}}$，其中 $\boldsymbol{E}, \widetilde{\boldsymbol{E}}$ 都是已知的实常数矩阵，$\Delta\boldsymbol{E}, \Delta\widetilde{\boldsymbol{E}}$ 都是代表时变参数不定性的不确定矩阵．本章假定所有的不定量都是范数有界的，并可表示为

$$\Delta\boldsymbol{E} = \boldsymbol{H}\boldsymbol{F}(t)\boldsymbol{D}_1, \quad \Delta\widetilde{\boldsymbol{E}} = \widetilde{\boldsymbol{H}}\widetilde{\boldsymbol{F}}(t)\widetilde{\boldsymbol{D}}_1 \tag{5.2.3}$$

其中，$\boldsymbol{H}$、$\widetilde{\boldsymbol{H}}$、$\boldsymbol{D}_1$、$\widetilde{\boldsymbol{D}}_1$ 都是已知的适当维数的实常数矩阵，矩阵 $\boldsymbol{F}(t)$ 是可以时变的、不确定的并满足对任意给定的 t，$\boldsymbol{F}^{\mathrm{T}}(t)\boldsymbol{F}(t) \leqslant \boldsymbol{I}, \widetilde{\boldsymbol{F}}^{\mathrm{T}}(t)\widetilde{\boldsymbol{F}}(t) \leqslant \boldsymbol{I}$．假设矩阵 $\boldsymbol{F}(t)$ 的元素都是 Lebesgue 可测的．当 $\boldsymbol{F}(t) = 0, \widetilde{\boldsymbol{F}}(t) = 0$ 时，式 (5.2.2) 即为确定型脉冲神经网络．时滞 $\tau(t)$、$\sigma(t)$ 都是连续函数，它们相应于有限轴突信号传输速度而变化，并有 $0 \leqslant \tau(t) \leqslant \tau, 0 \leqslant \sigma(t) \leqslant \sigma, 0 < \sigma'(t) \leqslant \sigma_1 < 1, 0 < \tau(t) \leqslant \tau_1 < 1$．

式 (5.2.1) 或式 (5.2.2) 的初值条件为

$$\begin{cases} x_i(t) = \phi_i(t), & t_0 - \sigma \leqslant t \leqslant t_0 \\ y_j(t) = \varphi_j(t), & t_0 - \tau \leqslant t \leqslant t_0 \end{cases}$$

其中，$\phi_i(t), \varphi_j(t)(i = 1, 2, \cdots, n; j = 1, 2, \cdots, m)$ 都是连续函数．对于 $\boldsymbol{x} \in \mathbf{R}^n$，$\|\boldsymbol{x}\| = \sqrt{\boldsymbol{x}^{\mathrm{T}}\boldsymbol{x}}$，其中 $|\boldsymbol{x}| = \sum\limits_{i=1}^{n} |x_i|$．

本章中，函数 $\boldsymbol{f}(\cdot), \boldsymbol{g}(\cdot), \boldsymbol{I}(\cdot), \boldsymbol{J}(\cdot)$ 满足如下条件：

(5H1) 对所有的 $\boldsymbol{y}, \boldsymbol{z} \in \mathbf{R}^m; \boldsymbol{x}, \boldsymbol{s} \in \mathbf{R}^n$，存在矩阵 $\boldsymbol{K} \in \mathbf{R}^{m\times m}, \boldsymbol{U} \in \mathbf{R}^{n\times n}$ 使得

$$|\boldsymbol{f}(\boldsymbol{y}) - \boldsymbol{f}(\boldsymbol{z})| \leqslant |\boldsymbol{K}(\boldsymbol{y} - \boldsymbol{z})|, \quad |\boldsymbol{g}(\boldsymbol{x}) - \boldsymbol{g}(\boldsymbol{s})| \leqslant |\boldsymbol{U}(\boldsymbol{x} - \boldsymbol{s})|$$

(5H2) $\boldsymbol{f}(0) = \boldsymbol{g}(0) = \boldsymbol{J}(0) = \widetilde{\boldsymbol{J}}(0) = 0$．

(5H3) 对所有的 $x \in \mathbf{R}$，存在正实数 $O_j, \widetilde{O}_i$ 使得

$$|f_j(x)| \leqslant O_j, \quad |g_i(x)| \leqslant \widetilde{O}_i$$

其中，$i = 1, 2, \cdots, n; j = 1, 2, \cdots, m$．

令 $\boldsymbol{x}(t;\boldsymbol{\phi}), \boldsymbol{y}(t;\boldsymbol{\varphi})$ 表示式 (5.2.1) 或式 (5.2.2) 满足初值条件 $\boldsymbol{x}(s) = \boldsymbol{\phi}(s) \in$ $\mathrm{PC}([t_0 - \sigma, t_0]; \mathbf{R}^n), \boldsymbol{y}(s) = \boldsymbol{\varphi}(s) \in \mathrm{PC}([t_0 - \tau, t_0]; \mathbf{R}^m)$ 的解状态. 这里 $\mathrm{PC}([t_0 - r, t_0]; \mathbf{R}^n)$ 表示所有的分段右连续函数 $\boldsymbol{\phi} : [-r, 0] \to \mathbf{R}^p$ 的集合, 其中其范数定义为 $\|\boldsymbol{\phi}\|_r = \sup_{-r \leqslant \theta \leqslant 0} \|\boldsymbol{\phi}(\theta)\|$. 易知, 满足初值条件 $\boldsymbol{\phi} = \boldsymbol{\varphi} = 0$ 的式 (5.2.1) 或式 (5.2.2) 有一个零解 $\boldsymbol{x}(t; 0) = \boldsymbol{y}(t; 0) = 0$.

定义 5.2.1 对于任意的 $\boldsymbol{\xi}_1 \in \mathrm{PC}([t_0 - \sigma, t_0]; \mathbf{R}^n)$ 和 $\boldsymbol{\xi}_2 \in \mathrm{PC}([t_0 - \tau, t_0]; \mathbf{R}^m)$, 式 (5.2.1) 或式 (5.2.2) 的零解是鲁棒全局渐近均方稳定的, 如果:

$$\lim_{t \to \infty} (|\boldsymbol{x}(t; \boldsymbol{\xi}_1)|^2 + |\boldsymbol{y}(t; \boldsymbol{\xi}_2)|^2) = 0$$

引理 5.2.1 对任意的向量 $\boldsymbol{a}, \boldsymbol{b} \in \mathbf{R}^n$, 以及 $\forall \rho > 0$, 都有

$$2\boldsymbol{a}^{\mathrm{T}}\boldsymbol{b} \leqslant \rho \boldsymbol{a}^{\mathrm{T}}\boldsymbol{a} + \frac{1}{\rho}\boldsymbol{b}^{\mathrm{T}}\boldsymbol{b}$$

引理 5.2.2 对任意的向量 $\boldsymbol{a}, \boldsymbol{b} \in \mathbf{R}^n$, 以及任意的矩阵 $\boldsymbol{X} > 0$, 都有

$$2\boldsymbol{a}^{\mathrm{T}}\boldsymbol{b} \leqslant \boldsymbol{a}^{\mathrm{T}}\boldsymbol{X}^{-1}\boldsymbol{a} + \boldsymbol{b}^{\mathrm{T}}\boldsymbol{X}\boldsymbol{b}$$

引理 5.2.3[132] 对给定的常数矩阵 $\boldsymbol{\Sigma}_1, \boldsymbol{\Sigma}_2, \boldsymbol{\Sigma}_3$, 其中 $\boldsymbol{\Sigma}_1 = \boldsymbol{\Sigma}_1^{\mathrm{T}}, 0 < \boldsymbol{\Sigma}_2 = \boldsymbol{\Sigma}_2^{\mathrm{T}}$, 则

$$\boldsymbol{\Sigma}_1 + \boldsymbol{\Sigma}_3^{\mathrm{T}}\boldsymbol{\Sigma}_2^{-1}\boldsymbol{\Sigma}_3 < 0$$

当且仅当

$$\begin{bmatrix} \boldsymbol{\Sigma}_1 & \boldsymbol{\Sigma}_3^{\mathrm{T}} \\ \boldsymbol{\Sigma}_3 & -\boldsymbol{\Sigma}_2 \end{bmatrix} < 0$$

或

$$\begin{bmatrix} -\boldsymbol{\Sigma}_2 & \boldsymbol{\Sigma}_3 \\ \boldsymbol{\Sigma}_3^{\mathrm{T}} & \boldsymbol{\Sigma}_1 \end{bmatrix} < 0$$

引理 5.2.4[73] 令 $\boldsymbol{A}, \boldsymbol{D}, \boldsymbol{E}, \boldsymbol{F}, \boldsymbol{P}$ 为适当维数的实矩阵, 其中 $\boldsymbol{P} > 0$, $\boldsymbol{F}$ 满足 $\boldsymbol{F}^{\mathrm{T}}\boldsymbol{F} \leqslant \boldsymbol{I}$, 则对任意的满足 $\boldsymbol{P}^{-1} - \varepsilon^{-1}\boldsymbol{D}\boldsymbol{D}^{\mathrm{T}} > 0$ 的任意纯量 $\varepsilon > 0$, 都有

$$(\boldsymbol{A} + \boldsymbol{D}\boldsymbol{F}\boldsymbol{E})^{\mathrm{T}}\boldsymbol{P}(\boldsymbol{A} + \boldsymbol{D}\boldsymbol{F}\boldsymbol{E}) \leqslant \boldsymbol{A}^{\mathrm{T}}(\boldsymbol{P}^{-1} - \varepsilon^{-1}\boldsymbol{D}\boldsymbol{D}^{\mathrm{T}})^{-1}\boldsymbol{A} + \varepsilon\boldsymbol{E}^{\mathrm{T}}\boldsymbol{E}$$

5.3 脉冲指数稳定性

为了书写简便, 记

$$\widetilde{\boldsymbol{\Lambda}}_1 = -\boldsymbol{Q}\widetilde{\boldsymbol{D}} - \widetilde{\boldsymbol{D}}^{\mathrm{T}}\boldsymbol{Q} + \boldsymbol{Q}_1 + \boldsymbol{W}_1 + \boldsymbol{W}_1^{\mathrm{T}}$$

$$\widetilde{\boldsymbol{\Lambda}}_2 = -(1 - \tau_1)\boldsymbol{Q}_1 - \boldsymbol{W}_2 - \boldsymbol{W}_2^{\mathrm{T}} + \rho_{\boldsymbol{Z}_2}\boldsymbol{K}^{\mathrm{T}}\boldsymbol{K}$$

$$\widetilde{\boldsymbol{\Lambda}}_3 = -\sigma\boldsymbol{P}_2 + \epsilon_1\sigma\lambda_2\boldsymbol{I}$$

$$\boldsymbol{\Lambda}_1 = -\boldsymbol{PD} - \boldsymbol{D}^{\mathrm{T}}\boldsymbol{P} + \boldsymbol{N}_1 + \boldsymbol{N}_1^{\mathrm{T}} + \boldsymbol{P}_1$$

$$\boldsymbol{\Lambda}_2 = -(1 - \sigma_1)\boldsymbol{P}_1 - \boldsymbol{N}_2 - \boldsymbol{N}_2^{\mathrm{T}} + \rho_{\boldsymbol{Z}_1}\boldsymbol{U}^{\mathrm{T}}\boldsymbol{U}$$

$$\boldsymbol{\Lambda}_3 = -\tau\boldsymbol{Q}_2 + \epsilon_2\tau\lambda_1\boldsymbol{I}$$

其中, $\lambda_1 = \rho_{\boldsymbol{\Gamma}_1^{\mathrm{T}}\boldsymbol{\Gamma}_1}$; $\lambda_2 = \rho_{\boldsymbol{\Gamma}_2^{\mathrm{T}}\boldsymbol{\Gamma}_2}$.

定理 5.3.1　考虑脉冲控制输入 $\boldsymbol{J}(\cdot) = 0$, $\widetilde{\boldsymbol{J}}(\cdot) = 0$ 时的式 (5.2.2). 若假定 (5H1)～(5H3) 成立, 并且存在纯量 $\epsilon_i > 0 (i = 1, 2, 3, 4)$, $\rho_{\boldsymbol{X}} > 0 (\boldsymbol{X} = \boldsymbol{Q}_2, \boldsymbol{P}_2, \boldsymbol{X}_1, \boldsymbol{X}_2, \boldsymbol{Z}_1, \boldsymbol{Z}_2)$ 以及矩阵 $\boldsymbol{N}_i (i = 1, 2, 3)$, $\boldsymbol{W}_i (i = 1, 2, 3)$, $\boldsymbol{X}_1 > 0$, $\boldsymbol{X}_2 > 0$, $\boldsymbol{Z}_1 > 0$, $\boldsymbol{Z}_2 > 0$, $\boldsymbol{P} > 0$, $\boldsymbol{Q} > 0$, $\boldsymbol{P}_1 > 0$, $\boldsymbol{Q}_1 > 0$, $\boldsymbol{P}_2 > 0$, $\boldsymbol{Q}_2 > 0$ 满足

$$\boldsymbol{X} < \rho_{\boldsymbol{X}}\boldsymbol{I} \tag{5.3.1}$$

$$\boldsymbol{\Psi}_1 = \begin{bmatrix} \widetilde{\boldsymbol{\Lambda}}_1 & -\boldsymbol{W}_1^{\mathrm{T}} + \boldsymbol{W}_2 & -\boldsymbol{W}_1^{\mathrm{T}} + \boldsymbol{W}_3 & 0 & \boldsymbol{Q}\widetilde{\boldsymbol{A}} & (\rho_{\boldsymbol{X}_2} + \rho_{\boldsymbol{Q}_2})\boldsymbol{K}^{\mathrm{T}} & \boldsymbol{Q}\widetilde{\boldsymbol{B}} & \sqrt{\sigma\alpha}\boldsymbol{Q} \\ * & \widetilde{\boldsymbol{\Lambda}}_2 & -\boldsymbol{W}_2^{\mathrm{T}} - \boldsymbol{W}_3 & 0 & 0 & 0 & 0 & 0 \\ * & * & -\boldsymbol{W}_3^{\mathrm{T}} - \boldsymbol{W}_3 & 0 & 0 & 0 & 0 & 0 \\ * & * & * & \widetilde{\boldsymbol{\Lambda}}_3 & 0 & 0 & 0 & 0 \\ * & * & * & * & -\boldsymbol{X}_1 & 0 & 0 & 0 \\ * & * & * & * & * & -(\rho_{\boldsymbol{X}_2} + \rho_{\boldsymbol{Q}_2})\boldsymbol{I} & 0 & 0 \\ * & * & * & * & * & * & -\boldsymbol{Z}_1 & 0 \\ * & * & * & * & * & * & * & -\epsilon_1\boldsymbol{I} \end{bmatrix} < 0 \tag{5.3.2}$$

$$\boldsymbol{\Psi}_2 = \begin{bmatrix} \boldsymbol{\Lambda}_1 & -\boldsymbol{N}_1^{\mathrm{T}} + \boldsymbol{N}_2 & -\boldsymbol{N}_1^{\mathrm{T}} + \boldsymbol{N}_3 & 0 & \boldsymbol{PA} & (\rho_{\boldsymbol{X}_1} + \rho_{\boldsymbol{P}_2})\boldsymbol{U}^{\mathrm{T}} & \boldsymbol{PB} & \sqrt{\tau\widetilde{\alpha}}\boldsymbol{P} \\ * & \boldsymbol{\Lambda}_2 & -\boldsymbol{N}_2^{\mathrm{T}} - \boldsymbol{N}_3 & 0 & 0 & 0 & 0 & 0 \\ * & * & -\boldsymbol{N}_3^{\mathrm{T}} - \boldsymbol{N}_3 & 0 & 0 & 0 & 0 & 0 \\ * & * & * & \boldsymbol{\Lambda}_3 & 0 & 0 & 0 & 0 \\ * & * & * & * & -\boldsymbol{X}_2 & 0 & 0 & 0 \\ * & * & * & * & * & -(\rho_{\boldsymbol{X}_1} + \rho_{\boldsymbol{P}_2})\boldsymbol{I} & 0 & 0 \\ * & * & * & * & * & * & -\boldsymbol{Z}_2\boldsymbol{I} & 0 \\ * & * & * & * & * & * & * & -\epsilon_2\boldsymbol{I} \end{bmatrix} < 0 \tag{5.3.3}$$

$$\begin{bmatrix} -\boldsymbol{P} & \boldsymbol{E}^{\mathrm{T}}\boldsymbol{P} & \epsilon_3\boldsymbol{D}_1^{\mathrm{T}} & 0 \\ * & -\boldsymbol{P} & 0 & \boldsymbol{PH} \\ * & * & -\epsilon_3\boldsymbol{I} & 0 \\ * & * & * & -\epsilon_3\boldsymbol{I} \end{bmatrix} \leqslant 0 \tag{5.3.4}$$

$$\begin{bmatrix} -\boldsymbol{Q} & \widetilde{\boldsymbol{E}}^{\mathrm{T}}\boldsymbol{Q} & \epsilon_4\widetilde{\boldsymbol{D}}_1^{\mathrm{T}} & 0 \\ * & -\boldsymbol{Q} & 0 & \boldsymbol{Q}\widetilde{\boldsymbol{H}} \\ * & * & -\epsilon_4\boldsymbol{I} & 0 \\ * & * & * & -\epsilon_4\boldsymbol{I} \end{bmatrix} \leqslant 0 \tag{5.3.5}$$

$$\begin{bmatrix} -\boldsymbol{P} & \boldsymbol{P}\boldsymbol{H} \\ * & -\epsilon_3\boldsymbol{I} \end{bmatrix} < 0 \tag{5.3.6}$$

$$\begin{bmatrix} -\boldsymbol{Q} & \boldsymbol{Q}\widetilde{\boldsymbol{H}} \\ * & -\epsilon_4\boldsymbol{I} \end{bmatrix} < 0 \tag{5.3.7}$$

成立, 则 $\boldsymbol{J}(\cdot) = 0$, $\widetilde{\boldsymbol{J}}(\cdot) = 0$ 时的式 (5.2.2) 为鲁棒全局均方渐近稳定的.

证明 令

$$V(t) = \boldsymbol{x}^{\mathrm{T}}(t)\boldsymbol{P}\boldsymbol{x}(t) + \boldsymbol{y}^{\mathrm{T}}(t)\boldsymbol{Q}\boldsymbol{y}(t) + \int_{t-\sigma(t)}^{t} \boldsymbol{x}^{\mathrm{T}}(s)\boldsymbol{P}_1\boldsymbol{x}(s)\mathrm{d}s + \int_{t-\tau(t)}^{t} \boldsymbol{y}^{\mathrm{T}}(s)\boldsymbol{Q}_1\boldsymbol{y}(s)\mathrm{d}s$$
$$+ \int_{-\tau}^{0}\int_{t+s}^{t} \boldsymbol{f}^{\mathrm{T}}(\boldsymbol{y}(\eta))\boldsymbol{Q}_2\boldsymbol{f}(\boldsymbol{y}(\eta))\mathrm{d}\eta\mathrm{d}s + \int_{-\sigma}^{0}\int_{t+s}^{t} \boldsymbol{g}^{\mathrm{T}}(\boldsymbol{x}(\eta))\boldsymbol{P}_2\boldsymbol{g}(\boldsymbol{x}(\eta))\mathrm{d}\eta\mathrm{d}s$$

(1) 考虑当 $t \neq t_k$ 时的情况. 沿着式 (5.2.2) 计算 $V(t)$ 的导数, 得

$$\dot{V}(t) = 2\boldsymbol{x}^{\mathrm{T}}(t)\boldsymbol{P}\Big(-\boldsymbol{D}\boldsymbol{x}(t) + \boldsymbol{A}\boldsymbol{f}(\boldsymbol{y}(t)) + \boldsymbol{B}\boldsymbol{f}(\boldsymbol{y}(t-\tau(t)))$$
$$+ \boldsymbol{C}\int_{t-\tau}^{t} \boldsymbol{\varUpsilon}_f^{\mathrm{T}}\boldsymbol{\varGamma}_1\boldsymbol{f}(\boldsymbol{y}(s))\mathrm{d}s\Big)$$
$$+ 2\boldsymbol{y}^{\mathrm{T}}(t)\boldsymbol{Q}\Big(-\widetilde{\boldsymbol{D}}\boldsymbol{y}(t) + \widetilde{\boldsymbol{A}}\boldsymbol{g}(\boldsymbol{x}(t)) + \widetilde{\boldsymbol{B}}\boldsymbol{g}(\boldsymbol{x}(t-\sigma(t)))$$
$$+ \widetilde{\boldsymbol{C}}\int_{t-\sigma}^{t} \boldsymbol{\varUpsilon}_g^{\mathrm{T}}\boldsymbol{\varGamma}_2\boldsymbol{g}(\boldsymbol{x}(s))\mathrm{d}s\Big)$$
$$+ \boldsymbol{x}^{\mathrm{T}}(t)\boldsymbol{P}_1\boldsymbol{x}(t) - (1-\sigma'(t))\boldsymbol{x}^{\mathrm{T}}(t-\sigma(t))\boldsymbol{P}_1\boldsymbol{x}(t-\sigma(t))$$
$$+ \boldsymbol{y}^{\mathrm{T}}(t)\boldsymbol{Q}_1\boldsymbol{y}(t) - (1-\tau'(t))\boldsymbol{y}^{\mathrm{T}}(t-\tau(t))\boldsymbol{Q}_1\boldsymbol{y}(t-\tau(t))$$
$$+ \boldsymbol{f}^{\mathrm{T}}(\boldsymbol{y}(t))\boldsymbol{Q}_2\boldsymbol{f}(\boldsymbol{y}(t)) - \int_{t-\tau}^{t} \boldsymbol{f}^{\mathrm{T}}(\boldsymbol{y}(s))\boldsymbol{Q}_2\boldsymbol{f}(\boldsymbol{y}(s))\mathrm{d}s$$
$$+ \boldsymbol{g}^{\mathrm{T}}(\boldsymbol{x}(t))\boldsymbol{P}_2\boldsymbol{g}(\boldsymbol{x}(t)) - \int_{t-\sigma}^{t} \boldsymbol{g}^{\mathrm{T}}(\boldsymbol{x}(s))\boldsymbol{P}_2\boldsymbol{g}(\boldsymbol{x}(s))\mathrm{d}s$$

根据引理 5.2.1、引理 5.2.2, 得

$$2\boldsymbol{y}^{\mathrm{T}}(t)\boldsymbol{Q}\widetilde{\boldsymbol{A}}\boldsymbol{g}(\boldsymbol{x}(t)) \leqslant \boldsymbol{y}^{\mathrm{T}}(t)\boldsymbol{Q}\widetilde{\boldsymbol{A}}\boldsymbol{X}_1^{-1}\widetilde{\boldsymbol{A}}^{\mathrm{T}}\boldsymbol{Q}\boldsymbol{y}(t) + \boldsymbol{g}^{\mathrm{T}}(\boldsymbol{x}(t))\boldsymbol{X}_1\boldsymbol{g}(\boldsymbol{x}(t))$$
$$\leqslant \boldsymbol{y}^{\mathrm{T}}(t)\boldsymbol{Q}\widetilde{\boldsymbol{A}}\boldsymbol{X}_1^{-1}\widetilde{\boldsymbol{A}}^{\mathrm{T}}\boldsymbol{Q}\boldsymbol{y}(t) + \rho_{\boldsymbol{X}_1}\boldsymbol{x}^{\mathrm{T}}(t)\boldsymbol{U}^{\mathrm{T}}\boldsymbol{U}\boldsymbol{x}(t)$$

$$2\boldsymbol{x}^{\mathrm{T}}(t)\boldsymbol{P}\boldsymbol{A}\boldsymbol{f}(\boldsymbol{y}(t)) \leqslant \boldsymbol{x}^{\mathrm{T}}(t)\boldsymbol{P}\boldsymbol{A}\boldsymbol{X}_2^{-1}\boldsymbol{A}^{\mathrm{T}}\boldsymbol{P}\boldsymbol{x}(t) + \boldsymbol{f}^{\mathrm{T}}(\boldsymbol{y}(t))\boldsymbol{X}_2\boldsymbol{f}(\boldsymbol{y}(t))$$
$$\leqslant \boldsymbol{x}^{\mathrm{T}}(t)\boldsymbol{P}\boldsymbol{A}\boldsymbol{X}_2^{-1}\boldsymbol{A}^{\mathrm{T}}\boldsymbol{P}\boldsymbol{x}(t) + \rho_{\boldsymbol{X}_2}\boldsymbol{y}^{\mathrm{T}}(t)\boldsymbol{K}^{\mathrm{T}}\boldsymbol{K}\boldsymbol{y}(t)$$

$$2\boldsymbol{y}^{\mathrm{T}}(t)\boldsymbol{Q}\widetilde{\boldsymbol{B}}\boldsymbol{g}(\boldsymbol{x}(t-\sigma(t)))$$
$$\leqslant \boldsymbol{y}^{\mathrm{T}}(t)\boldsymbol{Q}\widetilde{\boldsymbol{B}}\boldsymbol{Z}_1^{-1}\widetilde{\boldsymbol{B}}^{\mathrm{T}}\boldsymbol{Q}\boldsymbol{y}(t) + \boldsymbol{g}^{\mathrm{T}}(\boldsymbol{x}(t-\sigma(t)))\boldsymbol{Z}_1\boldsymbol{g}(\boldsymbol{x}(t-\sigma(t)))$$
$$\leqslant \boldsymbol{y}^{\mathrm{T}}(t)\boldsymbol{Q}\widetilde{\boldsymbol{B}}\boldsymbol{Z}_1^{-1}\widetilde{\boldsymbol{B}}^{\mathrm{T}}\boldsymbol{Q}\boldsymbol{y}(t) + \rho_{\boldsymbol{Z}_1}\boldsymbol{x}^{\mathrm{T}}(t-\sigma(t))\boldsymbol{U}^{\mathrm{T}}\boldsymbol{U}\boldsymbol{x}(t-\sigma(t))$$

$$2\boldsymbol{x}^{\mathrm{T}}(t)\boldsymbol{P}\boldsymbol{B}\boldsymbol{f}(\boldsymbol{y}(t-\tau(t)))$$
$$\leqslant \boldsymbol{x}^{\mathrm{T}}(t)\boldsymbol{P}\boldsymbol{B}\boldsymbol{Z}_2^{-1}\boldsymbol{B}^{\mathrm{T}}\boldsymbol{P}\boldsymbol{x}(t) + \boldsymbol{f}^{\mathrm{T}}(\boldsymbol{y}(t-\tau(t)))\boldsymbol{Z}_2\boldsymbol{f}(\boldsymbol{y}(t-\tau(t)))$$
$$\leqslant \boldsymbol{x}^{\mathrm{T}}(t)\boldsymbol{P}\boldsymbol{B}\boldsymbol{Z}_2^{-1}\boldsymbol{B}^{\mathrm{T}}\boldsymbol{P}\boldsymbol{x}(t) + \rho_{\boldsymbol{Z}_2}\boldsymbol{y}^{\mathrm{T}}(t-\tau(t))\boldsymbol{K}^{\mathrm{T}}\boldsymbol{K}\boldsymbol{y}(t-\tau(t))$$

$$2\boldsymbol{y}^{\mathrm{T}}(t)\boldsymbol{Q}\int_{t-\sigma}^{t}\boldsymbol{\Upsilon}_g^{\mathrm{T}}\boldsymbol{\Gamma}_2\boldsymbol{g}(\boldsymbol{x}(s))\mathrm{d}s$$
$$\leqslant \int_{t-\sigma}^{t}\left[\epsilon_1^{-1}\boldsymbol{y}^{\mathrm{T}}(t)\boldsymbol{Q}\boldsymbol{\Upsilon}_g^{\mathrm{T}}\boldsymbol{\Upsilon}_g\boldsymbol{Q}\boldsymbol{y}(t) + \epsilon_1\boldsymbol{g}^{\mathrm{T}}(\boldsymbol{x}(s))\boldsymbol{\Gamma}_2^{\mathrm{T}}\boldsymbol{\Gamma}_2\boldsymbol{g}(\boldsymbol{x}(s))\right]\mathrm{d}s$$

$$2\boldsymbol{x}^{\mathrm{T}}(t)\boldsymbol{P}\int_{t-\tau}^{t}\boldsymbol{\Upsilon}_f^{\mathrm{T}}\boldsymbol{\Gamma}_1\boldsymbol{f}(\boldsymbol{y}(s))\mathrm{d}s$$
$$\leqslant \int_{t-\tau}^{t}\left[\epsilon_2^{-1}\boldsymbol{x}^{\mathrm{T}}(t)\boldsymbol{P}\boldsymbol{\Upsilon}_f^{\mathrm{T}}\boldsymbol{\Upsilon}_f\boldsymbol{P}\boldsymbol{x}(t) + \epsilon_2\boldsymbol{f}^{\mathrm{T}}(\boldsymbol{y}(s))\boldsymbol{\Gamma}_1^{\mathrm{T}}\boldsymbol{\Gamma}_1\boldsymbol{f}(\boldsymbol{y}(s))\right]\mathrm{d}s$$

由于 $\boldsymbol{\Upsilon}_g^{\mathrm{T}}\boldsymbol{\Upsilon}_g = \|\boldsymbol{g}(\boldsymbol{x}(t-s))\|^2\boldsymbol{I}$, $\|\boldsymbol{g}(\boldsymbol{x}(t-s))\|^2 \leqslant \sum\limits_{j=1}^{m}O_j = \alpha$, 所以有

$$\boldsymbol{y}^{\mathrm{T}}(t)\boldsymbol{Q}\boldsymbol{\Upsilon}_g^{\mathrm{T}}\boldsymbol{\Upsilon}_g\boldsymbol{Q}\boldsymbol{y}(t) \leqslant \alpha\boldsymbol{y}^{\mathrm{T}}(t)\boldsymbol{Q}\boldsymbol{Q}\boldsymbol{y}(t)$$

由于 $\boldsymbol{\Upsilon}_f^{\mathrm{T}}\boldsymbol{\Upsilon}_f = \|\boldsymbol{f}(\boldsymbol{y}(t-s))\|^2\boldsymbol{I}$ 及 $\|\boldsymbol{f}(\boldsymbol{y}(t-s))\|^2 \leqslant \sum\limits_{i=1}^{n}\widetilde{O}_i = \widetilde{\alpha}$, 所以得

$$\boldsymbol{x}^{\mathrm{T}}(t)\boldsymbol{P}\boldsymbol{\Upsilon}_f^{\mathrm{T}}\boldsymbol{\Upsilon}_f\boldsymbol{P}\boldsymbol{x}(t) \leqslant \widetilde{\alpha}\boldsymbol{x}^{\mathrm{T}}(t)\boldsymbol{P}\boldsymbol{P}\boldsymbol{x}(t)$$

注意到 $\boldsymbol{x}(t) - \boldsymbol{x}(t-\sigma(t)) - \int_{t-\sigma(t)}^{t}\dot{\boldsymbol{x}}(s)\mathrm{d}s = 0$, $\boldsymbol{y}(t) - \boldsymbol{y}(t-\tau(t)) - \int_{t-\tau(t)}^{t}\dot{\boldsymbol{y}}(s)\mathrm{d}s = 0$, 则存在矩阵 $\boldsymbol{N}_1, \boldsymbol{N}_2, \boldsymbol{N}_3, \boldsymbol{W}_1, \boldsymbol{W}_2, \boldsymbol{W}_3$ 使得

$$\left[2\boldsymbol{x}^{\mathrm{T}}(t)\boldsymbol{N}_1^{\mathrm{T}} + 2\boldsymbol{x}^{\mathrm{T}}(t-\sigma(t))\boldsymbol{N}_2^{\mathrm{T}} + 2\left(\int_{t-\sigma(t)}^{t}\dot{\boldsymbol{x}}(s)\mathrm{d}s\right)^{\mathrm{T}}\boldsymbol{N}_3^{\mathrm{T}}\right]$$
$$\times\left(\boldsymbol{x}(t) - \boldsymbol{x}(t-\sigma(t)) - \int_{t-\sigma(t)}^{t}\dot{\boldsymbol{x}}(s)\mathrm{d}s\right) = 0$$

$$\left[2\boldsymbol{y}^{\mathrm{T}}(t)\boldsymbol{W}_1^{\mathrm{T}} + 2\boldsymbol{y}^{\mathrm{T}}(t-\tau(t))\boldsymbol{W}_2^{\mathrm{T}} + 2\left(\int_{t-\tau(t)}^{t}\dot{\boldsymbol{y}}(s)\mathrm{d}s\right)^{\mathrm{T}}\boldsymbol{W}_3^{\mathrm{T}} \right]$$

$$\times \left(\boldsymbol{y}(t) - \boldsymbol{y}(t-\tau(t)) - \int_{t-\tau(t)}^{t}\dot{\boldsymbol{y}}(s)\mathrm{d}s \right) = 0$$

再者因为

$$\boldsymbol{f}^{\mathrm{T}}(\boldsymbol{y}(t))\boldsymbol{Q}_2\boldsymbol{f}(\boldsymbol{y}(t)) \leqslant \rho_{\boldsymbol{Q}_2}\boldsymbol{y}^{\mathrm{T}}(t)\boldsymbol{K}^{\mathrm{T}}\boldsymbol{K}\boldsymbol{y}(t), \quad \boldsymbol{g}^{\mathrm{T}}(\boldsymbol{x}(t))\boldsymbol{P}_2\boldsymbol{g}(\boldsymbol{x}(t)) \leqslant \rho_{\boldsymbol{P}_2}\boldsymbol{x}^{\mathrm{T}}(t)\boldsymbol{U}^{\mathrm{T}}\boldsymbol{U}\boldsymbol{x}(t)$$

所以得

$$\dot{V}(t) \leqslant \frac{1}{\sigma}\int_{t-\sigma}^{t}\boldsymbol{\xi}_1^{\mathrm{T}}\boldsymbol{\Pi}_1\boldsymbol{\xi}_1\mathrm{d}s + \frac{1}{\tau}\int_{t-\tau}^{t}\boldsymbol{\xi}_2^{\mathrm{T}}\boldsymbol{\Pi}_2\boldsymbol{\xi}_2\mathrm{d}s$$

其中

$$\boldsymbol{\xi}_1 = \left[\boldsymbol{y}^{\mathrm{T}}(t) \quad \boldsymbol{y}^{\mathrm{T}}(t-\tau(t)) \quad \left(\int_{t-\tau(t)}^{t}\dot{\boldsymbol{y}}(s)\mathrm{d}s\right)^{\mathrm{T}} \quad \boldsymbol{g}^{\mathrm{T}}(\boldsymbol{x}(s)) \right]^{\mathrm{T}}$$

$$\boldsymbol{\xi}_2 = \left[\boldsymbol{x}^{\mathrm{T}}(t) \quad \boldsymbol{x}^{\mathrm{T}}(t-\sigma(t)) \quad \left(\int_{t-\sigma(t)}^{t}\dot{\boldsymbol{x}}(s)\mathrm{d}s\right)^{\mathrm{T}} \quad \boldsymbol{f}^{\mathrm{T}}(\boldsymbol{y}(s)) \right]^{\mathrm{T}}$$

$$\boldsymbol{\Pi}_1 = \begin{bmatrix} \widetilde{\boldsymbol{\Omega}}_1 & -\boldsymbol{W}_1^{\mathrm{T}}+\boldsymbol{W}_2 & -\boldsymbol{W}_1^{\mathrm{T}}+\boldsymbol{W}_3 & 0 \\ * & \widetilde{\boldsymbol{\Omega}}_2 & -\boldsymbol{W}_2^{\mathrm{T}}-\boldsymbol{W}_3 & 0 \\ & * & -\boldsymbol{W}_3^{\mathrm{T}}-\boldsymbol{W}_3 & 0 \\ * & * & * & \widetilde{\boldsymbol{\Omega}}_3 \end{bmatrix}$$

$$\boldsymbol{\Pi}_2 = \begin{bmatrix} \boldsymbol{\Omega}_1 & -\boldsymbol{N}_1^{\mathrm{T}}+\boldsymbol{N}_2 & -\boldsymbol{N}_1^{\mathrm{T}}+\boldsymbol{N}_3 & 0 \\ * & \boldsymbol{\Omega}_2 & -\boldsymbol{N}_2^{\mathrm{T}}-\boldsymbol{N}_3 & 0 \\ & * & -\boldsymbol{N}_3^{\mathrm{T}}-\boldsymbol{N}_3 & 0 \\ * & * & * & \boldsymbol{\Omega}_3 \end{bmatrix}$$

其中

$$\widetilde{\boldsymbol{\Omega}}_1 = -\boldsymbol{Q}\widetilde{\boldsymbol{D}} - \widetilde{\boldsymbol{D}}^{\mathrm{T}}\boldsymbol{Q} + \boldsymbol{Q}_1 + \boldsymbol{W}_1 + \boldsymbol{W}_1^{\mathrm{T}} + \boldsymbol{Q}\widetilde{\boldsymbol{A}}\boldsymbol{X}_1^{-1}\widetilde{\boldsymbol{A}}^{\mathrm{T}}\boldsymbol{Q} + (\rho_{\boldsymbol{x}_2}+\rho_{\boldsymbol{Q}_2})\boldsymbol{K}^{\mathrm{T}}\boldsymbol{K}$$
$$+ \boldsymbol{Q}\widetilde{\boldsymbol{B}}\boldsymbol{Z}_1^{-1}\widetilde{\boldsymbol{B}}^{\mathrm{T}}\boldsymbol{Q} + \sigma\epsilon_1^{-1}\alpha\boldsymbol{Q}\boldsymbol{Q}$$

$$\widetilde{\boldsymbol{\Omega}}_2 = -(1-\tau_1)\boldsymbol{Q}_1 - \boldsymbol{W}_2 - \boldsymbol{W}_2^{\mathrm{T}} + \rho_{\boldsymbol{z}_2}\boldsymbol{K}^{\mathrm{T}}\boldsymbol{K}, \quad \widetilde{\boldsymbol{\Omega}}_3 = -\sigma\boldsymbol{P}_2 + \epsilon_1\sigma\lambda_2\boldsymbol{I}$$

$$\boldsymbol{\Omega}_1 = -\boldsymbol{P}\boldsymbol{D} - \boldsymbol{D}^{\mathrm{T}}\boldsymbol{P} + \boldsymbol{N}_1 + \boldsymbol{N}_1^{\mathrm{T}} + \boldsymbol{P}_1 + \boldsymbol{P}\boldsymbol{A}\boldsymbol{X}_2^{-1}\boldsymbol{A}^{\mathrm{T}}\boldsymbol{P} + (\rho_{\boldsymbol{x}_1}+\rho_{\boldsymbol{P}_2})\boldsymbol{U}^{\mathrm{T}}\boldsymbol{U}$$
$$+ \boldsymbol{P}\boldsymbol{B}\boldsymbol{Z}_2^{-1}\boldsymbol{B}^{\mathrm{T}}\boldsymbol{P} + \tau\epsilon_2^{-1}\widetilde{\alpha}\boldsymbol{P}\boldsymbol{P}$$

$$\boldsymbol{\Omega}_2 = -(1-\sigma_1)\boldsymbol{P}_1 - \boldsymbol{N}_2 - \boldsymbol{N}_2^{\mathrm{T}} + \rho_{\boldsymbol{z}_1}\boldsymbol{U}^{\mathrm{T}}\boldsymbol{U}, \quad \boldsymbol{\Omega}_3 = -\tau\boldsymbol{Q}_2 + \epsilon_2\tau\lambda_1\boldsymbol{I}$$

根据引理 5.2.3, 明显地, 由式 (5.3.2) 和式 (5.3.3) 可得

$$\boldsymbol{\Pi}_1 < 0, \quad \boldsymbol{\Pi}_2 < 0$$

因此必存在 $\eta_1 > 0, \eta_2 > 0$ 使得

$$\boldsymbol{\Pi}_1 + \begin{bmatrix} \eta_1 \boldsymbol{I} & 0 & 0 & 0 \\ 0 & 0 & 0 & 0 \\ 0 & 0 & 0 & 0 \\ 0 & 0 & 0 & 0 \end{bmatrix} < 0$$

$$\boldsymbol{\Pi}_2 + \begin{bmatrix} \eta_2 \boldsymbol{I} & 0 & 0 & 0 \\ 0 & 0 & 0 & 0 \\ 0 & 0 & 0 & 0 \\ 0 & 0 & 0 & 0 \end{bmatrix} < 0$$

所以得

$$\dot{V}(t) \leqslant -\eta_1 \|\boldsymbol{x}(t)\|^2 - \eta_2 \|\boldsymbol{y}(t)\|^2 \tag{5.3.8}$$

(2) 考虑 $t = t_k$ 的情况. 由式 (5.3.1) 得

$$
\begin{aligned}
V(t_k) - V(t_k^-) =& \boldsymbol{x}^{\mathrm{T}}(t_k)\boldsymbol{P}\boldsymbol{x}(t_k) - \boldsymbol{x}^{\mathrm{T}}(t_k^-)\boldsymbol{P}\boldsymbol{x}(t_k^-) + \boldsymbol{y}^{\mathrm{T}}(t_k)\boldsymbol{Q}\boldsymbol{y}(t_k) - \boldsymbol{y}^{\mathrm{T}}(t_k^-)\boldsymbol{Q}\boldsymbol{y}(t_k^-) \\
& + \int_{t_k-\sigma(t_k)}^{t_k} \boldsymbol{x}^{\mathrm{T}}(s)\boldsymbol{P}_1\boldsymbol{x}(s)\mathrm{d}s - \int_{t_k^--\sigma(t_k^-)}^{t_k^-} \boldsymbol{x}^{\mathrm{T}}(s)\boldsymbol{P}_1\boldsymbol{x}(s)\mathrm{d}s \\
& + \int_{t_k-\tau(t_k)}^{t_k} \boldsymbol{y}^{\mathrm{T}}(s)\boldsymbol{Q}_1\boldsymbol{y}(s)\mathrm{d}s - \int_{t_k^--\tau(t_k^-)}^{t_k^-} \boldsymbol{y}^{\mathrm{T}}(s)\boldsymbol{Q}_1\boldsymbol{y}(s)\mathrm{d}s \\
& + \tau \int_{-\tau}^{0}\int_{t_k+s}^{t_k} \boldsymbol{f}^{\mathrm{T}}(\boldsymbol{y}(t_k-\eta))\boldsymbol{\Gamma}_1^{\mathrm{T}}\boldsymbol{\Upsilon}_f(\eta)\boldsymbol{Q}_2\boldsymbol{\Upsilon}_f^{\mathrm{T}}(\eta)\boldsymbol{\Gamma}_1\boldsymbol{f}(\boldsymbol{y}(t_k-\eta))\mathrm{d}\eta\mathrm{d}s \\
& - \tau \int_{-\tau}^{0}\int_{t_k^-+s}^{t_k^-} \boldsymbol{f}^{\mathrm{T}}(\boldsymbol{y}(t_k^--\eta))\boldsymbol{\Gamma}_1^{\mathrm{T}}\boldsymbol{\Upsilon}_f(\eta)\boldsymbol{Q}_2\boldsymbol{\Upsilon}_f^{\mathrm{T}}(\eta)\boldsymbol{\Gamma}_1\boldsymbol{f}(\boldsymbol{y}(t_k^--\eta))\mathrm{d}\eta\mathrm{d}s \\
& + \sigma \int_{-\sigma}^{0}\int_{t_k+s}^{t_k} \boldsymbol{g}^{\mathrm{T}}(\boldsymbol{x}(t_k-\eta))\boldsymbol{\Gamma}_2^{\mathrm{T}}\boldsymbol{\Upsilon}_g(\eta)\boldsymbol{P}_2\boldsymbol{\Upsilon}_g^{\mathrm{T}}(\eta)\boldsymbol{\Gamma}_2\boldsymbol{g}(\boldsymbol{x}(t_k-\eta))\mathrm{d}\eta\mathrm{d}s \\
& - \sigma \int_{-\sigma}^{0}\int_{t_k^-+s}^{t_k^-} \boldsymbol{g}^{\mathrm{T}}(\boldsymbol{x}(t_k^--\eta))\boldsymbol{\Gamma}_2^{\mathrm{T}}\boldsymbol{\Upsilon}_g(\eta)\boldsymbol{P}_2\boldsymbol{\Upsilon}_g^{\mathrm{T}}(\eta)\boldsymbol{\Gamma}_2\boldsymbol{g}(\boldsymbol{x}(t_k^--\eta))\mathrm{d}\eta\mathrm{d}s \\
\leqslant& \boldsymbol{x}^{\mathrm{T}}(t_k^-)[(\boldsymbol{E}+\boldsymbol{H}\boldsymbol{F}(t_k)\boldsymbol{D}_1)^{\mathrm{T}}\boldsymbol{P}(\boldsymbol{E}+\boldsymbol{H}\boldsymbol{F}(t_k)\boldsymbol{D}_1) - \boldsymbol{P}]\boldsymbol{x}(t_k^-) \\
& + \boldsymbol{y}^{\mathrm{T}}(t_k^-)[(\widetilde{\boldsymbol{E}}+\widetilde{\boldsymbol{H}}\widetilde{\boldsymbol{F}}(t_k)\widetilde{\boldsymbol{D}}_1)^{\mathrm{T}}\boldsymbol{Q}(\widetilde{\boldsymbol{E}}+\widetilde{\boldsymbol{H}}\widetilde{\boldsymbol{F}}(t_k)\widetilde{\boldsymbol{D}}_1) - \boldsymbol{Q}]\boldsymbol{y}(t_k^-) \\
\leqslant& \boldsymbol{x}^{\mathrm{T}}(t_k^-)[\boldsymbol{E}^{\mathrm{T}}(\boldsymbol{P}^{-1}-\epsilon_3^{-1}\boldsymbol{H}\boldsymbol{H}^{\mathrm{T}})^{-1}\boldsymbol{E}+\epsilon_3\boldsymbol{D}_1^{\mathrm{T}}\boldsymbol{D}_1-\boldsymbol{P}]\boldsymbol{x}(t_k^-) \\
& + \boldsymbol{y}^{\mathrm{T}}(t_k^-)[\widetilde{\boldsymbol{E}}^{\mathrm{T}}(\boldsymbol{Q}^{-1}-\epsilon_4^{-1}\widetilde{\boldsymbol{H}}\widetilde{\boldsymbol{H}}^{\mathrm{T}})^{-1}\widetilde{\boldsymbol{E}}+\epsilon_4\widetilde{\boldsymbol{D}}_1^{\mathrm{T}}\widetilde{\boldsymbol{D}}_1-\boldsymbol{Q}]\boldsymbol{y}(t_k^-)
\end{aligned}
$$

根据式 (5.3.4)∼ 式 (5.3.7) 和引理 5.2.3 得

$$\boldsymbol{E}^{\mathrm{T}}(\boldsymbol{P}^{-1} - \epsilon_3^{-1}\boldsymbol{H}\boldsymbol{H}^{\mathrm{T}})^{-1}\boldsymbol{E} + \epsilon_3\boldsymbol{D}_1^{\mathrm{T}}\boldsymbol{D}_1 - \boldsymbol{P} \leqslant 0$$

$$\widetilde{\boldsymbol{E}}^{\mathrm{T}}(\boldsymbol{Q}^{-1} - \epsilon_4^{-1}\widetilde{\boldsymbol{H}}\widetilde{\boldsymbol{H}}^{\mathrm{T}})^{-1}\widetilde{\boldsymbol{E}} + \epsilon_4\widetilde{\boldsymbol{D}}_1^{\mathrm{T}}\widetilde{\boldsymbol{D}}_1 - \boldsymbol{Q} \leqslant 0$$

则 $V(t_k) - V(t_k^-) \leqslant 0$, 即

$$V(t_k) \leqslant V(t_k^-) \tag{5.3.9}$$

式 (5.3.9) 以及第 (1) 种情况蕴含着式 (5.2.2) 是鲁棒全局均方渐近稳定的. 证毕.

接下来考虑设计一种具有如下形式的状态反馈记忆和脉冲反馈控制律, 即

$$\boldsymbol{u}(t) = \boldsymbol{K}_c\boldsymbol{x}(t) + \boldsymbol{K}_{c1}\boldsymbol{x}(t - \sigma(t)), \quad \widetilde{\boldsymbol{u}}(t) = \widetilde{\boldsymbol{K}}_c\boldsymbol{y}(t) + \widetilde{\boldsymbol{K}}_{c1}\boldsymbol{y}(t - \tau(t))$$

$$\boldsymbol{J}(t_k^-) = \boldsymbol{K}_d\boldsymbol{x}(t_k^-), \quad \widetilde{\boldsymbol{J}}(t_k^-) = \widetilde{\boldsymbol{K}}_d\boldsymbol{y}(t_k^-) \tag{5.3.10}$$

以镇定式 (5.2.2), 这里 $\boldsymbol{K}_c, \boldsymbol{K}_{c1} \in \mathbf{R}^{m_1 \times n}$, $\widetilde{\boldsymbol{K}}_c, \widetilde{\boldsymbol{K}}_{c1} \in \mathbf{R}^{m_2 \times m}$, $\boldsymbol{K}_d \in \mathbf{R}^{n \times n}$, $\widetilde{\boldsymbol{K}}_d \in \mathbf{R}^{m \times m}$ 是需要设计的常数矩阵.

将式 (5.3.10) 代入式 (5.2.2), 并应用定理 5.3.1, 易得如下定理.

定理 5.3.2 考虑式 (5.2.2). 在假设 (5H1)、(5H2) 下, 如果存在纯量 $\epsilon_i > 0(i = 1, 2, 3, 4)$, $\rho_{\boldsymbol{X}} > 0(\boldsymbol{X} = \boldsymbol{Q}_2, \boldsymbol{P}_2, \boldsymbol{X}_1, \boldsymbol{X}_2, \boldsymbol{Z}_1, \boldsymbol{Z}_2)$ 和矩阵 $\boldsymbol{N}_i(i = 1, 2, 3)$, $\boldsymbol{W}_i(i = 1, 2, 3)$, $\boldsymbol{Y}_c, \boldsymbol{Y}_{c1}, \boldsymbol{Y}_d, \widetilde{\boldsymbol{Y}}_c, \widetilde{\boldsymbol{Y}}_{c1}, \widetilde{\boldsymbol{Y}}_d, \boldsymbol{X}_1 > 0, \boldsymbol{X}_2 > 0, \boldsymbol{Z}_1 > 0, \boldsymbol{Z}_2 > 0, \boldsymbol{P} > 0, \boldsymbol{Q} > 0, \boldsymbol{P}_1 > 0, \boldsymbol{Q}_1 > 0, \boldsymbol{P}_2 > 0, \boldsymbol{Q}_2 > 0$ 满足式 (5.3.1), 式 (5.3.6), 式 (5.3.7) 和

$$\begin{bmatrix} \widetilde{\boldsymbol{\Phi}}_1 & -\boldsymbol{W}_1^{\mathrm{T}} + \boldsymbol{W}_2 + \widetilde{\boldsymbol{R}}\widetilde{\boldsymbol{Y}}_{c1} & -\boldsymbol{W}_1^{\mathrm{T}} + \boldsymbol{W}_3 & 0 & \boldsymbol{Q}\widetilde{\boldsymbol{A}} & (\rho_{\boldsymbol{X}_2} + \rho_{\boldsymbol{Q}_2})\boldsymbol{K}^{\mathrm{T}} & \boldsymbol{Q}\widetilde{\boldsymbol{B}} & \sqrt{\sigma\alpha}\boldsymbol{Q} \\ * & \widetilde{\boldsymbol{\Lambda}}_2 & -\boldsymbol{W}_2^{\mathrm{T}} - \boldsymbol{W}_3 & 0 & 0 & 0 & 0 & 0 \\ * & * & -\boldsymbol{W}_3^{\mathrm{T}} - \boldsymbol{W}_3 & 0 & 0 & 0 & 0 & 0 \\ * & * & * & \widetilde{\boldsymbol{\Lambda}}_3 & 0 & 0 & 0 & 0 \\ * & * & * & * & -\boldsymbol{X}_1 & 0 & 0 & 0 \\ * & * & * & * & * & -(\rho_{\boldsymbol{X}_2} + \rho_{\boldsymbol{Q}_2})\boldsymbol{I} & 0 & 0 \\ * & * & * & * & * & * & -\boldsymbol{Z}_1 & 0 \\ * & * & * & * & * & * & * & -\epsilon_1\boldsymbol{I} \end{bmatrix} < 0$$

$$\tag{5.3.11}$$

$$\begin{bmatrix} \boldsymbol{\Phi}_1 & -\boldsymbol{N}_1^{\mathrm{T}} + \boldsymbol{N}_2 + \boldsymbol{R}\boldsymbol{Y}_{c1} & -\boldsymbol{N}_1^{\mathrm{T}} + \boldsymbol{N}_3 & 0 & \boldsymbol{P}\boldsymbol{A} & (\rho_{\boldsymbol{X}_1} + \rho_{\boldsymbol{P}_2})\boldsymbol{U}^{\mathrm{T}} & \boldsymbol{P}\boldsymbol{B} & \sqrt{\tau\widetilde{\alpha}}\boldsymbol{P} \\ * & \boldsymbol{\Lambda}_2 & -\boldsymbol{N}_2^{\mathrm{T}} - \boldsymbol{N}_3 & 0 & 0 & 0 & 0 & 0 \\ * & * & -\boldsymbol{N}_3^{\mathrm{T}} - \boldsymbol{N}_3 & 0 & 0 & 0 & 0 & 0 \\ * & * & * & \boldsymbol{\Lambda}_3 & 0 & 0 & 0 & 0 \\ * & * & * & * & -\boldsymbol{X}_2 & 0 & 0 & 0 \\ * & * & * & * & * & -(\rho_{\boldsymbol{X}_1} + \rho_{\boldsymbol{P}_2})\boldsymbol{I} & 0 & 0 \\ * & * & * & * & * & * & -\boldsymbol{Z}_2\boldsymbol{I} & 0 \\ * & * & * & * & * & * & * & -\epsilon_2\boldsymbol{I} \end{bmatrix} < 0$$

$$\tag{5.3.12}$$

$$\begin{bmatrix} -\boldsymbol{P} & \boldsymbol{E}^{\mathrm{T}}\boldsymbol{P} + \boldsymbol{M}^{\mathrm{T}}\boldsymbol{Y}_d & \epsilon_3\boldsymbol{D}_1^{\mathrm{T}} & 0 \\ * & -\boldsymbol{P} & 0 & \boldsymbol{P}\boldsymbol{H} \\ * & * & -\epsilon_3\boldsymbol{I} & 0 \\ * & * & * & -\epsilon_3\boldsymbol{I} \end{bmatrix} \leqslant 0 \qquad (5.3.13)$$

$$\begin{bmatrix} -\boldsymbol{Q} & \widetilde{\boldsymbol{E}}^{\mathrm{T}}\boldsymbol{Q} + \widetilde{\boldsymbol{M}}^{\mathrm{T}}\widetilde{\boldsymbol{Y}}_d & \epsilon_4\widetilde{\boldsymbol{D}}_1^{\mathrm{T}} & 0 \\ * & -\boldsymbol{Q} & 0 & \boldsymbol{Q}\widetilde{\boldsymbol{H}} \\ * & * & -\epsilon_4\boldsymbol{I} & 0 \\ * & * & * & -\epsilon_4\boldsymbol{I} \end{bmatrix} \leqslant 0 \qquad (5.3.14)$$

则对任意有界的时滞 $\tau(t)$、$\sigma(t)$, 满足 $\boldsymbol{K}_c = \boldsymbol{Y}_c\boldsymbol{P}^{-1}$, $\widetilde{\boldsymbol{K}}_c = \widetilde{\boldsymbol{Y}}_c\boldsymbol{Q}^{-1}$, $\boldsymbol{K}_{c1} = \boldsymbol{Y}_{c1}\boldsymbol{P}^{-1}$, $\widetilde{\boldsymbol{K}}_{c1} = \widetilde{\boldsymbol{Y}}_{c1}\boldsymbol{Q}^{-1}$, $\boldsymbol{K}_d = \boldsymbol{Y}_d\boldsymbol{P}^{-1}$ 和 $\widetilde{\boldsymbol{K}}_d = \widetilde{\boldsymbol{Y}}_d\boldsymbol{Q}^{-1}$ 的控制律 (式 (5.3.10)), 鲁棒均方镇定在任何脉冲时间序列 $\{t_k\}$ 下的式 (5.2.1) 或式 (5.2.2). 这里

$$\widetilde{\boldsymbol{\Phi}}_1 = -\boldsymbol{Q}\widetilde{\boldsymbol{D}} - \widetilde{\boldsymbol{D}}\boldsymbol{Q} + \widetilde{\boldsymbol{R}}\widetilde{\boldsymbol{Y}}_c + \widetilde{\boldsymbol{Y}}_c^{\mathrm{T}}\widetilde{\boldsymbol{R}}^{\mathrm{T}} + \boldsymbol{Q}_1 + \boldsymbol{W}_1 + \boldsymbol{W}_1^{\mathrm{T}}$$

$$\widetilde{\boldsymbol{\Lambda}}_2 = -(1-\tau_1)\boldsymbol{Q}_1 - \boldsymbol{W}_2 - \boldsymbol{W}_2^{\mathrm{T}} + \mu_2\boldsymbol{K}^{\mathrm{T}}\boldsymbol{K}, \quad \widetilde{\boldsymbol{\Lambda}}_3 = -\tau^2\lambda_1^2(\boldsymbol{Q}_2 - \boldsymbol{Z}_2)$$

$$\boldsymbol{\Phi}_1 = -\boldsymbol{P}\boldsymbol{D} - \boldsymbol{D}\boldsymbol{P} + \boldsymbol{R}\boldsymbol{Y}_c + \boldsymbol{Y}_c^{\mathrm{T}}\boldsymbol{R}^{\mathrm{T}} + \boldsymbol{N}_1 + \boldsymbol{N}_1^{\mathrm{T}} + \boldsymbol{P}_1$$

$$\boldsymbol{\Lambda}_2 = -(1-\sigma_1)\boldsymbol{P}_1 - \boldsymbol{N}_2 - \boldsymbol{N}_2^{\mathrm{T}} + \mu_1\boldsymbol{U}^{\mathrm{T}}\boldsymbol{U}, \quad \boldsymbol{\Lambda}_3 = -\sigma^2\lambda_2^2(\boldsymbol{P}_2 - \boldsymbol{Z}_1)$$

$$\lambda_1 = \max_{1\leqslant i\leqslant n}\{\lambda_{\max}(\boldsymbol{C}_i)\}, \quad \lambda_2 = \max_{1\leqslant i\leqslant n}\{\lambda_{\max}(\widetilde{\boldsymbol{C}}_i)\}$$

5.4   数 值 例 子

例 5.4.1   考虑具有如下系数的式 (5.2.2), 即

$$\boldsymbol{D} = \begin{bmatrix} 2.9 & 0 & 0 \\ 0 & 3.2 & 0 \\ 0 & 0 & 3 \end{bmatrix}, \quad \boldsymbol{A} = \begin{bmatrix} -1 & 2 \\ 2 & 1 \\ -2 & 1 \end{bmatrix}, \quad \boldsymbol{E} = \begin{bmatrix} 0.3 & 0 & 0 \\ 0 & 0.3 & 0 \\ 0 & 0 & 0.3 \end{bmatrix}$$

$$\boldsymbol{C}_1 = \begin{bmatrix} 0.1210 & 0.3159 \\ 0.3508 & 0.2028 \end{bmatrix}, \quad \boldsymbol{C}_2 = \begin{bmatrix} 0.2731 & 0.3656 \\ 0.2548 & 0.2324 \end{bmatrix}, \quad \boldsymbol{C}_3 = \begin{bmatrix} 0.1049 & 0.2319 \\ 0.2084 & 0.2393 \end{bmatrix}$$

$$\boldsymbol{B} = \begin{bmatrix} -1 & 1 \\ 1 & 1 \\ 1 & -1 \end{bmatrix}, \quad \boldsymbol{K} = \begin{bmatrix} 0.09 & 0 \\ 0 & 0.01 \end{bmatrix}, \quad \boldsymbol{U} = \begin{bmatrix} 0.3 & 0 & 0 \\ 0 & 0.1 & 0 \\ 0 & 0 & 0.5 \end{bmatrix}$$

$$\boldsymbol{H} = \begin{bmatrix} 0.02 & 0 & 0 \\ 0 & 0.03 & 0 \\ 0 & 0 & 0.03 \end{bmatrix}, \quad \boldsymbol{D}_1 = \begin{bmatrix} 1 & -1 & 0 \\ -1 & -1 & 0 \\ 0 & -2 & 1 \end{bmatrix}, \quad \widetilde{\boldsymbol{D}} = \begin{bmatrix} 2.6 & 0 \\ 0 & 2.9 \end{bmatrix}$$

$$\widetilde{C}_1 = \begin{bmatrix} 0.0298 & 0.1800 & 0.2218 \\ 0.1665 & 0.3139 & 0.2933 \\ 0.5598 & 0.1536 & 0.2398 \end{bmatrix}, \quad \widetilde{A} = \begin{bmatrix} 1 & 0 & -1 \\ 0 & 0 & 1.2 \end{bmatrix}, \quad \widetilde{H} = \begin{bmatrix} 0.09 & 0.06 \\ 0.06 & 0.09 \end{bmatrix}$$

$$\widetilde{C}_2 = \begin{bmatrix} 0.3001 & 0.3232 & 0.0321 \\ 0.3112 & 0.3515 & 0.5586 \\ 0.3772 & 0.2107 & 0.3361 \end{bmatrix}, \quad \widetilde{E} = \begin{bmatrix} 0.6 & -0.2 \\ 0 & 0.5 \end{bmatrix}, \quad \widetilde{D}_1 = \begin{bmatrix} 0.6 & 0.5 \\ -0.6 & 0.4 \end{bmatrix}$$

$$\widetilde{B} = \begin{bmatrix} 1 & 0 & 0.3 \\ -0.6 & 0 & 0.3 \end{bmatrix}, \qquad \sigma = \tau = 1, \qquad \alpha = \widetilde{\alpha} = 1$$

则

$$\boldsymbol{\Gamma}_1 = \begin{bmatrix} 0.1210 & 0.3159 \\ 0.3508 & 0.2028 \\ 0.2731 & 0.3656 \\ 0.2548 & 0.2324 \\ 0.1049 & 0.2319 \\ 0.2084 & 0.2393 \end{bmatrix}, \quad \boldsymbol{\Gamma}_2 = \begin{bmatrix} 0.0298 & 0.1800 & 0.2218 \\ 0.1665 & 0.3139 & 0.2933 \\ 0.5598 & 0.1536 & 0.2398 \\ 0.3001 & 0.3232 & 0.0321 \\ 0.3112 & 0.3515 & 0.5586 \\ 0.3772 & 0.2107 & 0.3361 \end{bmatrix}$$

通过解关于 $\epsilon_i > 0 (i = 1, 2, 3, 4), \rho_X > 0 (X = Q_2, P_2, X_1, X_2, Z_1, Z_2)$ 和矩阵 $X_1 > 0, X_2 > 0, Z_1 > 0, Z_2 > 0, P > 0, Q > 0, P_1 > 0, Q_1 > 0, P_2 > 0, Q_2 > 0$ 的 LMI 式 (5.3.1)~式 (5.3.7), 得

$$\boldsymbol{P} = \begin{bmatrix} 0.4654 & -0.0064 & -0.0340 \\ -0.0064 & 0.7287 & -0.0290 \\ -0.0340 & -0.0290 & 0.4735 \end{bmatrix}, \quad \boldsymbol{Q} = \begin{bmatrix} 0.7960 & 0.0238 \\ 0.0238 & 0.7093 \end{bmatrix}$$

$$\boldsymbol{P}_1 = \begin{bmatrix} 0.6368 & -0.0280 & -0.1055 \\ -0.0280 & 0.7792 & 0.2243 \\ -0.1055 & 0.2243 & 0.5100 \end{bmatrix}, \quad \boldsymbol{P}_2 = \begin{bmatrix} 0.7973 & 0 \\ 0 & 0.7973 \end{bmatrix}$$

$$\boldsymbol{Q}_1 = \begin{bmatrix} 0.9273 & 0.2330 \\ 0.2330 & 1.1490 \end{bmatrix}, \quad \boldsymbol{Q}_2 = \begin{bmatrix} 1.1561 & 0 & 0 \\ 0 & 1.1561 & 0 \\ 0 & 0 & 1.1561 \end{bmatrix}$$

$$\boldsymbol{X}_1 = \begin{bmatrix} 0.9090 & 0 & -0.1013 \\ 0 & 0.7952 & 0 \\ -0.1013 & 0 & 1.0165 \end{bmatrix}, \quad \boldsymbol{X}_2 = \begin{bmatrix} 2.0404 & -0.0182 \\ -0.0182 & 1.6456 \end{bmatrix}$$

$$Z_1 = \begin{bmatrix} 1.2089 & 0 & 0.0262 \\ 0 & 0.9862 & 0 \\ 0.0262 & 0 & 1.0117 \end{bmatrix}, \quad Z_2 = \begin{bmatrix} 1.4291 & -0.0035 \\ -0.0035 & 1.6198 \end{bmatrix}$$

$$\epsilon_1 = 0.6443, \quad \epsilon_2 = 1.1712, \quad \epsilon_3 = 0.0945, \quad \epsilon_4 = 0.4812$$

根据定理 5.3.1, 这蕴含着具有以上参数且满足 $J(\cdot) = 0$, $\widetilde{J}(\cdot) = 0$ 的式 (5.2.2) 是鲁棒全局均方渐近稳定的.

例 5.4.2 考虑具有如下参数的式 (5.2.2), 即

$$D = \begin{bmatrix} 2.9 & 0 & 0 \\ 0 & 3.2 & 0 \\ 0 & 0 & 3 \end{bmatrix}, \quad E = \begin{bmatrix} 0.3 & 0 & 0 \\ 0 & 0.3 & 0 \\ 0 & 0 & 0.3 \end{bmatrix}, \quad A = \begin{bmatrix} -1 & 2 \\ 2 & 1 \\ -2 & 1 \end{bmatrix}$$

$$C_1 = \begin{bmatrix} 0.1210 & 0.3159 \\ 0.3508 & 0.2028 \end{bmatrix}, \quad C_2 = \begin{bmatrix} 0.2731 & 0.3656 \\ 0.2548 & 0.2324 \end{bmatrix}, \quad \widetilde{D} = \begin{bmatrix} 2.9 & 0 \\ 0 & 2.9 \end{bmatrix}$$

$$U = \begin{bmatrix} 0.3 & 0 & 0 \\ 0 & 0.1 & 0 \\ 0 & 0 & 0.5 \end{bmatrix}, \quad C_3 = \begin{bmatrix} 0.1049 & 0.2319 \\ 0.2084 & 0.2393 \end{bmatrix}, \quad K = \begin{bmatrix} 0.9 & 0 \\ 0 & 0.8 \end{bmatrix}$$

$$D_1 = \begin{bmatrix} 1 & -1 & 0 \\ -1 & -1 & 0 \\ 0 & -2 & 1 \end{bmatrix}, \quad H = \begin{bmatrix} 0.02 & 0 & 0 \\ 0 & 0.03 & 0 \\ 0 & 0 & 0.03 \end{bmatrix}, \quad B = \begin{bmatrix} -1 & 1 \\ 1 & 1 \\ 1 & -1 \end{bmatrix}$$

$$\widetilde{B} = \begin{bmatrix} 1 & 0 & 0.3 \\ -0.6 & 0 & 0.3 \end{bmatrix}, \quad \widetilde{C}_1 = \begin{bmatrix} 0.0298 & 0.1800 & 0.2218 \\ 0.1665 & 0.3139 & 0.2933 \\ 0.5598 & 0.1536 & 0.2398 \end{bmatrix}, \quad R = \begin{bmatrix} 3 \\ 3 \\ 3.5 \end{bmatrix}$$

$$\widetilde{D}_1 = \begin{bmatrix} 0.6 & 0.5 \\ -0.6 & 0.4 \end{bmatrix}, \quad \widetilde{A} = \begin{bmatrix} 1 & 0 & -1 \\ 0 & 0 & 1.2 \end{bmatrix}, \quad \widetilde{E} = \begin{bmatrix} 0.6 & -0.2 \\ 0 & 0.5 \end{bmatrix}$$

$$\widetilde{H} = \begin{bmatrix} 0.09 & 0.06 \\ 0.06 & 0.09 \end{bmatrix}, \quad M = \begin{bmatrix} 1 & 1 & 1 \\ 1 & 0.2 & 0.8 \\ 0 & 1 & 1 \end{bmatrix}, \quad \widetilde{M} = \begin{bmatrix} 0.6 & 1 \\ 0.7 & 0.8 \end{bmatrix}$$

$$\widetilde{R} = \begin{bmatrix} 3.9 \\ 3 \end{bmatrix}, \quad \widetilde{C}_2 = \begin{bmatrix} 0.3001 & 0.3232 & 0.0321 \\ 0.3112 & 0.3515 & 0.5586 \\ 0.3772 & 0.2107 & 0.3361 \end{bmatrix}, \quad \sigma = \tau = 1$$

$\alpha = \widetilde{\alpha} = 1$

则

$$\boldsymbol{\Gamma}_1 = \begin{bmatrix} 0.1210 & 0.3159 \\ 0.3508 & 0.2028 \\ 0.2731 & 0.3656 \\ 0.2548 & 0.2324 \\ 0.1049 & 0.2319 \\ 0.2084 & 0.2393 \end{bmatrix}, \quad \boldsymbol{\Gamma}_2 = \begin{bmatrix} 0.0298 & 0.1800 & 0.2218 \\ 0.1665 & 0.3139 & 0.2933 \\ 0.5598 & 0.1536 & 0.2398 \\ 0.3001 & 0.3232 & 0.0321 \\ 0.3112 & 0.3515 & 0.5586 \\ 0.3772 & 0.2107 & 0.3361 \end{bmatrix}$$

通过解关于 $\epsilon_i > 0(i = 1, 2, 3, 4), \rho_{\boldsymbol{X}} > 0(\boldsymbol{X} = \boldsymbol{Q}_2, \boldsymbol{P}_2, \boldsymbol{X}_1, \boldsymbol{X}_2, \boldsymbol{Z}_1, \boldsymbol{Z}_2)$ 和矩阵 $\boldsymbol{X}_1 > 0, \boldsymbol{X}_2 > 0, \boldsymbol{Z}_1 > 0, \boldsymbol{Z}_2 > 0, \boldsymbol{P} > 0, \boldsymbol{Q} > 0, \boldsymbol{P}_1 > 0, \boldsymbol{Q}_1 > 0, \boldsymbol{P}_2 > 0, \boldsymbol{Q}_2 > 0$ 的 LMI 式 (5.3.1), 式 (5.3.6), 式 (5.3.7), 式 (5.3.11)~ 式 (5.3.14), 得

$$\boldsymbol{P} = \begin{bmatrix} 0.2257 & -0.0169 & -0.0391 \\ -0.0169 & 0.3624 & 0.0212 \\ -0.0391 & 0.0212 & 0.2539 \end{bmatrix}, \quad \boldsymbol{Q} = \begin{bmatrix} 0.3316 & 0.1228 \\ 0.1228 & 0.5125 \end{bmatrix}$$

$$\boldsymbol{P}_1 = \begin{bmatrix} 0.3605 & -0.0005 & -0.0016 \\ -0.0005 & 0.1667 & 0.0474 \\ -0.0016 & 0.0474 & 0.1246 \end{bmatrix}, \quad \boldsymbol{P}_2 = \begin{bmatrix} 0.3239 & 0 \\ 0 & 0.3239 \end{bmatrix}$$

$$\boldsymbol{Q}_1 = \begin{bmatrix} 0.5007 & 0.0097 \\ 0.0097 & 0.2897 \end{bmatrix}, \quad \boldsymbol{Q}_2 = \begin{bmatrix} 0.4190 & 0 & 0 \\ 0 & 0.4190 & 0 \\ 0 & 0 & 0.4190 \end{bmatrix}$$

$$\boldsymbol{X}_1 = \begin{bmatrix} 0.3861 & 0 & -0.0057 \\ 0 & 0.3290 & 0 \\ -0.0057 & 0 & 0.4381 \end{bmatrix}, \quad \boldsymbol{X}_2 = \begin{bmatrix} 0.7768 & 0.0136 \\ 0.0136 & 0.6089 \end{bmatrix}$$

$$\boldsymbol{Z}_1 = \begin{bmatrix} 0.4788 & 0 & -0.0014 \\ 0 & 0.4079 & 0 \\ -0.0014 & 0 & 0.4400 \end{bmatrix}, \quad \boldsymbol{Z}_2 = \begin{bmatrix} 0.6490 & -0.0223 \\ -0.0223 & 0.6819 \end{bmatrix}$$

$$\epsilon_1 = 0.2333, \quad \epsilon_2 = 1.0322, \quad \epsilon_3 = 0.0635, \quad \epsilon_4 = 0.5620$$

根据定理 5.3.2, 这蕴含着具有以上参数的式 (5.2.2) 是可以被鲁棒全局均方渐近镇定的, 其控制律为

$$\boldsymbol{u}(t) = [0.1151 \ 0.3782 \ -0.9017]\boldsymbol{x}(t) + [9.5251 \ -5.6552 \ 1.9394]\boldsymbol{x}(t - \sigma(t))$$

$$\widetilde{\boldsymbol{u}}(t) = [-13.7069 \ 10.9838]\boldsymbol{y}(t) + [3.2767 \ -2.4000]\boldsymbol{y}(t - \tau(t))$$

$$\boldsymbol{J}(t_k^-) = \begin{bmatrix} -0.2118 & -0.0994 & 0.3143 \\ -0.1684 & 0.2283 & -0.4115 \\ 0.3271 & -0.2291 & -0.2115 \end{bmatrix} \boldsymbol{x}(t_k^-)$$

$$\widetilde{\boldsymbol{J}}(t_k^-) = \begin{bmatrix} 2.4283 & -2.0264 \\ -2.8833 & 1.7573 \end{bmatrix} \boldsymbol{y}(t_k^-)$$

5.5 小 结

在近十几年里, 研究者已提出了一类与双向联想记忆相联系的神经网络模型, 这些模型推广了单层自联想 Hebbian 相关器为两层异联想模式匹配器, 因而, 这类网络在模式识别、信号与图像处理等领域中有广阔的应用前景. 考虑到脉冲的镇定作用, 本章研究了一类这种类型的高阶固定时刻脉冲双向时滞神经网络. 利用 Lyapunov-Krasovskii 泛函、线性矩阵不等式和具时滞脉冲微分不等式技术, 研究一类更具代表性的高阶神经网络的稳定性理论, 得到了在脉冲输入为零的情况下某些能确保系统全局均方渐近稳定的充分条件, 同时, 以此为据, 获得了能鲁棒全局均方渐近镇定系统的状态反馈记忆及脉冲反馈的控制律. 这些结果都是新的, 具有较强的理论价值和实用价值.

第6章 Cohen-Grossberg 型神经网络的稳定与镇定

本章基于构造适当的 Lyapunov 泛函, 并结合矩阵不等式技术, 得到了 Cohen-Grossberg 神经网络和脉冲的 Cohen-Grossberg 神经网络稳定的充分条件, 它们的表现形式为线性矩阵不等式, 因此易于使用和验证. 实例部分说明了本章结果的有效性和对以往结果的改进.

6.1 引　言

本章将考虑

$$
\begin{aligned}
x_i'(t) = c_i(x_i(t)) \bigg[& -d_i(x_i(t)) + \sum_{j=1}^n a_{ij} f_j(x_j(t)) \\
& + \sum_{j=1}^n b_{ij} f_j(x_j(t-\tau_j(t))) + J_i \bigg], \quad i=1,2,\cdots,n
\end{aligned} \tag{6.1.1}
$$

或等价的

$$
\boldsymbol{x}'(t) = \boldsymbol{C}(\boldsymbol{x}(t))[-\boldsymbol{D}(\boldsymbol{x}(t)) + \boldsymbol{A}\boldsymbol{f}(\boldsymbol{x}(t)) + \boldsymbol{B}\boldsymbol{f}(\boldsymbol{x}(t-\tau(t))) + \boldsymbol{J}] \tag{6.1.2}
$$

以及其含有脉冲的情况, 即

$$
\begin{cases}
x_i'(t) = c_i(x_i(t)) \bigg[-d_i(x_i(t)) + \displaystyle\sum_{j=1}^n a_{ij} f_j(x_j(t)) \\
\qquad\qquad + \displaystyle\sum_{j=1}^n b_{ij} f_j(x_j(t-\tau_j(t))) + J_i \bigg], & t \geqslant 0, t \neq t_k \\
\Delta x_i|_{t=t_k} = x_i(t_k) - x_i(t_k^-) = I_{ik}(x_i(t_k^-)), & k \in \mathbf{Z}_+
\end{cases} \tag{6.1.3}
$$

或相等的

$$
\begin{cases}
\boldsymbol{x}'(t) = \boldsymbol{C}(\boldsymbol{x}(t))[-\boldsymbol{D}(\boldsymbol{x}(t)) + \boldsymbol{A}\boldsymbol{f}(\boldsymbol{x}(t)) + \boldsymbol{B}\boldsymbol{f}(\boldsymbol{x}(t-\tau(t))) + \boldsymbol{J}], & t \geqslant 0, t \neq t_k \\
\Delta \boldsymbol{x}|_{t=t_k} = \boldsymbol{I}_k(\boldsymbol{x}(t_k^-)), & k \in \mathbf{Z}_+
\end{cases} \tag{6.1.4}
$$

其中, n 表示网络中细胞的个数; $x_i(t)(i = 1, 2, \cdots, n)$ 表示细胞 i 在时刻 t 的状态; $\boldsymbol{x}(t) = (x_1(t), x_2(t), \cdots, x_n(t))^{\mathrm{T}} \in \mathbf{R}^n$ 是 t 时刻相应的状态向量; $\boldsymbol{C}(\boldsymbol{x}(t)) = \mathrm{diag}(c_1(x_1(t)), c_2(x_2(t)), \cdots, c_n(x_n(t))) > 0$; $\boldsymbol{f}(\boldsymbol{x}(t)) = [f_1(x_1(t)), f_2(x_2(t)), \cdots, f_n(x_n(t))]^{\mathrm{T}} \in \mathbf{R}^n$ 是细胞间的激活函数; $\boldsymbol{D}(\boldsymbol{x}(t)) = (d_1(x_1(t)), d_2(x_2(t)), \cdots, d_n(x_n(t)))^{\mathrm{T}}$; $\boldsymbol{A} = (a_{ij})_{n \times n}$; $\boldsymbol{B} = (b_{ij})_{n \times n}$ 是细胞 i 和 j 之间的反馈矩阵与时滞反馈矩阵; $\boldsymbol{J} = (J_1, J_2, \cdots, J_n)^{\mathrm{T}} \in \mathbf{R}^n$ 是外部输入常向量; 时滞 $\tau_j(t)$ 是任意的非负连续函数, 且 $0 \leqslant \tau_j(t) \leqslant \tau$, $0 < \tau'_j(t) \leqslant \delta < 1$, 其中 τ, δ 都是常数. $0 \leqslant t_0 < t_1 < t_2 < \cdots < t_k < t_{k+1} < \cdots$, $\lim\limits_{k \to \infty} t_k = \infty$, $\sup_{k \in \mathbf{Z}_+} \{t_{k+1} - t_k\} < \infty$. $\boldsymbol{x}'$ 表示 $\boldsymbol{x}$ 的右导数.

式 (6.1.1) 是最广义的一类神经网络模型[121-126]. 其首先由 Cohen 和 Grossberg[121]给出并研究, 广泛地应用于各种工程和科学领域中, 如神经生物学、种群生物学以及计算技术科学. 在这些应用中, 最重要的是要设计神经网络的收敛性. 这些模型常常被表示为式 (6.1.1) 的形式. 然而, 硬件的实现中, 由于放大器的有限开关速度和通信时间的影响, 常发生时滞现象. 而时滞可能导致系统发生振动、发散或者出现不稳定, 这些往往会损害系统[1,2]. 另外, 也显示图像的移动过程中需要通过网络引入时滞信号进行传输[2,3]. 时滞动力系统神经网络的稳定性已经广泛地应用于最优化、控制科学和图像处理, 并且近年来受到了高度重视[28,30,54-57,92,94,96,99,100,105,108,110-120].

另外, 在神经网络的实际分析中, 根据文献 [56] 和文献 [57], 考虑到更多的因素导致了脉冲微分方程理论的发展. 例如, 当来自内部或外部环境的刺激被感应器所感知时, 电子脉冲将传达给神经网络, 脉冲效应会自然地出现在网络中. 因此, 时滞脉冲神经网络模型应该更准确地描述该系统的演化过程. 因为脉冲和时滞可能影响系统的动力学行为, 因而研究受时滞和脉冲双重影响的神经网络 (式 (6.1.3) 或式 (6.1.4)) 是必要的.

6.2　预 备 知 识

关于式 (6.1.1) 或式 (6.1.2), 本章假定:

(6H1) 对 $\forall\ \eta_1, \eta_2 \in \mathbf{R}$, $\eta_1 \neq \eta_2$, 存在常数 $l_i > 0$ 使得

$$0 \leqslant \frac{f_i(\eta_1) - f_i(\eta_2)}{\eta_1 - \eta_2} \leqslant l_i$$

(6H2) $c_i(x_i(t)) > 0, c_i$ 有界, $i = 1, 2, \cdots, n$.

(6H3) 对于任意的 $\eta_1, \eta_2 \in \mathbf{R}, \eta_1 \neq \eta_2$, 存在常数 $\mu_i > 0$ 满足

$$\frac{d_i(\eta_1) - d_i(\eta_2)}{\eta_1 - \eta_2} \geqslant \mu_i > 0$$

关于式 (6.1.3) 或式 (6.1.4), 假定 (6H1)、(6H3) 以及

(6H4) $0 < \underline{\alpha_i} \leqslant c_i(x_i(t)) \leqslant \overline{\alpha_i}$, $\underline{\alpha_i}$, $\overline{\alpha_i}$ 是常数, $i = 1, 2, \cdots, n$.

式 (6.1.1) 和式 (6.1.3) 的初值条件为

$$x_i(s) = \phi_i(s), \quad s \in [-\tau, 0], \quad i = 1, 2, \cdots, n$$

其中, $\phi_i(s)$ 在 $s \in [-\tau, 0]$ 上是连续且有界的.

引理 6.2.1 对于任意向量 $\boldsymbol{a}, \boldsymbol{b} \in \mathbf{R}^n$, 以及 $\forall \varepsilon > 0$, 有

$$2\boldsymbol{a}^{\mathrm{T}}\boldsymbol{b} \leqslant \varepsilon \boldsymbol{a}^{\mathrm{T}}\boldsymbol{a} + \frac{1}{\varepsilon}\boldsymbol{b}^{\mathrm{T}}\boldsymbol{b}$$

假设 $\boldsymbol{x}^* = (x_1^*, x_2^*, \cdots, x_n^*)^{\mathrm{T}}$ 是式 (6.1.1) 或式 (6.1.3) 的平衡点, 通过变换 $y_i(t) = x_i(t) - x_i^*$, 可得到如下的系统, 即

$$
\begin{aligned}
y_i'(t) =\alpha_i(y_i(t)) \bigg[& - \beta_i(y_i(t)) + \sum_{j=1}^{n} a_{ij} g_j(y_j(t)) \\
& + \sum_{j=1}^{n} b_{ij} g_j(y_j(t - \tau_j(t))) \bigg]
\end{aligned}
\tag{6.2.1}
$$

其中, $i = 1, 2, \cdots, n$.

$$\alpha_i(y_i(t)) = c_i(y_i(t) + x_i^*)$$
$$\beta_i(y_i(t)) = d_i(y_i(t) + x_i^*) - d_i(x_i^*)$$
$$g_j(y_j(t)) = f_j(y_j(t) + x_j^*) - f_j(x_j^*)$$

和

$$
\begin{cases}
y_i'(t) = \alpha_i(y_i(t)) \bigg[- \beta_i(y_i(t)) + \sum_{j=1}^{n} a_{ij} g_j(y_j(t)) \\
\qquad + \sum_{j=1}^{n} b_{ij} g_j(y_j(t - \tau_j(t))) \bigg], & t \geqslant 0,\ t \neq t_k \\
\Delta y_i|_{t=t_k} = J_{ik}(y_i(t_k^-)), & k \in \mathbf{Z}_+
\end{cases}
\tag{6.2.2}
$$

或者

$$
\begin{cases}
\boldsymbol{y}'(t) = \boldsymbol{\alpha}(\boldsymbol{y}(t)) \Big[- \boldsymbol{\beta}(\boldsymbol{y}(t)) + \boldsymbol{A}\boldsymbol{g}(\boldsymbol{y}(t)) + \boldsymbol{B}\boldsymbol{g}(\boldsymbol{y}(t - \tau(t))) \Big], & t \geqslant 0,\ t \neq t_k \\
\Delta \boldsymbol{y}|_{t=t_k} = \boldsymbol{J}_k(\boldsymbol{y}(t_k^-)), & k \in \mathbf{Z}_+
\end{cases}
\tag{6.2.3}
$$

其中

$$\alpha_i(y_i(t)) = c_i(y_i(t) + x_i^*), \quad \boldsymbol{\alpha}(\boldsymbol{y}(t)) = \mathrm{diag}(\alpha_1(y_1(t)), \alpha_2(y_2(t)), \cdots, \alpha_n(y_n(t)))$$

$$\beta_i(y_i(t)) = d_i(y_i(t)+x_i^*)-d_i(x_i^*), \quad \boldsymbol{\beta}(\boldsymbol{y}(t)) = \mathrm{diag}(\beta_1(y_1(t)),\beta_2(y_2(t)),\cdots,\beta_n(y_n(t)))$$

$$g_j(y_j(t)) = f_j(y_j(t)+x_j^*)-f_j(x_j^*), \quad \boldsymbol{g}(\boldsymbol{y}(t)) = \mathrm{diag}(g_1(y_1(t)),g_2(y_2(t)),\cdots,g_n(y_n(t)))$$

$$J_{jk}(y_j(t_k^-)) = I_{jk}(y_j(t_k^-) + x_j^*), \quad \boldsymbol{J}_k(\boldsymbol{y}(t_k^-)) = \mathrm{diag}(J_{1k}(y_1(t_k^-)),\cdots,J_{nk}(y_n(t_k^-)))$$

于是, 要证明式 (6.1.1) 或式 (6.1.3) 的平衡点的稳定性, 只要证明式 (6.2.1) 或式 (6.2.2) 的零点的稳定性就可以了.

注意到由于假定 (6H1), 因此, $g_j(\cdot)$ 满足

$$0 \leqslant \frac{g_j(y_j)}{y_j} \leqslant l_j, \quad \forall\, y_j \in \mathbf{R}, \quad y_j \neq 0; \quad g_j(0) = 0, j = 1, 2, \cdots, n$$

以及由于假定 (6H3), 所以 $\beta_j(\cdot)$ 满足

$$\frac{\beta_j(y_j)}{y_j} \geqslant \mu_j > 0, \quad \forall\, y_j \in \mathbf{R}, \quad y_j \neq 0; \quad \beta_j(0) = 0, j = 1, 2, \cdots, n$$

6.3　稳定性分析

定理 6.3.1　假设 (6H1)~(6H3) 成立, 并且存在正对角矩阵 $\boldsymbol{M}$ 使得

$$-2l^{-1}\boldsymbol{\mu M} + \boldsymbol{MA} + \boldsymbol{A}^{\mathrm{T}}\boldsymbol{M} + \frac{1}{1-\delta}\boldsymbol{MBB}^{\mathrm{T}}\boldsymbol{M} + \boldsymbol{I} < 0$$

其中, $\boldsymbol{M} = \mathrm{diag}(m_i)_{n\times n}; \boldsymbol{l} = \mathrm{diag}(l_i)_{n\times n}; \boldsymbol{\mu} = \mathrm{diag}(\mu_i)_{n\times n}$, 则式 (6.1.1) 的平衡点是全局渐近稳定的.

证明　考虑如下的 Lyapunov 泛函, 即

$$V(\boldsymbol{y}_t) = 2\sum_{i=1}^{n} m_i \int_0^{y_i(t)} \frac{g_i(s)}{\alpha_i(s)}\mathrm{d}s + \sum_{i=1}^{n}\int_{t-\tau_i(t)}^{t} g_i^2(y_i(s))\mathrm{d}s$$

则

$$
\begin{aligned}
V'(\boldsymbol{y}_t) &= 2\sum_{i=1}^{n} m_i\frac{g_i(y_i(t))}{\alpha(y_i(t))}y_i'(t) + \sum_{i=1}^{n}[g_i^2(y_i(s)) - g_i^2(y_i(t-\tau_i(t)))(1-\tau_i'(t))] \\
&\leqslant 2\sum_{i=1}^{n} m_i g_i(y_i(t))\left[-\beta_i(y_i(t)) + \sum_{j=1}^{n} a_{ij}g_j(y_j(t)) + \sum_{j=1}^{n} b_{ij}g_j(y_j(t-\tau_j(t)))\right] \\
&\quad + \sum_{i=1}^{n}[g_i^2(y_i(s)) - g_i^2(y_i(t-\tau_i(t)))(1-\tau_i'(t))] \\
&\leqslant -2\sum_{i=1}^{n} m_i g_i(y_i(t))\beta_i(y_i(t)) + 2\sum_{i=1}^{n}\sum_{j=1}^{n} a_{ij}m_i g_i(y_i(t))g_j(y_j(t)) \\
&\quad + 2\sum_{i=1}^{n}\sum_{j=1}^{n} b_{ij}m_i g_i(y_i(t))g_j(y_j(t-\tau_j(t)))
\end{aligned}
$$

$$+ \sum_{i=1}^{n} [g_i^2(y_i(s)) - g_i^2(y_i(t - \tau_i(t)))(1 - \tau_i'(t))]$$

$$\leqslant -2 \sum_{i=1}^{n} m_i g_i(y_i(t)) \beta_i(y_i(t)) + \boldsymbol{g}^{\mathrm{T}}(\boldsymbol{y}(t))(\boldsymbol{MA} + \boldsymbol{A}^{\mathrm{T}}\boldsymbol{M})\boldsymbol{g}(\boldsymbol{y}(t))$$

$$+ 2\boldsymbol{g}^{\mathrm{T}}(\boldsymbol{y}(t))\boldsymbol{MB}\boldsymbol{g}(\boldsymbol{y}(t - \tau)) + \boldsymbol{g}^{\mathrm{T}}(\boldsymbol{y}(t))\boldsymbol{g}(\boldsymbol{y}(t))$$

$$- (1 - \delta)\boldsymbol{g}^{\mathrm{T}}(\boldsymbol{y}(t - \tau))\boldsymbol{g}(\boldsymbol{y}(t - \tau))$$

由引理 6.2.1 得

$$2\boldsymbol{g}^{\mathrm{T}}(\boldsymbol{y}(t))\boldsymbol{MB}\boldsymbol{g}(\boldsymbol{y}(t - \tau)) \leqslant \frac{1}{1 - \delta}\boldsymbol{g}^{\mathrm{T}}(\boldsymbol{y}(t))\boldsymbol{MBB}^{\mathrm{T}}\boldsymbol{M}\boldsymbol{g}(\boldsymbol{y}(t))$$

$$+ (1 - \delta)\boldsymbol{g}^{\mathrm{T}}(\boldsymbol{y}(t - \tau))\boldsymbol{g}(\boldsymbol{y}(t - \tau))$$

因此

$$V'(\boldsymbol{y}_t) \leqslant -2l^{-1}\mu\boldsymbol{g}^{\mathrm{T}}(\boldsymbol{y}(t))\boldsymbol{M}\boldsymbol{g}(\boldsymbol{y}(t)) + \boldsymbol{g}^{\mathrm{T}}(\boldsymbol{y}(t))(\boldsymbol{MA} + \boldsymbol{A}^{\mathrm{T}}\boldsymbol{M})\boldsymbol{g}(\boldsymbol{y}(t))$$

$$+ \frac{1}{1 - \delta}\boldsymbol{g}^{\mathrm{T}}(\boldsymbol{y}(t))\boldsymbol{MBB}^{\mathrm{T}}\boldsymbol{M}\boldsymbol{g}(\boldsymbol{y}(t)) + \boldsymbol{g}^{\mathrm{T}}(\boldsymbol{y}(t))\boldsymbol{g}(\boldsymbol{y}(t))$$

$$\leqslant \boldsymbol{g}^{\mathrm{T}}(\boldsymbol{y}(t))\left(-2l^{-1}\mu\boldsymbol{M} + \boldsymbol{MA} + \boldsymbol{A}^{\mathrm{T}}\boldsymbol{M} + \frac{1}{1 - \delta}\boldsymbol{MBB}^{\mathrm{T}}\boldsymbol{M} + \boldsymbol{E} \right)\boldsymbol{g}(\boldsymbol{y}(t))$$

$$< 0$$

所以式 (6.1.1) 的平衡点是全局渐近稳定的. 证毕.

当 $\boldsymbol{B} = 0$ 时得

$$\boldsymbol{x}'(t) = \boldsymbol{C}(\boldsymbol{x}(t))[-\boldsymbol{D}(\boldsymbol{x}(t)) + \boldsymbol{A}\boldsymbol{f}(\boldsymbol{x}(t)) + \boldsymbol{J}] \tag{6.3.1}$$

由定理 6.3.1 得如下推论.

推论 6.3.1 假设 (6H1)~(6H3) 成立, 则式 (6.3.1) 是全局渐近稳定的, 如果存在正对角矩阵 $\boldsymbol{M}$ 满足

$$-2l^{-1}\mu\boldsymbol{M} + \boldsymbol{MA} + \boldsymbol{A}^{\mathrm{T}}\boldsymbol{M} + \boldsymbol{E} < 0$$

注记 6.3.1 以上结果并不需要激活函数的有界性、单调性和可微性的假定. 这里的结果是新的并且补充和改进了文献 [121]~ 文献 [126] 及其所引文献的结果.

例 6.3.1 考虑具有如下参数的式 (6.1.1), 即

$$\boldsymbol{A} = (a_{ij})_{2\times 2} = \begin{bmatrix} -2 & 0.5 \\ 0.5 & -2 \end{bmatrix}, \quad \boldsymbol{B} = (b_{ij})_{2\times 2} = \begin{bmatrix} 0.5 & 0.5 \\ -0.5 & -0.5 \end{bmatrix}$$

选取 $l = \mu = I$, $\delta = 0.5$. 令 $M = I$, 则有

$$-2l^{-1}\mu M + MA + A^{\mathrm{T}}M + \frac{1}{1-\delta}MBB^{\mathrm{T}}M^{\mathrm{T}} + E$$

$$= \begin{bmatrix} -3 & 0 \\ 0 & -3 \end{bmatrix} < 0$$

因此, 由定理 6.3.1 得, 以上系统是全局渐近稳定的.

6.4　脉冲稳定性与镇定

6.4.1　系统描述及准备知识

进一步考虑到现实世界中无处不在的随机因素[15,17,36,38,39] 的影响, 本节将研究下面的随机 Cohen-Grossberg 神经网络, 即

$$\begin{cases} \mathrm{d}\boldsymbol{y}(t) = \boldsymbol{\alpha}(\boldsymbol{y}(t))\Big[-\boldsymbol{\beta}(\boldsymbol{y}(t)) + \boldsymbol{A}\boldsymbol{g}(\boldsymbol{y}(t)) + \boldsymbol{B}\boldsymbol{g}(\boldsymbol{y}(t-\tau(t)))\Big]\mathrm{d}t \\ \qquad + \boldsymbol{\sigma}(t, \boldsymbol{y}(t), \boldsymbol{y}(t-\tau(t)))\mathrm{d}\boldsymbol{w}(t), & t \geqslant 0,\ t \neq t_k \\ \Delta\boldsymbol{y}|_{t=t_k} = \boldsymbol{J}_k(\boldsymbol{y}(t_k^-)), & k \in \mathbf{Z}_+ \end{cases}$$

$$(6.4.1)$$

$\boldsymbol{\sigma}(t, x, y) : \mathbf{R}^+ \times \mathbf{R}^n \times \mathbf{R}^n \to \mathbf{R}^{n \times m}$ 是局部 Lipschitz 连续的并且同时满足线性增长条件, $\boldsymbol{\sigma}(t, 0, 0) = 0$. 另外, $\boldsymbol{\sigma}$ 满足

$$(6\mathrm{H}5) \qquad \mathrm{trace}\,[\boldsymbol{\sigma}^{\mathrm{T}}(t, \boldsymbol{y}(t), \boldsymbol{y}(t-\tau(t)))\boldsymbol{\sigma}(t, \boldsymbol{y}(t), \boldsymbol{y}(t-\tau(t)))$$

$$\leqslant |\boldsymbol{\Theta}_1\boldsymbol{y}(t)|^2 + |\boldsymbol{\Theta}_2\boldsymbol{y}(t-\tau(t))|^2$$

其中, $\boldsymbol{\Theta}_1, \boldsymbol{\Theta}_2$ 是已知的适当维数的常矩阵. 令 $\boldsymbol{x}(t; \phi)$ 表示式 (6.1.3) 在初值 $\boldsymbol{x}(s) = \phi(s)$ $(t_0 - \tau \leqslant s \leqslant t_0)$ 条件下的解, 这里 $\phi(s) \in L^2_{\mathscr{F}_t}([t_0-\tau, t_0]; \mathbf{R}^n)$. 对应于初值 $\phi = 0$, 明显地, 式 (6.1.3) 存在零解.

定义 6.4.1　对于式 (6.4.1) 以及每一个 $\boldsymbol{\xi} \in L^2_{\mathscr{F}_t}([t_0-\tau, t_0]; \mathbf{R}^n)$, 其零解是鲁棒全局渐近均方稳定的, 如果

$$\lim_{t \to \infty} \mathbb{E}|\boldsymbol{x}(t; \boldsymbol{\xi})|^2 = 0$$

6.4.2　鲁棒全局渐近均方镇定

定理 6.4.1　设 (6H1)、(6H3)、(6H4) 成立以及存在实数 $\rho > 0, \varepsilon_1 > 0, \varepsilon_2 > 0$, 矩阵 $\boldsymbol{X}, \boldsymbol{P} > 0, \boldsymbol{Q} > 0$ 使得如下的三个 LMI, 即

$$\boldsymbol{P} < \rho\boldsymbol{I} \qquad\qquad (6.4.2)$$

$$
\begin{bmatrix}
-\boldsymbol{P}\underline{\boldsymbol{\alpha}}\boldsymbol{\mu} - \underline{\boldsymbol{\alpha}}\boldsymbol{\mu}\boldsymbol{P} + \dfrac{1}{\tau}\boldsymbol{Q} & 0 & \overline{\boldsymbol{\alpha}}\boldsymbol{PA} & \overline{\boldsymbol{\alpha}}\boldsymbol{PB} & \rho\boldsymbol{\Theta}_1^{\mathrm{T}} & 0 & 0 & \varepsilon_1\boldsymbol{l} \\
* & -\dfrac{1-\delta}{\tau}\boldsymbol{Q} & 0 & 0 & 0 & \rho\boldsymbol{\Theta}_2^{\mathrm{T}} & \varepsilon_2\boldsymbol{l} & 0 \\
* & * & -\varepsilon_1\boldsymbol{I} & 0 & 0 & 0 & 0 & 0 \\
* & * & * & -\varepsilon_2\boldsymbol{I} & 0 & 0 & 0 & 0 \\
* & * & * & * & -\rho\boldsymbol{I} & 0 & 0 & 0 \\
* & * & * & * & * & -\rho\boldsymbol{I} & 0 & 0 \\
* & * & * & * & * & * & -\varepsilon_2\boldsymbol{I} & 0 \\
* & * & * & * & * & * & * & -\varepsilon_1\boldsymbol{I}
\end{bmatrix} < 0
$$

$$\tag{6.4.3}$$

$$
\begin{bmatrix}
\boldsymbol{X} + \boldsymbol{X}^{\mathrm{T}} & \boldsymbol{X}^{\mathrm{T}} \\
* & -\boldsymbol{P}
\end{bmatrix} \leqslant 0
\tag{6.4.4}
$$

成立, 其中, $\underline{\boldsymbol{\alpha}} = \mathrm{diag}(\underline{\alpha_i})_{n\times n}, \overline{\boldsymbol{\alpha}} = \mathrm{diag}(\overline{\alpha_i})_{n\times n}, \boldsymbol{l} = \mathrm{diag}(l_i)_{n\times n}, \boldsymbol{\mu} = \mathrm{diag}(\mu_i)_{n\times n},$
则式 (6.4.1) 可被脉冲控制器

$$
\boldsymbol{J}_k(\boldsymbol{y}(t)) = \boldsymbol{X}\boldsymbol{P}^{-1}\boldsymbol{y}(t)
\tag{6.4.5}
$$

鲁棒全局渐近均方镇定.

证明　令 $V(t) = \boldsymbol{y}^{\mathrm{T}}(t)\boldsymbol{P}\boldsymbol{y}(t) + \dfrac{1}{\tau}\displaystyle\int_{t-\tau(t)}^{t}\boldsymbol{y}^{\mathrm{T}}(s)\boldsymbol{Q}\boldsymbol{y}(s)\mathrm{d}s.$ 由 Itô 微分公式[19],
有以下结论:

(1) 当 $t \in [t_k, t_{k+1})$ 时, 有

$$
D^+V(t) = \mathcal{L}V(t)\mathrm{d}t + 2\boldsymbol{y}^{\mathrm{T}}(t)\boldsymbol{P}\boldsymbol{\sigma}(t, \boldsymbol{y}(t), \boldsymbol{y}(t-\tau(t)))\mathrm{d}\boldsymbol{w}(t)
$$

其中

$$
\begin{aligned}
\mathcal{L}V(t) = {}& -2\boldsymbol{y}^{\mathrm{T}}(t)\boldsymbol{P}\boldsymbol{\alpha}(\boldsymbol{y}(t))\Big[\boldsymbol{\beta}(\boldsymbol{y}(t)) - \boldsymbol{Ag}(\boldsymbol{y}(t)) - \boldsymbol{Bg}(\boldsymbol{y}(t-\tau(t))) \\
& + \mathrm{trace}[\boldsymbol{\sigma}^{\mathrm{T}}(t, \boldsymbol{y}(t), \boldsymbol{y}(t-\tau(t)))\boldsymbol{P}\boldsymbol{\sigma}(t, \boldsymbol{y}(t), \boldsymbol{y}(t-\tau(t)))] \\
& + \frac{1}{\tau}\boldsymbol{y}^{\mathrm{T}}(t)\boldsymbol{Q}\boldsymbol{y}(t) - \frac{1-\tau'(t)}{\tau}\boldsymbol{y}^{\mathrm{T}}(t-\tau(t))\boldsymbol{Q}\boldsymbol{y}(t-\tau(t))
\end{aligned}
$$

计算得

$$
\begin{aligned}
\mathcal{L}V(t) \leqslant {}& -2\boldsymbol{y}^{\mathrm{T}}(t)\boldsymbol{P}\underline{\boldsymbol{\alpha}}\boldsymbol{\mu}\boldsymbol{y}(t) + 2\boldsymbol{y}^{\mathrm{T}}(t)\boldsymbol{P}\boldsymbol{\alpha}(\boldsymbol{y}(t))\boldsymbol{Ag}(\boldsymbol{y}(t)) \\
& + 2\boldsymbol{y}^{\mathrm{T}}(t)\boldsymbol{P}\boldsymbol{\alpha}(\boldsymbol{y}(t))\boldsymbol{Bg}(\boldsymbol{y}(t-\tau(t)))\Big] \\
& + \mathrm{trace}[\boldsymbol{\sigma}^{\mathrm{T}}(t, \boldsymbol{y}(t), \boldsymbol{y}(t-\tau(t)))\boldsymbol{P}\boldsymbol{\sigma}(t, \boldsymbol{y}(t), \boldsymbol{y}(t-\tau(t)))] \\
& + \frac{1}{\tau}\boldsymbol{y}^{\mathrm{T}}(t)\boldsymbol{Q}\boldsymbol{y}(t) - \frac{1-\delta}{\tau}\boldsymbol{y}^{\mathrm{T}}(t-\tau(t))\boldsymbol{Q}\boldsymbol{y}(t-\tau(t))
\end{aligned}
$$

又因为

$$2\boldsymbol{y}^{\mathrm{T}}(t)\boldsymbol{P}\boldsymbol{\alpha}(\boldsymbol{y}(t))\boldsymbol{A}\boldsymbol{g}(\boldsymbol{y}(t)) \leqslant \frac{1}{\varepsilon_1}\boldsymbol{y}^{\mathrm{T}}(t)\boldsymbol{P}\boldsymbol{\alpha}(\boldsymbol{y}(t))\boldsymbol{A}\boldsymbol{A}^{\mathrm{T}}\boldsymbol{\alpha}(\boldsymbol{y}(t))\boldsymbol{P}\boldsymbol{y}(t) + \varepsilon_1\boldsymbol{g}^{\mathrm{T}}(\boldsymbol{y}(t))\boldsymbol{g}(\boldsymbol{y}(t))$$

$$\leqslant \frac{1}{\varepsilon_1}\boldsymbol{y}^{\mathrm{T}}(t)(\boldsymbol{P}\boldsymbol{A}\boldsymbol{A}^{\mathrm{T}}\boldsymbol{P}\overline{\boldsymbol{\alpha}}^2)\boldsymbol{y}(t) + \varepsilon_1\boldsymbol{y}^{\mathrm{T}}(t)\boldsymbol{l}^2\boldsymbol{y}(t)$$

$$2\boldsymbol{y}^{\mathrm{T}}(t)\boldsymbol{P}\boldsymbol{\alpha}(\boldsymbol{y}(t))\boldsymbol{B}\boldsymbol{g}(\boldsymbol{y}(t-\tau(t)))$$

$$\leqslant \frac{1}{\varepsilon_2}\boldsymbol{y}^{\mathrm{T}}(t)\boldsymbol{P}\boldsymbol{\alpha}(\boldsymbol{y}(t))\boldsymbol{B}\boldsymbol{B}^{\mathrm{T}}\boldsymbol{\alpha}(\boldsymbol{y}(t))\boldsymbol{y}(t)$$

$$+ \varepsilon_2\boldsymbol{g}^{\mathrm{T}}(\boldsymbol{y}(t-\tau(t)))\boldsymbol{g}(\boldsymbol{y}(t-\tau(t)))$$

$$\leqslant \frac{1}{\varepsilon_2}\boldsymbol{y}^{\mathrm{T}}(t)(\boldsymbol{P}\boldsymbol{B}\boldsymbol{B}^{\mathrm{T}}\boldsymbol{P}\overline{\boldsymbol{\alpha}}^2)\boldsymbol{y}(t) + \varepsilon_2\boldsymbol{y}^{\mathrm{T}}(t-\tau(t))\boldsymbol{l}^2\boldsymbol{y}(t-\tau(t))$$

$$\mathrm{trace}[\boldsymbol{\sigma}^{\mathrm{T}}(t,\boldsymbol{y}(t),\boldsymbol{y}(t-\tau(t)))\boldsymbol{P}\boldsymbol{\sigma}(t,\boldsymbol{y}(t),\boldsymbol{y}(t-\tau(t)))]$$

$$\leqslant \lambda_{\max}(\boldsymbol{P})\mathrm{trace}[\boldsymbol{\sigma}^{\mathrm{T}}(t,\boldsymbol{y}(t),\boldsymbol{y}(t-\tau(t)))\boldsymbol{\sigma}(t,\boldsymbol{y}(t),\boldsymbol{y}(t-\tau(t)))]$$

$$\leqslant \rho[\boldsymbol{y}^{\mathrm{T}}(t)(\boldsymbol{\Theta}_1^{\mathrm{T}}\boldsymbol{\Theta}_1)\boldsymbol{y}(t) + \boldsymbol{y}^{\mathrm{T}}(t-\tau(t))\boldsymbol{\Theta}_2^{\mathrm{T}}\boldsymbol{\Theta}_2\boldsymbol{y}(t-\tau(t))]$$

因此

$$\mathcal{L}V(t) \leqslant \left[\begin{array}{c} \boldsymbol{y}(t) \\ \boldsymbol{y}(t-\tau(t)) \end{array}\right]^{\mathrm{T}} \left[\begin{array}{cc} \boldsymbol{\Omega}_1 & 0 \\ 0 & \boldsymbol{\Omega}_2 \end{array}\right] \left[\begin{array}{c} \boldsymbol{y}(t) \\ \boldsymbol{y}(t-\tau(t)) \end{array}\right]$$

其中

$$\boldsymbol{\Omega}_1 = -\boldsymbol{P}\underline{\boldsymbol{\alpha}}\boldsymbol{\mu} - \underline{\boldsymbol{\alpha}}\boldsymbol{\mu}\boldsymbol{P} + \frac{1}{\tau}\boldsymbol{Q} + \frac{1}{\varepsilon_1}\boldsymbol{P}\boldsymbol{A}\boldsymbol{A}^{\mathrm{T}}\boldsymbol{P}\overline{\boldsymbol{\alpha}}^2 + \varepsilon_1\boldsymbol{l}^2 + \frac{1}{\varepsilon_2}\boldsymbol{P}\boldsymbol{B}\boldsymbol{B}^{\mathrm{T}}\boldsymbol{P}\overline{\boldsymbol{\alpha}}^2 + \rho\boldsymbol{\Theta}_1^{\mathrm{T}}\boldsymbol{\Theta}_1$$

$$\boldsymbol{\Omega}_2 = -\frac{1-\delta}{\tau}\boldsymbol{Q} + \varepsilon_2\boldsymbol{l}^2 + \rho\boldsymbol{\Theta}_2^{\mathrm{T}}\boldsymbol{\Theta}_2$$

由引理 5.2.3 及式 (6.4.3) 得 $\left[\begin{array}{cc} \boldsymbol{\Omega}_1 & 0 \\ 0 & \boldsymbol{\Omega}_2 \end{array}\right] < 0$. 因此, 存在 $\eta > 0$ 满足

$$\left[\begin{array}{cc} \boldsymbol{\Omega}_1 & 0 \\ 0 & \boldsymbol{\Omega}_2 \end{array}\right] + \left[\begin{array}{cc} \eta\boldsymbol{I} & 0 \\ 0 & 0 \end{array}\right] < 0$$

定义

$$\boldsymbol{\xi}(t) := \left[\begin{array}{c} \boldsymbol{y}(t) \\ \boldsymbol{y}(t-\tau(t)) \end{array}\right], \quad \boldsymbol{\Xi} := \left[\begin{array}{cc} \boldsymbol{\Omega}_1 & 0 \\ 0 & \boldsymbol{\Omega}_2 \end{array}\right]$$

所以

$$D^+V(t) \leqslant \boldsymbol{\xi}^{\mathrm{T}}(t)\boldsymbol{\Xi}\boldsymbol{\xi}(t)\mathrm{d}t + 2\boldsymbol{y}^{\mathrm{T}}(t)\boldsymbol{P}\boldsymbol{\sigma}(t,\boldsymbol{y}(t),\boldsymbol{y}(t-\tau(t)))\mathrm{d}\boldsymbol{w}(t)$$

则

$$\frac{\mathrm{d}\mathbb{E}V(t)}{\mathrm{d}t} \leqslant \mathbb{E}\boldsymbol{\xi}^{\mathrm{T}}(t)\boldsymbol{\Xi}\boldsymbol{\xi}(t) \leqslant -\eta\mathbb{E}|\boldsymbol{y}(t)|^2 \tag{6.4.6}$$

(2) 当 $t = t_k$ 时, 利用式 (6.4.4) 得

$$
\begin{aligned}
V(t_k) - V(t_k^-) &= \boldsymbol{y}^{\mathrm{T}}(t_k)\boldsymbol{P}\boldsymbol{y}(t_k) - \boldsymbol{y}^{\mathrm{T}}(t_k^-)\boldsymbol{P}\boldsymbol{y}(t_k^-) \\
&\quad + \int_{t_k-\tau(t_k)}^{t_k} \boldsymbol{y}^{\mathrm{T}}(s)\boldsymbol{Q}\boldsymbol{y}(s)\mathrm{d}s - \int_{t_k^- - \tau(t_k^-)}^{t_k^-} \boldsymbol{y}^{\mathrm{T}}(s)\boldsymbol{Q}\boldsymbol{y}(s)\mathrm{d}s \\
&= \boldsymbol{y}^{\mathrm{T}}(t_k^-)[(\boldsymbol{I}+\boldsymbol{P}^{-1}\boldsymbol{X})^{\mathrm{T}}\boldsymbol{P}(\boldsymbol{I}+\boldsymbol{P}^{-1}\boldsymbol{X}) - \boldsymbol{P}]\boldsymbol{y}(t_k^-) \\
&= \boldsymbol{y}^{\mathrm{T}}(t_k^-)(\boldsymbol{X}^{\mathrm{T}} + \boldsymbol{X} + \boldsymbol{X}^{\mathrm{T}}\boldsymbol{P}^{-1}\boldsymbol{X})\boldsymbol{y}(t_k^-) \leqslant 0
\end{aligned}
$$

因此有

$$
V(t_k) \leqslant V(t_k^-)
$$

这些和 (1) 蕴含着当 $t = t_k$ 时, 式 (6.4.6) 成立, 则由 (1) 和 (2), 结论成立. 证毕.

注记 6.4.1 这里的结果不需要对脉冲区间的任何限制, 然而在文献 [48] 和文献 [50]~ 文献 [55] 中, 对脉冲区间的限制却是必需的, 如文献 [58] 要求 $\sup\limits_{k\in\mathbf{Z}_+}\{t_k - t_{k-1}\} < \dfrac{\ln q}{c}$ 等, 其中 q, c 是常数. 因此, 这里的结果改进了已知的一些结果.

注记 6.4.2 虽然这里需要时滞函数 $\tau(t)$ 可微, 但是这一点却不是必需的. 当选择 Lyapunov 泛函为 $V(t) = \boldsymbol{y}^{\mathrm{T}}(t)\boldsymbol{P}\boldsymbol{y}(t) + \dfrac{1}{\tau}\displaystyle\int_{t-\tau}^{t} \boldsymbol{y}^{\mathrm{T}}(s)\boldsymbol{Q}\boldsymbol{y}(s)\mathrm{d}s$ 时, 则证明不再需要时滞函数 $\tau(t)$ 可微.

具体地, 在定理 6.4.1 的证明中, 若选择 Lyapunov 泛函为

$$
V(t) = \boldsymbol{y}^{\mathrm{T}}(t)\boldsymbol{P}\boldsymbol{y}(t) + \frac{1}{\tau}\int_{t-\tau}^{t} \boldsymbol{y}^{\mathrm{T}}(s)\boldsymbol{Q}\boldsymbol{y}(s)\mathrm{d}s
$$

则有定理 6.4.2.

定理 6.4.2 设 (6H1)、(6H3)、(6H4)、(6H5) 成立并存在实数 $\rho > 0, \varepsilon_1 > 0, \varepsilon_2 > 0$, 矩阵 $\boldsymbol{X}, \boldsymbol{P} > 0, \boldsymbol{Q} > 0$ 使得式 (6.4.2), 式 (6.4.4) 和

$$
\begin{bmatrix}
-\boldsymbol{P}\underline{\boldsymbol{\alpha}}\mu - \underline{\boldsymbol{\alpha}}\mu\boldsymbol{P} + \dfrac{1}{\tau}\boldsymbol{Q} & 0 & \overline{\alpha}\boldsymbol{P}\boldsymbol{A} & \overline{\alpha}\boldsymbol{P}\boldsymbol{B} & \rho\boldsymbol{\Theta}_1^{\mathrm{T}} & 0 & 0 & \varepsilon_1 l \\
* & -\dfrac{1}{\tau}\boldsymbol{Q} & 0 & 0 & 0 & \rho\boldsymbol{\Theta}_2^{\mathrm{T}} & \varepsilon_2 l & 0 \\
* & * & -\varepsilon_1\boldsymbol{I} & 0 & 0 & 0 & 0 & 0 \\
* & * & * & -\varepsilon_2\boldsymbol{I} & 0 & 0 & 0 & 0 \\
* & * & * & * & -\rho\boldsymbol{I} & 0 & 0 & 0 \\
* & * & * & * & * & -\rho\boldsymbol{I} & 0 & 0 \\
* & * & * & * & * & * & -\varepsilon_2\boldsymbol{I} & 0 \\
* & * & * & * & * & * & * & -\varepsilon_1\boldsymbol{I}
\end{bmatrix} < 0
$$
$$\tag{6.4.7}$$

成立, 则式 (6.4.1) 可被脉冲控制器 (式 (6.4.5)) 鲁棒全局渐近均方镇定.

下面先考虑没有随机振荡的 Cohen-Grossberg 神经网络. 由定理 6.4.1 得到推论 6.4.1.

推论 6.4.1　设 (6H1)、(6H3)、(6H4)、(6H5) 成立并存在实数 $\rho > 0, \varepsilon_1 > 0, \varepsilon_2 > 0$, 矩阵 X, $P > 0, Q > 0$ 使得式 (6.4.4) 和

$$
\begin{bmatrix}
-P\underline{\alpha}\mu - \underline{\alpha}\mu P + \dfrac{1}{\tau}Q & 0 & \overline{\alpha}PA & \overline{\alpha}PB & 0 & \varepsilon_1 l \\
* & -\dfrac{1-\delta}{\tau}Q & 0 & 0 & \varepsilon_2 l & 0 \\
* & * & -\varepsilon_1 I & 0 & 0 & 0 \\
* & * & * & -\varepsilon_2 I & 0 & 0 \\
* & * & * & * & -\varepsilon_2 I & 0 \\
* & * & * & * & * & -\varepsilon_1 I
\end{bmatrix} < 0 \quad (6.4.8)
$$

成立, 则式 (6.4.1) 可被脉冲控制器 (式 (6.4.5)) 鲁棒全局渐近均方镇定.

其次, 若仅表现为细胞神经网络, 即 $\boldsymbol{\alpha}(\boldsymbol{y}(t)) = \boldsymbol{I}$ 时, 式 (6.4.1) 可被简化为

$$
\begin{cases}
\mathrm{d}\boldsymbol{y}(t) = \Big[-\boldsymbol{\beta}(\boldsymbol{y}(t)) + \boldsymbol{A}\boldsymbol{g}(\boldsymbol{y}(t)) + \boldsymbol{B}\boldsymbol{g}(\boldsymbol{y}(t-\tau(t))) \Big]\mathrm{d}t & \\
\qquad + \boldsymbol{\sigma}(t, \boldsymbol{y}(t), \boldsymbol{y}(t-\tau(t)))\mathrm{d}\boldsymbol{w}(t), & t \geqslant 0,\ t \neq t_k \\
\Delta \boldsymbol{y}|_{t=t_k} = \boldsymbol{J}_k(\boldsymbol{y}(t_k^-)), & k \in \mathbf{Z}_+
\end{cases} \quad (6.4.9)
$$

在这种情况下, 定理 6.4.1 中的 $\underline{\boldsymbol{\alpha}} = \overline{\boldsymbol{\alpha}} = \boldsymbol{I}$, 则有如下推论.

推论 6.4.2　设 (6H1)、(6H3)、(6H4)、(6H5) 成立并存在实数 $\rho > 0, \varepsilon_1 > 0, \varepsilon_2 > 0$, 矩阵 X, $P > 0, Q > 0$ 使得式 (6.4.2), 式 (6.4.4) 和

$$
\begin{bmatrix}
-P\mu - \mu P + \dfrac{1}{\tau}Q & 0 & PA & PB & \rho\boldsymbol{\Theta}_1^{\mathrm{T}} & 0 & 0 & \varepsilon_1 l \\
* & -\dfrac{1-\delta}{\tau}Q & 0 & 0 & 0 & \rho\boldsymbol{\Theta}_2^{\mathrm{T}} & \varepsilon_2 l & 0 \\
* & * & -\varepsilon_1 I & 0 & 0 & 0 & 0 & 0 \\
* & * & * & -\varepsilon_2 I & 0 & 0 & 0 & 0 \\
* & * & * & * & -\rho I & 0 & 0 & 0 \\
* & * & * & * & * & -\rho I & 0 & 0 \\
* & * & * & * & * & * & -\varepsilon_2 I & 0 \\
* & * & * & * & * & * & * & -\varepsilon_1 I
\end{bmatrix} < 0
$$

$$(6.4.10)$$

成立, 则式 (6.4.9) 可被脉冲控制器 (式 (6.4.5)) 鲁棒全局渐近均方镇定.

最后, 考虑没有随机现象的细胞神经网络, 即

$$
\begin{cases}
\mathrm{d}\boldsymbol{y}(t) = \Big[-\boldsymbol{\beta}(\boldsymbol{y}(t)) + \boldsymbol{A}\boldsymbol{g}(\boldsymbol{y}(t)) + \boldsymbol{B}\boldsymbol{g}(\boldsymbol{y}(t-\tau(t))) \Big]\mathrm{d}t, & t \geqslant 0,\ t \neq t_k \\
\Delta \boldsymbol{y}|_{t=t_k} = \boldsymbol{J}_k(\boldsymbol{y}(t_k^-)), & k \in \mathbf{Z}_+
\end{cases} \quad (6.4.11)
$$

推论 6.4.3 设 (6H1)、(6H3)、(6H4)、(6H5) 成立并存在实数 $\rho > 0, \varepsilon_1 > 0, \varepsilon_2 > 0$, 矩阵 $X, P > 0, Q > 0$ 使得式 (6.4.4) 和

$$\begin{bmatrix} -P\mu - \mu P + \dfrac{1}{\tau}Q & 0 & PA & PB & 0 & \varepsilon_1 l \\ * & -\dfrac{1-\delta}{\tau}Q & 0 & 0 & \varepsilon_2 l & 0 \\ * & * & -\varepsilon_1 I & 0 & 0 & 0 \\ * & * & * & -\varepsilon_2 I & 0 & 0 \\ * & * & * & * & -\varepsilon_2 I & 0 \\ * & * & * & * & * & -\varepsilon_1 I \end{bmatrix} < 0 \qquad (6.4.12)$$

成立, 则式 (6.4.11) 可被脉冲控制器 (式 (6.4.5)) 鲁棒全局渐近均方镇定.

例 6.4.1 考虑具有如下系数的式 (6.4.1), 即

$$A = \begin{bmatrix} 0.5 & 0.2 & 0.3 \\ 0.3 & 0.2 & -0.2 \\ 0.1 & 0.2 & -0.2 \end{bmatrix}, \quad B = \begin{bmatrix} 0.6 & 0.2 & 0.4 \\ 0.3 & 0.2 & -0.6 \\ 0.5 & 0.2 & -0.3 \end{bmatrix}$$

$$\boldsymbol{\alpha} = \begin{bmatrix} 0.5 & 0 & 0 \\ 0 & 0.6 & 0 \\ 0 & 0 & 0.6 \end{bmatrix}, \quad \overline{\boldsymbol{\alpha}} = \begin{bmatrix} 0.7 & 0 & 0 \\ 0 & 0.8 & 0 \\ 0 & 0 & 0.9 \end{bmatrix}$$

$$l = 0.3I, \ \mu = 0.9I, \ \delta = 0.5, \tau = 2, \ \Theta_1 = 0.08I, \Theta_2 = 0.09I$$

通过解式 (6.4.2)、式 (6.4.3) 和式 (6.4.4), 其中 $\rho > 0, \varepsilon_i > 0 (i = 1, 2), P > 0, Q > 0$ 得 $\rho = 2.2035, \ \varepsilon_1 = 1.5345, \varepsilon_2 = 1.7937$

$$P = \begin{bmatrix} 1.4201 & -0.1001 & -0.1629 \\ -0.1001 & 1.4362 & -0.2535 \\ -0.1629 & -0.2535 & 1.4319 \end{bmatrix}, \quad Q = \begin{bmatrix} 0.2734 & -0.0198 & -0.0705 \\ -0.0198 & 0.4202 & -0.1834 \\ -0.0705 & -0.1834 & 0.4591 \end{bmatrix}$$

$$X = \begin{bmatrix} -0.5364 & 0.0125 & 0.0189 \\ 0.0125 & -0.5375 & 0.0289 \\ 0.0189 & 0.0289 & -0.5367 \end{bmatrix}, \quad K = \begin{bmatrix} -0.3834 & -0.0242 & -0.0348 \\ -0.0242 & -0.3849 & -0.0507 \\ -0.0347 & -0.0507 & -0.3878 \end{bmatrix}$$

由定理 6.4.1 则以上系统可被脉冲控制器

$$J_k(\boldsymbol{y}(t)) = \begin{bmatrix} -0.3834 & -0.0242 & -0.0348 \\ -0.0242 & -0.3849 & -0.0507 \\ -0.0347 & -0.0507 & -0.3878 \end{bmatrix} \boldsymbol{y}(t)$$

鲁棒全局渐近均方镇定.

6.5　小　　结

本章研究了 Cohen-Grossberg 神经网络和脉冲的 Cohen-Grossberg 神经网络的鲁棒全局渐近均方稳定性问题.

在研究广义 Cohen-Grossberg 神经网络时, 通过选择合适的 Lyapunov 泛函, 并借助于矩阵不等式技术, 得到了该网络稳定的充分条件. 该条件是新的, 形式简洁, 易于使用和验证.

关于脉冲的 Cohen-Grossberg 神经网络方面, 基于构造适当的 Lyapunov 泛函, 并结合矩阵不等式技术, 设计了一个合适的脉冲控制律, 得到了它们的鲁棒全局渐近均方稳定性. 这些条件的表现形式为线性矩阵不等式. 实例部分说明了本章结果的有效性.

第7章　非线性细胞神经网络行波解的指数稳定性

本章利用加权能量方法和比较原理研究一类整数格一维时滞非线性细胞神经网络 (Delayed Cellular Neural Network, DCNN) 的行波解的指数稳定性问题.

7.1　背　　景

近年来, 人工神经网络在现实世界中的诸多重要的应用得到了广泛的关注. 其中文献 [172] 和文献 [173] 首次将人工神经网络成功应用于电路系统. 从那时起, 它们被研究并应用于许多领域. 例如, 模式识别、信号和图像处理、机器人及生物愿景、优化与控制. 由于信号转换的有限开关速度, 在神经网络的实际应用里, 时滞总是不可避免的. 下面表示的是一类没有信号输入的一维整数格时滞细胞神经网络[168,169], 即

$$\frac{\mathrm{d}x_i(t)}{\mathrm{d}t} = -x_i(t) + z + \alpha \int_0^\tau K_1(s)f(x_i(t-s))\mathrm{d}s + \beta \int_0^\tau K_2(s)f(x_{i+1}(t-s))\mathrm{d}s$$

$$\tag{7.1.1}$$

其中, $i \in \mathbf{Z}$; $x_i(t)$ 是第 i 个细胞在时刻 t 的状态变量; 系数 $\alpha > 0$, $\beta > 0$; τ 是一个正常数, 核 $K_i : [0,\tau] \to [0,+\infty)$ 是满足 $\int_0^\tau K_i(s)\mathrm{d}s = 1$ 的分段连续函数, $i = 1,2$; 项目 z 表示独立电压电路中的偏置量.

式 (7.1.1) 的初值为

$$x_i(s) = x_i^0(s), \quad s \in [-\sigma, 0], \quad i \in \mathbf{Z} \tag{7.1.2}$$

其中, $x_i^0(s)$ 在 $s \in [-\sigma, 0]$ 上连续, $\sigma = \max\{\delta, \gamma\}$, 这里 δ, γ 将在下面给出.

这类函数明显地比常用的 Sigmoid 激励函数和分段线性函数 $f_i(x) = \frac{1}{2}(|x+1| - |x-1|)$[173] 更为广泛.

在本书中这类典型问题的假设如下:

(7H1) f 是 $(-\infty, +\infty)$ 上的连续非减奇函数, 并且满足

$$\begin{cases} f(0) = 0 \\ f(x) = 1, & x \geqslant 1 \\ f(x) \leqslant f'(0)x, & x \in [0,1] \end{cases}$$

(7H2) $f''(x) \leqslant 0$, $x \in (0, K)$, 其中, $K = \alpha + \beta$.

在区间 $[-1,1]$ 上的上述非线性函数的一个例子为

$$f(x) = \begin{cases} 1, & x \geqslant 1 \\ \sin\dfrac{\pi x}{2}, & -1 \leqslant x \leqslant 1 \\ -1, & x \leqslant -1 \end{cases}$$

式 (7.1.1) 的行波解是具有波速 c 的形如 $x_i(t) = \phi(i-ct)(i \in \mathbf{N}, t \in \mathbf{R})$ 的特殊解, 这里 $\phi(\xi)(\xi = i - ct \in \mathbf{R})$ 是波形. 那么, 当 $z = 0$ 时, ϕ 必为以下波形方程, 即

$$-c\phi'(\xi) = -\phi(\xi) + \alpha \int_0^\tau K_1(s)f(\phi(\xi+cs))\mathrm{d}s + \beta \int_0^\tau K_2(s)f(\phi(\xi+1+cs))\mathrm{d}s \tag{7.1.3}$$

的解.

据我们所知, 目前仅有很少的文献涉及行波解的稳定性[174-179]. 本章将重点研究满足如下渐近边值条件之一的行波解的指数稳定性问题, 即

$$\lim_{s \to -\infty} \phi(s) = x^0, \quad \lim_{s \to \infty} \phi(s) = x^+ \tag{7.1.4}$$

$$\lim_{s \to -\infty} \phi(s) = x^0, \quad \lim_{s \to \infty} \phi(s) = x^- \tag{7.1.5}$$

$$\lim_{s \to -\infty} \phi(s) = x^+, \quad \lim_{s \to \infty} \phi(s) = x^0 \tag{7.1.6}$$

$$\lim_{s \to -\infty} \phi(s) = x^-, \quad \lim_{s \to \infty} \phi(s) = x^0 \tag{7.1.7}$$

如果类神经连接足够大且满足

$$\alpha + \beta > 1$$

那么式 (7.1.2) 必存在三个平衡点:

$$x^- = -(\alpha + \beta), \quad x^0 = 0, \quad x^+ = \alpha + \beta$$

最近, 文献 [168] 利用单调迭代法和上下解技术, 研究了式 (7.1.1) 在假设 (7H1) 下的行波解的存在性, 得到了如下结果.

定理 7.1.1　如果条件 (7H1) 成立, 则式 (7.1.1) 和式 (7.1.4) 存在波速满足 $c < c_* < 0$ 的递增的行波解 $\phi(s)$.

定理 7.1.2　如果条件 (7H1) 成立, 则式 (7.1.1) 和式 (7.1.5) 存在波速满足 $c < c_* < 0$ 的递减的行波解 $\phi(s)$.

定理 7.1.3　如果条件 (7H1) 成立, 则式 (7.1.1) 和式 (7.1.6) 存在波速满足 $c < c_* < 0$ 的递减的行波解 $\phi(s)$.

定理 7.1.4　如果条件 (7H1) 成立, 则式 (7.1.1) 和式 (7.1.7) 存在波速满足 $c < c_* < 0$ 的递增的行波解 $\phi(s)$.

本书中, 空间 l_ρ^2 表示

$$l_\rho^2 := \left\{ \boldsymbol{\xi} = \{\xi_i\}_{i \in \mathbf{Z}}, \xi_i \in \mathbf{R} \,\middle|\, \sum_i \rho(\xi_i)\xi_i^2 < \infty \right\} \tag{7.1.8}$$

其中, 加权函数 $0 < \rho(\xi_i) \in C(\mathbf{R})$. 其范数定义为

$$\|\boldsymbol{\xi}\|_{l_\rho^2} := \left(\sum_i \rho(\xi_i)\xi_i^2 \right)^{1/2}, \quad \boldsymbol{\xi} \in l_\rho^2 \tag{7.1.9}$$

下面将利用加权能量方法和比较原理, 重点研究具分布时滞的细胞神经网络行波解的指数稳定性问题. 主要结果如下.

定理 7.1.5　如果条件 (7H1)、(7H2) 成立, 并设 $\phi(n - ct)$ 是式 (7.1.1) 和式 (7.1.4) 的波速满足 $c < c_* < 0$ 的递增的行波解 $\phi(s)$. 假设初值满足

$$0 \leqslant x_n^0(s) \leqslant x^+, \quad s \in [-\delta, 0], \, n \in \mathbf{Z} \tag{7.1.10}$$

并且初始误差 $x_n^0(s) - \phi(n - ct) \in C([-\delta, 0], l_\rho^2)$. 那么式 (7.1.1) 和式 (7.1.10) 具有递增的行波解 $\{x_n(t)\}$ 使得

$$0 \leqslant x_n(t) \leqslant x^+, \quad t \in [0, +\infty), \, n \in \mathbf{Z}$$

以及

$$x_n(t) - \phi(n - ct) \in C([0, +\infty), l_\rho^2)$$

特别地, 存在常数 $C > 0, \, b > 0$ 使得

$$\sup_n |x_n(t) - \phi(n - ct)| \leqslant Ce^{-bt}, \quad t \geqslant 0$$

定理 7.1.6　如果条件 (7H1)、(7H2) 成立, 并设 $\phi(n - ct)$ 是式 (7.1.1) 和式 (7.1.5) 的波速满足 $c < c_* < 0$ 的递减的行波解 $\phi(s)$. 假设初值满足

$$0 \leqslant x_n^0(s) \leqslant x^+, \quad s \in [-\delta, 0], \, n \in \mathbf{Z}$$

并且初始误差 $x_n^0(s) - \phi(n - ct) \in C([-\delta, 0], l_\rho^2)$. 那么式 (7.1.1) 和式 (7.1.10) 具有递增的行波解 $\{x_n(t)\}$ 使得

$$0 \leqslant x_n(t) \leqslant x^+, \quad t \in [0, +\infty), \, n \in \mathbf{Z}$$

以及

$$x_n(t) - \phi(n - ct) \in C([0, +\infty), l_\rho^2)$$

特别地, 存在常数 $C > 0$, $b > 0$ 使得

$$\sup_n |x_n(t) - \phi(n - ct)| \leqslant Ce^{-bt}, \quad t \geqslant 0$$

定理 7.1.7　如果条件 (7H1)、(7H2) 成立, 并设 $\phi(n - ct)$ 是式 (7.1.1) 和式 (7.1.6) 的波速满足 $c < c_* < 0$ 的递减的行波解 $\phi(s)$. 假设初值满足

$$0 \leqslant x_n^0(s) \leqslant x^+, \quad s \in [-\delta, 0], \ n \in \mathbf{Z}$$

并且初始误差 $x_n^0(s) - \phi(n - ct) \in C([-\delta, 0], l_\rho^2)$. 那么式 (7.1.1) 和式 (7.1.10) 具有递增的行波解 $\{x_n(t)\}$ 使得

$$0 \leqslant x_n(t) \leqslant x^+, \quad t \in [0, +\infty), \ n \in \mathbf{Z}$$

以及

$$x_n(t) - \phi(n - ct) \in C([0, +\infty), l_\rho^2)$$

特别地, 存在常数 $C > 0$, $b > 0$ 使得

$$\sup_n |x_n(t) - \phi(n - ct)| \leqslant Ce^{-bt}, \quad t \geqslant 0$$

定理 7.1.8　如果条件 (7H1)、(7H2) 成立, 并设 $\phi(n - ct)$ 是式 (7.1.1) 和式 (7.1.7) 的波速满足 $c < c_* < 0$ 的递增的行波解 $\phi(s)$. 假设初值满足

$$0 \leqslant x_n^0(s) \leqslant x^+, \quad s \in [-\delta, 0], \ n \in \mathbf{Z}$$

并且初始误差 $x_n^0(s) - \phi(n - ct) \in C([-\delta, 0], l_\rho^2)$. 那么式 (7.1.1) 和式 (7.1.10) 具有递增的行波解 $\{x_n(t)\}$ 使得

$$0 \leqslant x_n(t) \leqslant x^+, \quad t \in [0, +\infty), \ n \in \mathbf{Z}$$

以及

$$x_n(t) - \phi(n - ct) \in C([0, +\infty), l_\rho^2)$$

特别地, 存在常数 $C > 0$, $b > 0$ 使得

$$\sup_n |x_n(t) - \phi(n - ct)| \leqslant Ce^{-bt}, \quad t \geqslant 0$$

7.2 有 关 引 理

考虑式 (7.1.3) 在 $x^0 = 0$ 的特征函数, 即

$$\Delta(\lambda, c) = -c\lambda + 1 - \alpha f'(0) \int_0^\tau K_1(u)e^{\lambda cu}du - \beta f'(0) \int_0^\tau K_2(u)e^{\lambda(1+cu)}du \qquad (7.2.1)$$

有如下引理.

引理 7.2.1[168]　　假设 $\alpha > 1$, 则存在确定的满足 $c_* < 0, \lambda_* > 0$ 的 λ_*, c_* 使得如下条件成立:

(1) $\Delta(\lambda_*, c_*) = 0$, $\dfrac{\partial}{\partial \lambda}\Delta(\lambda_*, c_*) = 0$.

(2) 对任意的 $c_* < c \leqslant 0$, $\lambda \in \mathbf{R}$, 总有 $\Delta(\lambda, c) < 0$.

(3) 对任意的 $c < c_*$, 总存在 $\lambda_1 > 0$, $\varepsilon_1 > 0$ 使得 $\Delta(\lambda_1, c) = 0$; 并且对任意小的 $\varepsilon \in (0, \varepsilon_1)$ 可得 $\Delta(\lambda_1 + \varepsilon, c) > 0$.

7.3 主 要 结 果

首先, 为了证明本章的结论, 需要先证明式 (7.1.1) 的有界性并建立其比较原理, 这一点类似于文献 [174]~ 文献 [178], 证明从略.

引理 7.3.1 (有界性)　　若初值满足

$$0 \leqslant u_n^0(s) \leqslant x^+, \quad s \in [-\tau, 0], \ n \in \mathbf{Z} \qquad (7.3.1)$$

则 Cauchy 问题, 即式 (7.1.1) 和式 (7.1.3) 的解 $u_n(t)$ 满足

$$0 \leqslant u_n(t) \leqslant x^+, \quad t \in [0, +\infty), \ n \in \mathbf{Z} \qquad (7.3.2)$$

引理 7.3.2 (比较原理)　　令 $\overline{u}(t)$ 和 $\underline{u}(t)$ 是式 (7.1.1) 和式 (7.1.2) 各自满足初值为 $\overline{u}_n^0(s)$ 和 $\underline{u}_n^0(s)$ 的解. 如果

$$0 \leqslant \underline{u}_n^0(s) \leqslant \overline{u}_n^0(s) \leqslant x^+, \quad s \in [-\tau, 0], \ n \in \mathbf{Z} \qquad (7.3.3)$$

则

$$0 \leqslant \underline{u}_n(t) \leqslant \overline{u}_n(t) \leqslant x^+, \quad t \in [0, +\infty), \ n \in \mathbf{Z} \qquad (7.3.4)$$

下面将利用加权能量法和比较原则证明本章的主要结果, 即定理 7.1.5. 在这个过程中, 将涉及如何选择适当的加权函数以及如何利用比较原理, 得到在较大初值扰动的情况下的波前解的稳定性.

对给定的满足

$$0 \leqslant u_n^0(s) \leqslant x^+, \quad s \in [-\tau, 0], \ n \in \mathbf{Z}$$

的初值 $u_n^0(s)$. 令

$$\overline{U}_n^0(s) = \max\{u_n^0(s), \phi(n - cs)\}$$
$$\underline{U}_n^0(s) = \min\{u_n^0(s), \phi(n - cs)\}, \quad s \in [-\tau, 0], \ n \in \mathbf{Z} \tag{7.3.5}$$

因此

$$0 \leqslant \underline{U}_n^0(s) \leqslant u_n^0(s) \leqslant \overline{U}_n^0(s) \leqslant x^+$$
$$0 \leqslant \underline{U}_n^0(s) \leqslant \phi(n - cs) \leqslant \overline{U}_n^0(s) \leqslant x^+, \quad s \in [-\tau, 0], \ n \in \mathbf{Z} \tag{7.3.6}$$

再令 $\overline{U}_n(t)$ 和 $\underline{U}_n(t)$ 为式 (7.1.3) 各自满足初值条件 $\overline{U}_n^0(t)$ 和 $\underline{U}_n^0(t)$ 的解. 根据引理 7.3.1 和引理 7.3.2, 易得

$$0 \leqslant \underline{U}_n(t) \leqslant u_n(t) \leqslant \overline{U}_n(t) \leqslant x^+$$
$$0 \leqslant \underline{U}_n(t) \leqslant \phi(n - ct) \leqslant \overline{U}_n(t) \leqslant x^+, \quad t \in [0, +\infty), \ n \in \mathbf{Z} \tag{7.3.7}$$

定理 7.1.5 的证明　为了证明定理 7.1.5 中的波前解的稳定性, 需要像文献 [175]～ 文献 [178] 所做的那样分三步去证明.

第一步. 证明 $\overline{U}_n(t)$ 收敛到 $\phi(n - ct)$.

令

$$v_n(t) = \overline{U}_n(t) - \phi(n - ct), \ t \in [0, +\infty), \ n \in \mathbf{Z}$$

以及

$$v_n^0(s) = \overline{U}_n^0(s) - \phi(n - cs), \ s \in [-\tau, 0], \ n \in \mathbf{Z}$$

则

$$v_n(t) \geqslant 0, \quad v_n(s) \geqslant 0$$

由式 (7.1.1)～ 式 (7.1.3), $v_n(t)$ 满足

$$\begin{aligned}
\frac{\mathrm{d}v_n(t)}{\mathrm{d}t} =& - v_n(t) + \alpha \int_0^\tau K_1(s)[f(\overline{U}_n(t-s)) - f(\phi(n - ct + cs))]\mathrm{d}s \\
& + \beta \int_0^\tau K_2(s)[f(\overline{U}_{n+1}(t-s)) - f(\phi(n + 1 - ct + cs))]\mathrm{d}s \\
=& - v_n(t) + \alpha \int_0^\tau K_1(s)[f_s'(\phi(n - ct + cs))v_n(t-s)]\mathrm{d}s \\
& + \beta \int_0^\tau K_2(s)[f_s'(\phi(n + 1 - ct + cs))v_{n+1}(t-s)]\mathrm{d}s + A_n(t) \quad (7.3.8)
\end{aligned}$$

其中

$$
\begin{aligned}
A_n(t) =& \alpha \int_0^\tau K_1(s)[f(\overline{U}_n(t-s)) - f(\phi(n-ct+cs))]\mathrm{d}s \\
&+ \beta \int_0^\tau K_2(s)[f(\overline{U}_{n+1}(t-s)) - f(\phi(n+1-ct+cs))]\mathrm{d}s \\
&- \left\{ \alpha \int_0^\tau K_1(s)[f'(\phi(n-ct+cs))v_n(t-s)]\mathrm{d}s \right. \\
&\left. + \beta \int_0^\tau K_2(s)[f'(\phi(n+1-ct+cs))v_{n+1}(t-s)]\mathrm{d}s \right\}
\end{aligned}
\tag{7.3.9}
$$

根据 Taylor 公式和假设 (7H2) 得 $A_n(t) \leqslant 0$. 令 $\rho(\xi) > 0$ 为式 (7.1.8) 中所定义的加权函数. 对式 (7.3.8) 两边同乘以 $\mathrm{e}^{2\mu t}v_n(t)\rho(\xi(t,n))$(其中 $\mu > 0$ 将在引理 7.3.4 给出) 得

$$
\begin{aligned}
&\frac{1}{2}\frac{\mathrm{d}}{\mathrm{d}t}[\mathrm{e}^{2\mu t}v_n^2(t)\rho(\xi(t,n))] - (\mu-1)\mathrm{e}^{2\mu t}v_n^2(t)\rho(\xi(t,n)) + \frac{c}{2}\mathrm{e}^{2\mu t}v_n^2(t)\rho_\xi' \\
&- \left[\alpha \int_0^\tau K_1(s)[f'(\phi(n-ct+cs))v_n(t-s)]\mathrm{e}^{2\mu t}v_n(t)\rho(\xi(t,n))\mathrm{d}s \right. \\
&\left. + \beta \int_0^\tau K_2(s)[f'(\phi(n+1-ct+cs))v_{n+1}(t-s)]\mathrm{e}^{2\mu t}v_n(t)\rho(\xi(t,n))\mathrm{d}s \right] \\
&= A_n(t)\mathrm{e}^{2\mu t}v_n(t)\rho(\xi(t,n)) \leqslant 0
\end{aligned}
\tag{7.3.10}
$$

根据 Cauchy-Schwarz 不等式 $|ab| \leqslant \dfrac{m_i}{2}a^2 + \dfrac{1}{2m_i}b^2 (\forall\, m_i > 0, i \in \{1,2\})$, 并对所有的 $n \in \mathbf{Z}$ 求和, 再对式 (7.3.10) 在 $[0,t]$ 上积分得

$$
\begin{aligned}
&\mathrm{e}^{2\mu t}\|v(t)\|_{l_\rho^2}^2 - \|v^0(0)\|_{l_\rho^2}^2 + \int_0^t \sum_n \mathrm{e}^{2\mu s}v_n^2(s)\rho(\xi(s,n))\left[-2(\mu-1)+c\frac{\rho_\xi'(\xi(s,n))}{\rho(\xi(s,n))}\right]\mathrm{d}s \\
&\leqslant \alpha \int_0^t \sum_n \int_0^\tau K_1(u)f'(\phi(n-cs+cu))\left(m_1 v_n^2(s-u)+\frac{1}{m_1}v_n^2(s)\right) \\
&\quad \times \rho(\xi(s,n))\mathrm{e}^{2\mu s}\mathrm{d}u\mathrm{d}s \\
&+ \beta \int_0^t \sum_n \int_0^\tau K_2(u)f'(\phi(n+1-cs+cu))\left(m_2 v_{n+1}^2(s-u)+\frac{1}{m_2}v_n^2(s)\right) \\
&\quad \times \rho(\xi(s,n))\mathrm{e}^{2\mu s}\mathrm{d}u\mathrm{d}s
\end{aligned}
\tag{7.3.11}
$$

由积分第一中值定理, 存在 $\delta \in [0,\tau]$ 满足

$$
\begin{aligned}
&\alpha \int_0^t \sum_n \left[\int_0^\tau K_1(u)f'(\phi(n-cs+cu))m_1 v_n^2(s-u)\rho(\xi(s,n))\mathrm{e}^{2\mu s}\mathrm{d}u\right]\mathrm{d}s \\
&= m_1\alpha\tau \int_0^t \sum_n \left[K_1(\delta)f'(\phi(n-cs+c\delta))v_n^2(s-\delta)\rho(\xi(s,n))\right]\mathrm{e}^{2\mu s}\mathrm{d}s
\end{aligned}
$$

$$
=m_1\alpha\tau\int_{-\delta}^{t-\delta}\sum_n\left[K_1(\delta)f'(\phi(n-cs))v_n^2(s)\rho(\xi(s+\delta,n))\right]\mathrm{e}^{2\mu(s+\delta)}\mathrm{d}s
$$

$$
\leqslant m_1\alpha\tau K_1(\delta)\sum_n\left[\left(\int_{-\delta}^0+\int_0^t\right)f'(\phi(n-cs))v_n^2(s)\rho(\xi(s+\delta,n))\mathrm{e}^{2\mu(s+\delta)}\mathrm{d}s\right]
$$

$$
\leqslant C\int_{-\delta}^0\|v^0(s)\|_{l_\rho^2}^2\mathrm{d}s
$$

$$
+m_1\alpha\tau K_1(\delta)\left[\int_0^t\sum_n v_n^2(s)\rho(\xi(s,n))\mathrm{e}^{2\mu s}f'(\phi(n-cs))\frac{\rho(\xi(s+\delta,n))}{\rho(\xi(s,n))}\mathrm{e}^{2\mu\delta}\mathrm{d}s\right]
$$
$$(7.3.12)$$

相似地, 存在 $\gamma\in[0,\tau]$ 使得

$$
\beta\int_0^t\sum_n\int_0^\tau K_2(u)f'(\phi(n+1-cs+cu))m_2 v_{n+1}^2(s-u)\rho(\xi(s,n))\mathrm{e}^{2\mu s}\mathrm{d}u\mathrm{d}s
$$

$$
=m_2\beta\tau\int_0^t\sum_k\left[K_2(\gamma)f'(\phi(k-cs+c\gamma))v_k^2(s-\gamma)\rho(\xi(s,k-1))\right]\mathrm{e}^{2\mu s}\mathrm{d}s
$$

$$
=m_2\beta\tau\int_{-\gamma}^{t-\gamma}\sum_n\left[K_2(\gamma)f'(\phi(n-cs))v_n^2(s)\rho(\xi(s+\gamma,n-1))\right]\mathrm{e}^{2\mu(s+\gamma)}\mathrm{d}s
$$

$$
\leqslant m_2\beta\tau K_2(\gamma)\sum_n\left[\left(\int_{-\gamma}^0+\int_0^t\right)f'(\phi(n-cs))v_n^2(s)\rho(\xi(s+\gamma,n-1))\mathrm{e}^{2\mu(s+\gamma)}\mathrm{d}s\right]
$$

$$
\leqslant C_1\int_{-\gamma}^0\|v^0(s)\|_{l_\rho^2}^2\mathrm{d}s
$$

$$
+m_2\beta\tau K_2(\gamma)\left[\int_0^t\sum_n v_n^2(s)\rho(\xi(s,n))\mathrm{e}^{2\mu s}f'(\phi(n-cs))\frac{\rho(\xi(s+\gamma,n-1))}{\rho(\xi(s,n))}\mathrm{e}^{2\mu\gamma}\mathrm{d}s\right]
$$
$$(7.3.13)$$

则由式 (7.3.11)~ 式 (7.3.13) 得

$$
\mathrm{e}^{2\mu t}\|v(t)\|_{l_\rho^2}^2+\int_0^t\sum_n v_n^2(s)\rho(\xi(s,n))\mathrm{e}^{2\mu s}G_{\mu,\rho}(s,n)\mathrm{d}s
$$

$$
\leqslant\|v^0(0)\|_{l_\rho^2}^2+C\int_{-\sigma}^0\|v^0(s)\|_{l_\rho^2}^2\mathrm{d}s
$$
$$(7.3.14)$$

其中

$$
G_{\mu,\rho}(s,n)=E_{\mu,\rho}(s,n)-2\mu-\tau f'(\phi(n-cs))\left[m_1\alpha K_1(\delta)\frac{\rho(\xi(s+\delta,n))}{\rho(\xi(s,n))}\left(\mathrm{e}^{2\mu\delta}-1\right)\right.
$$
$$
\left.+m_2\beta K_2(\gamma)\frac{\rho(\xi(s+\gamma,n-1))}{\rho(\xi(s,n))}\left(\mathrm{e}^{2\mu\gamma}-1\right)\right]
$$
$$
E_{\mu,\rho}(s,n)=2+c\frac{\rho'_\xi(\xi(s,n))}{\rho(\xi(s,n))}-\tau f'(\phi(n-cs))\left[m_1\alpha K_1(\delta)\frac{\rho(\xi(s+\delta,n))}{\rho(\xi(s,n))}\right.
$$

$$+ m_2\beta K_2(\gamma)\frac{\rho(\xi(s+\gamma,n-1))}{\rho(\xi(s,n))}\Bigg] - \Bigg\{\int_0^\tau\Bigg[\frac{1}{m_1}\alpha K_1(u)f'(\phi(n-cs+cu))$$

$$+ \frac{1}{m_2}\beta K_2(u)f'(\phi(n+1-cs+cu))\Bigg]\mathrm{d}u\Bigg\}$$

引理 7.3.3 如果 (7H1)、(7H2) 成立. 令 m_i 为满足 $m_1 = \mathrm{e}^{-c\lambda\delta}$, $m_2 = \mathrm{e}^{-\lambda(1+c\gamma)}$ 的常数, 则对任意的 $c < c_*$, 都存在常数 C 使得 $E_{\mu,\rho}(s,n) \geqslant C$.

证明 因为 $0 \leqslant f'(s) \leqslant f'(0)(\forall\ s \in [0,x^+])$ 以及

$$\frac{\rho'_\xi(\xi(s,n))}{\rho(\xi(s,n))} = -2\lambda, \quad \frac{\rho(\xi(s+\delta,n))}{\rho(\xi(s,n))} = \mathrm{e}^{2c\lambda\delta}, \quad \frac{\rho(\xi(s+\gamma,n-1))}{\rho(\xi(s,n))} = \mathrm{e}^{2\lambda(1+c\gamma)}$$

因此, 根据引理 7.2.1 可得

$$E_{\mu,\rho}(s,n) \geqslant -2\lambda c + 2 - \tau f'(0)\Big[m_1\alpha K_1(\delta)\mathrm{e}^{2c\lambda\delta} + m_2\beta K_2(\gamma)\mathrm{e}^{2\lambda(1+c\gamma)}\Big]$$

$$- \Bigg\{\int_0^\tau\Bigg[\frac{1}{m_1}\alpha K_1(u)f'(0) + \frac{1}{m_2}\beta K_2(u)f'(0))\Bigg]\mathrm{d}u\Bigg\}$$

$$= -2\lambda c + 2 - 2f'(0)\Bigg\{\int_0^\tau\Big[\alpha K_1(u)\mathrm{e}^{c\lambda u} + \beta K_2(u)\mathrm{e}^{\lambda(1+cu)}\Big]\mathrm{d}u\Bigg\}$$

$$= 2\Delta(\lambda,c) =: C > 0$$

引理 7.3.4 如果 (7H1)、(7H2) 成立, 则对任意的 $c < c_*$ 及任意的 $0 < \mu \leqslant \mu^*$, 都存在常数 $\mu^* > 0$ 满足 $G_{\mu,\rho}(s,n) > 0$, 其中 μ^* 是如下方程:

$$C - 2\mu - \tau f'(0)\Big[\alpha K_1(\delta)\mathrm{e}^{c\lambda\delta}\big(\mathrm{e}^{2\mu\delta} - 1\big) + \beta K_2(\gamma)\mathrm{e}^{\lambda(1+c\gamma)}\big(\mathrm{e}^{2\mu\gamma} - 1\big)\Big] = 0$$

的唯一解.

证明 沿着以上引理的思路可得

$$G_{\mu,\rho}(s,n) \geqslant C - 2\mu - \tau f'(0)\Bigg[m_1\alpha K_1(\delta)\frac{\rho(\xi(s+\delta,n))}{\rho(\xi(s,n))}\big(\mathrm{e}^{2\mu\delta} - 1\big)$$

$$+ m_2\beta K_2(\gamma)\frac{\rho(\xi(s+\gamma,n-1))}{\rho(\xi(s,n))}\big(\mathrm{e}^{2\mu\gamma} - 1\big)\Bigg]$$

$$\geqslant C - 2\mu - \tau f'(0)\Big[\alpha K_1(\delta)\mathrm{e}^{c\lambda\delta}\big(\mathrm{e}^{2\mu\delta} - 1\big) + \beta K_2(\gamma)\mathrm{e}^{\lambda(1+c\gamma)}\big(\mathrm{e}^{2\mu\gamma} - 1\big)\Big]$$

$$\geqslant 0$$

证毕.

根据如上引理和式 (7.3.14), 可得到如下的能量估计.

引理 7.3.5 如果 (7H1)、(7H2) 成立. 则对任意的 $c < c_*$, $t \geqslant 0$ 可得

$$\mathrm{e}^{2\mu t}\|v(t)\|_{l_\rho^2}^2 \leqslant \|v^0(0)\|_{l_\rho^2}^2 + C\int_{-\sigma}^0\|v^0(s)\|_{l_\rho^2}^2\mathrm{d}s, \quad \mu \in (0,\mu^*)$$

下面, 对任意确定的整数 $N \gg 1$, 以及任意整数区间 $I|_\mathbf{Z} = (-\infty, N] \subset \mathbf{Z}$, 可得 Sobolev 嵌入结论 $l_\rho^2(I|_\mathbf{Z}) \hookrightarrow l^\infty(I|_\mathbf{Z})$, 由此可得如下结论.

引理 7.3.6　如果 (7H1)、(7H2) 成立. 则对任意的 $c < c_*$, $t \geqslant 0$, 都有

$$\sup_{n \in I|_\mathbf{Z}} |v_n(t)| \leqslant Ce^{-\mu t}\left(\|v^0(0)\|_{l_\rho^2}^2 + \int_{-\delta}^0 \|v^0(s)\|_{l_\rho^2}^2 \mathrm{d}s\right), \quad \mu \in (0, \mu^*) \qquad (7.3.15)$$

证明　根据 Sobolev 嵌入定理 $l^2 \hookrightarrow l^\infty$ 可得

$$\sup_{n \in I|_\mathbf{Z}} |v_n(t)| \leqslant \|v(t)\|_{l^2(I|_\mathbf{Z})}$$

对 $\xi_n \leqslant \xi_0$, 当 $n \in \mathbf{Z}$, $\rho(\xi_n) = e^{-2\lambda(\xi_n - \xi_0)}$ 时, 则可选择某个常数 $C > 0$ 使得

$$\|v(t)\|_{l^2(I|_\mathbf{Z})} \leqslant C\|v(t)\|_{l_\rho^2(I|_\mathbf{Z})}$$

由以上结果和引理得证.

为了证明式 (7.3.15) 在整个空间 $\mathbf{Z}$ 成立, 还需要证明在 $n = \infty$ 时的衰减率.

引理 7.3.7　如果 (7H1)、(7H2) 成立, 则对任意的 $c < c_*$, $t \geqslant 0$, 都有

$$\lim_{n \to \infty} v_n(t) \leqslant Ce^{-\mu_* t}$$

证明　由于 $A_n(t) \leqslant 0$, 式 (7.3.8) 变为

$$\begin{aligned}
\frac{\mathrm{d}v_n(t)}{\mathrm{d}t} \leqslant & -v_n(t) + \alpha \int_0^\tau K_1(s)[f_s'(\phi(n - ct + cs))v_n(t - s)]\mathrm{d}s \\
& + \beta \int_0^\tau K_2(s)[f_s'(\phi(n + 1 - ct + cs))v_{n+1}(t - s)]\mathrm{d}s
\end{aligned}$$

令 $n \to \infty$, 记 $\lim_{n \to \infty} v_n(t) = v_\infty(t)$, 则可得

$$\frac{\mathrm{d}v_\infty(t)}{\mathrm{d}t} \leqslant -v_\infty(t) + \alpha \int_0^\tau K_1(s)f'(x^+)v_\infty(t - s)\mathrm{d}s + \beta \int_0^\tau K_2(s)f'(x^+)v_\infty(t - s)\mathrm{d}s \tag{7.3.16}$$

如果 $f'(x^+) \leqslant 0$, 那么 $\dfrac{\mathrm{d}v_\infty(t)}{\mathrm{d}t} \leqslant -v_\infty(t)$. 于是有

$$v_\infty(t) \leqslant v_\infty^0(0)e^{-t}$$

如果 $f'(x^+) > 0$, 在区间 $[0, t]$ 上积分式 (7.3.16) 可得

$$\begin{aligned}
v_\infty(t) \leqslant & -\int_0^t v_\infty(s)\mathrm{d}s + \alpha f'(x^+)\int_0^t \int_0^\tau K_1(s)v_\infty(u - s)\mathrm{d}s\mathrm{d}u \\
& + \beta f'(x^+)\int_0^t \int_0^\tau K_2(s)v_\infty(u - s)\mathrm{d}s\mathrm{d}u
\end{aligned}$$

由积分第一中值定理, 存在 $\delta_1, \gamma_1 \in [0, \tau]$ 使得

$$v_\infty(t) \leqslant -\int_0^t v_\infty(s)\mathrm{d}s + \alpha\tau f'(x^+)\int_0^t K_1(\delta_1)v_\infty(s-\delta_1)\mathrm{d}s$$
$$+ \beta\tau f'(x^+)\int_0^t K_2(\gamma_1)v_\infty(s-\gamma_1)\mathrm{d}s$$

但是

$$\int_0^t v_\infty(s-\delta_1)\mathrm{d}s = \int_{-\delta_1}^{t-\delta_1} v_\infty(s)\mathrm{d}s \leqslant \int_0^t v_\infty(s)\mathrm{d}s + \int_{-\delta_1}^0 v_\infty(s)\mathrm{d}s$$

以及

$$\int_0^t v_\infty(s-\gamma_1)\mathrm{d}s = \int_{-\gamma_1}^{t-\gamma_1} v_\infty(s)\mathrm{d}s \leqslant \int_0^t v_\infty(s)\mathrm{d}s + \int_{-\gamma_1}^0 v_\infty(s)\mathrm{d}s$$

则可得

$$v_\infty(t) \leqslant \left\{\tau[\alpha K_1(\delta_1) + \beta K_2(\gamma_1)]f'(x^+) - 1\right\}\int_0^t v_\infty(s)\mathrm{d}s + C$$

其中, $C = \alpha\tau K_1(\delta_1)f'(x^+)\displaystyle\int_{-\delta_1}^0 v_\infty(s)\mathrm{d}s + \beta\tau K_2(\gamma_1)f'(x^+)\displaystyle\int_{-\gamma_1}^0 v_\infty(s)\mathrm{d}s.$ 根据 Gronwall 不等式得

$$v_\infty(t) \leqslant Ce^{-at}$$

其中, $a = 1 - \tau[\alpha K_1(\delta_1) + \beta K_2(\gamma_1)]f'(x^+) > 0.$ 选择 $\mu_* = \min\{1, a\}$, 结论得证.

引理 7.3.8 如果 (7H1)、(7H2) 成立, 则对任意的 $\forall c < c_*(\forall t \geqslant 0)$ 可得

$$\sup_n |\overline{U}_n(t) - \phi(n-ct)| = \sup_n |v_n(t)| \leqslant Ce^{-bt}, \quad b \in (0, \min\{\mu_*, \mu^*\}) \qquad (7.3.17)$$

其中, $C > 0$ 是一个常数.

根据以上事实, 第一步得证. 下面证明第二步.

第二步. 证明 $\underline{U}_n(t)$ 收敛到 $\phi(n-ct)$. 令

$$w_n(t) = \underline{U}_n(t) - \phi(n-ct), \quad t \in [0, +\infty), \ n \in \mathbf{Z}$$
$$w_n^0(s) = \underline{U}_n^0(s) - \phi(n-cs), \quad s \in [-\tau, 0], \ n \in \mathbf{Z}$$

相似于第一步可得.

引理 7.3.9 如果 (7H1)、(7H2) 成立, 则对任意的 $\forall c < c_*(\forall t \geqslant 0)$ 可得

$$\sup_n |\underline{U}_n(t) - \phi(n-ct)| = \sup_n |w_n(t)| \leqslant Ce^{-bt}, \quad b \in (0, \min\{\mu_*, \mu^*\}) \qquad (7.3.18)$$

其中, $C > 0$ 是某个常数.

第三步. 证明 $u_n(t)$ 收敛到 $\phi(n-ct)$.

引理 7.3.10　　如果 (7H1)、(7H2) 成立, 则对任意的 $\forall\, c < c_*(\forall\, t \geqslant 0)$ 可得

$$\sup_n |u_n(t) - \phi(n - ct)| \leqslant C\mathrm{e}^{-bt}, \quad b \in (0, \min\{\mu_*, \mu^*\}) \tag{7.3.19}$$

其中, $C > 0$ 是某个常数.

　　证明　　由于初值量满足 $\underline{U}_n(s) \leqslant u_n(s) \leqslant \overline{U}_n(s),\ s \in [-r, 0]$, 则根据引理 7.3.2, 对 $\forall\, t \geqslant 0,\ n \in \mathbf{Z}$, 式 (7.1.1)、式 (7.1.4)~ 式 (7.1.10) 的解满足

$$\underline{U}_n(t) \leqslant u_n(t) \leqslant \overline{U}_n(t)$$

再根据引理 7.3.9 得

$$\sup_n |u_n(t) - \phi(n - ct)| \leqslant C\mathrm{e}^{-bt}, \quad b \in (0, \min\{\mu_*, \mu^*\})$$

证毕.

　　类似地, 可以证明定理 7.1.6~ 定理 7.1.8.

7.4　小　　结

　　本章通过选择适当的加权函数, 利用加权能量方法和比较原理, 给出了一类一维整数格时滞细胞神经网络的行波解的指数稳定性的充分条件.

第 8 章 微分积分时滞神经网络的全局渐近稳定性

利用选择适当的 Lyapunov 泛函和某些分析技术, 本章给出了一类积分微分系统的全局渐近稳定性的充分条件.

8.1 背景和预备知识

考虑如下的系统模型, 即

$$
\begin{aligned}
x_i'(t) = & -d_i x_i(t) + \sum_{j=1}^{n} a_{ij} f_j(x_j(t)) \\
& + \sum_{j=1}^{n} b_{ij} f_j(x_j(t - \tau(t))) \\
& + \sum_{j=1}^{n} c_{ij} \int_{-\infty}^{t} K_{ij}(t - s) f_j(x_j(s)) \mathrm{d}s + J_i, \quad i = 1, 2, \cdots, n \quad (8.1.1)
\end{aligned}
$$

其中, n 表示网络中细胞的个数; $x_i(t)$ 表示第 i 个细胞在时刻 t 的状态. $\boldsymbol{D} = \mathrm{diag}(d_1, d_2, \cdots, d_n) > 0$ 表示一个正定对角矩阵, $\boldsymbol{x}(t) = [x_1(t), x_2(t), \cdots, x_n(t)]^{\mathrm{T}} \in \mathbf{R}^n$ 是 t 时刻的相应状态向量, $\boldsymbol{f}(\boldsymbol{x}(t)) = [f_1(x_1(t)), f_2(x_2(t)), \cdots, f_n(x_n(t))]^{\mathrm{T}} \in \mathbf{R}^n$ 表示细胞间在时刻 t 的激励函数, $\boldsymbol{A} = (a_{ij})_{n \times n}, \boldsymbol{B} = (b_{ij})_{n \times n}$ 和 $\boldsymbol{C} = (c_{ij})_{n \times n}$ 各自表示反馈矩阵和时滞反馈矩阵, $\boldsymbol{J} = (J_1, J_2, \cdots, J_n)^{\mathrm{T}} \in \mathbf{R}^n$ 表示系统的外部常值输入, 核 $K_{ij} : [0, +\infty) \to [0, +\infty)$ 是满足 $\displaystyle\int_0^{+\infty} K_{ij}(s) \mathrm{d}s = 1$ 的分段连续函数, 时滞 $\tau_j(t)$ 是满足 $0 \leqslant \tau_j(t) \leqslant \tau$ 的任意非负连续函数, 这里 τ 是一个常数.

本章中, 假定 $f_i, i = 1, 2, \cdots, n$ 有界并且满足以下条件:

(8H) 存在常数 $L_i > 0$ 使得

$$
0 \leqslant \frac{f_i(\eta_1) - f_i(\eta_2)}{\eta_1 - \eta_2} \leqslant L_i, \quad \forall \eta_1, \eta_2 \in \mathbf{R}, \eta_1 \neq \eta_2
$$

明显地, 这类函数包含常用的 Sigmoid 激励函数 $f(x) = \dfrac{1}{1 + \mathrm{e}^{-x}}$ 和分段连续函数 $f(x) = \dfrac{1}{2}(|x+1| - |x-1|)^{[173]}$, 是它们的推广.

式 (8.1.1) 的初值条件为

$$
x_i(t) = \phi_i(t), \quad t \in (-\infty, 0], \quad i = 1, 2, \cdots, n
$$

其中, $\phi_i(t)$ 在 $t \in (-\infty, 0]$ 上连续.

如果 $\boldsymbol{x}^* = [x_1^*, x_2^*, \cdots, x_n^*]^{\mathrm{T}}$ 是式 (8.1.1) 的平衡点, 则式 (8.1.1) 可通过变换 $y_i = x_i - x_i^*$ 变为如下的系统, 即

$$
\begin{aligned}
y_i'(t) = & -d_i y_i(t) + \sum_{j=1}^{n} a_{ij} g_j(y_j(t)) \\
& + \sum_{j=1}^{n} b_{ij} g_j(y_j(t - \tau(t))) \\
& + \sum_{j=1}^{n} c_{ij} \int_{-\infty}^{t} K_{ij}(t-s) g_j(y_j(s)) \mathrm{d}s, \quad i = 1, 2, \cdots, n
\end{aligned} \tag{8.1.2}
$$

其中, $g_j(y_j(t)) = f_j(y_j(t) + x_j^*) - f_j(x_j^*)$. 由于每一个函数 $f_j(\cdot)$ 满足条件 (8H), 因此每个 $g_j(\cdot)$ 满足

$$
\begin{aligned}
|g_j(\eta_j)| \leqslant L_j |\eta_j|, & \quad \forall \eta_j \in \mathbf{R} \\
g_j(0) = 0 &
\end{aligned} \tag{8.1.3}
$$

要证明式 (8.1.1) 的平衡点 $\boldsymbol{x}^*$ 的稳定性, 只要证明式 (8.1.2) 的零解的稳定性即可.

本章中, 下面的引理至关重要. 这个 Lyapunov-Razumikhin 技术是由 Haddock 和 Terjéki[180] 首先发现的.

考虑如下的泛函微分方程:

$$
\boldsymbol{x}'(t) = \boldsymbol{f}(\boldsymbol{x}_t) \tag{8.1.4}
$$

其中, $\boldsymbol{f} : C \to \mathbf{R}^n$, $C = C([-\tau, 0], \mathbf{R}^n)$, $\boldsymbol{x}_t \in C$ 定义为 $\boldsymbol{x}_t(s) = \boldsymbol{x}(t+s)$ $(s \in [-\tau, 0])$. 令 $V : \mathbf{R}^n \to \mathbf{R}$ 是一个 Lyapunov 函数, 且是一个 C^1 函数.

引理 8.1.1　假设 $\boldsymbol{f}$ 是连续映射, 并且是将 C 的有界子集映射为 $\mathbf{R}^n$ 的有界子集, $\boldsymbol{f}(0) = 0$. 如果存在 Lyapunov 函数 $V(\boldsymbol{x})$ 及常数 N 使得

$$
V(0) = 0, \quad V(\boldsymbol{x}) > 0, \quad \forall 0 \neq |\boldsymbol{x}| < N, \quad V'(0) = 0
$$

和

$$
V'(\boldsymbol{\phi}) < 0, \quad \forall 0 \neq \|\boldsymbol{\phi}\| < N \Rightarrow \max_{-\tau \leqslant s \leqslant 0} V(\boldsymbol{\phi}(s)) = V(\boldsymbol{\phi}(0))
$$

成立. 其中 $V'(\boldsymbol{\phi})$ 表示沿着式 (8.1.4) 的解 $\boldsymbol{x}(t, \boldsymbol{\phi})$ 的 V 的上右导数, 则式 (8.1.4) 的解 $\boldsymbol{x} = 0$ 是渐近稳定的. 此外, 对任意的 $t \geqslant 0$, 每一个满足 $\|\boldsymbol{x}(t, \boldsymbol{\phi})\| < N$ 的解在 C 中当 $t \to \infty$ 时, 都有 $\boldsymbol{x}(t, \boldsymbol{\phi}) \to 0$.

8.2 主 要 结 果

定理 8.2.1 如果条件

$$\min_{1 \leqslant i \leqslant n} \left(2d_i - \sum_{j=1}^{n} \left[(|a_{ij}| + |b_{ij}| + |c_{ij}|) + (|a_{ji}| + |c_{ji}|) L_i^2 \right] \right)$$

$$> \max_{1 \leqslant i \leqslant n} \left(\sum_{j=1}^{n} |b_{ji}| L_i^2 \right)$$

成立, 则式 (8.1.2) 的零解是全局渐近稳定的.

证明 考虑如下的 Lyapunov 函数:

$$V(y) = \sum_{i=1}^{n} y_i^2(t) + \sum_{i=1}^{n} \sum_{j=1}^{n} |c_{ij}| \int_{0}^{+\infty} K_{ij}(s) \left(\int_{t-s}^{t} g_j^2(y_j(\xi)) d\xi \right) ds$$

沿着式 (8.1.2) 的解计算 V 的上右导数得

$$V'(y) = 2 \sum_{i=1}^{n} y_i(t) y_i'(t) + \sum_{i=1}^{n} \sum_{j=1}^{n} |c_{ij}| \int_{0}^{+\infty} K_{ij}(s) \left[g_j^2(y_j(t)) - g_j^2(y_j(t-s)) \right] ds$$

$$= 2 \sum_{i=1}^{n} y_i(t) \left(-d_i y_i(t) + \sum_{j=1}^{n} a_{ij} g_j(y_j(t)) \right.$$

$$+ \sum_{j=1}^{n} b_{ij} g_j(y_j(t - \tau(t)))$$

$$+ \left. \sum_{j=1}^{n} c_{ij} \int_{-\infty}^{t} K_{ij}(t-s) g_j(y_j(s)) ds \right)$$

$$+ \sum_{i=1}^{n} \sum_{j=1}^{n} |c_{ij}| \int_{0}^{+\infty} K_{ij}(s) \left[g_j^2(y_j(t)) - g_j^2(y_j(t-s)) \right] ds$$

$$\leqslant \sum_{i=1}^{n} \left(-2d_i y_i^2(t) + 2 \sum_{j=1}^{n} |a_{ij}| |y_i(t) g_j(y_j(t))| \right.$$

$$+ 2 \sum_{j=1}^{n} |b_{ij}| |y_i(t) g_j(y_j(t - \tau(t)))|$$

$$+ \left. 2|y_i(t)| \sum_{j=1}^{n} |c_{ij}| \int_{0}^{+\infty} K_{ij}(s) |g_j(y_j(t-s))| ds \right)$$

$$+ \sum_{i=1}^{n} \sum_{j=1}^{n} |c_{ij}| \int_{0}^{+\infty} K_{ij}(s) \left[g_j^2(y_j(t)) - g_j^2(y_j(t-s)) \right] ds$$

由于 $2ab \leqslant a^2 + b^2$ 对任意的 $a, b \in \mathbf{R}$ 成立. 故

$$
\begin{aligned}
V'(y) \leqslant & \sum_{i=1}^{n} \bigg(\sum_{j=1}^{n} |a_{ij}|[y_i^2(t) + g_j^2(y_j(t))] + \sum_{j=1}^{n} |b_{ij}|[y_i^2(t) + g_j^2(y_j(t - \tau(t)))] \\
& - 2d_i y_i^2(t) + \sum_{j=1}^{n} |c_{ij}| \int_0^{+\infty} K_{ij}(s)[y_i^2(t) + g_j^2(y_j(t - s))] \mathrm{d}s \bigg) \\
& + \sum_{i=1}^{n} \sum_{j=1}^{n} |c_{ij}| \int_0^{+\infty} K_{ij}(s) \Big[g_j^2(y_j(t)) - g_j^2(y_j(t - s)) \Big] \mathrm{d}s \\
\leqslant & \sum_{i=1}^{n} \bigg(\sum_{j=1}^{n} |a_{ij}|[y_i^2(t) + g_j^2(y_j(t))] + \sum_{j=1}^{n} |b_{ij}|[y_i^2(t) + g_j^2(y_j(t - \tau(t)))] \\
& - 2d_i y_i^2(t) + \sum_{j=1}^{n} |c_{ij}| \int_0^{+\infty} K_{ij}(s)[y_i^2(t) + g_j^2(y_j(t))] \mathrm{d}s \bigg) \\
\leqslant & \sum_{i=1}^{n} \bigg(\sum_{j=1}^{n} |a_{ij}|[y_i^2(t) + L_j^2 y_j^2(t)] + \sum_{j=1}^{n} |b_{ij}|[y_i^2(t) + L_j^2 y_j^2(t - \tau(t))] \\
& - 2d_i y_i^2(t) + \sum_{j=1}^{n} |c_{ij}| \int_0^{+\infty} K_{ij}(s)[y_i^2(t) + L_j^2 y_j^2(t)] \mathrm{d}s \bigg) \\
= & \sum_{i=1}^{n} \bigg(- 2d_i y_i^2(t) + \sum_{j=1}^{n} (|a_{ij}| + |b_{ij}| + |c_{ij}|) y_i^2(t) \\
& + \sum_{j=1}^{n} (|a_{ij}| + |c_{ij}|) L_j^2 y_j^2(t) \bigg) + \sum_{i=1}^{n} \bigg(\sum_{j=1}^{n} |b_{ij}| L_j^2 \bigg) y_j^2(t - \tau(t)) \\
\leqslant & - \sum_{i=1}^{n} \bigg(2d_i - \sum_{j=1}^{n} \Big[(|a_{ij}| + |b_{ij}| + |c_{ij}|) + (|a_{ji}| + |c_{ji}|) L_i^2 \Big] \bigg) y_i^2(t) \\
& + \sum_{i=1}^{n} \sum_{j=1}^{n} \Big(|b_{ji}| L_i^2 \Big) y_i^2(t - \tau(t)) \\
\leqslant & - \min_{1 \leqslant i \leqslant n} \bigg(2d_i - \sum_{j=1}^{n} \Big[(|a_{ij}| + |b_{ij}| + |c_{ij}|) + (|a_{ji}| + |c_{ji}|) L_i^2 \Big] \bigg) \\
& \times \sum_{i=1}^{n} y_i^2(t) + \max_{1 \leqslant i \leqslant n} \bigg(\sum_{j=1}^{n} |b_{ji}| L_i^2 \bigg) \sum_{i=1}^{n} y_i^2(t - \tau(t))
\end{aligned}
$$

若 t 满足

$$
\boldsymbol{y}(t) \neq 0, \quad \max_{-\tau \leqslant s \leqslant 0} \|\boldsymbol{y}(t + s)\|_2 = \|\boldsymbol{y}(t)\|_2
$$

可得

$$V'(y) \leqslant -\left\{ \min_{1 \leqslant i \leqslant n} \left(2d_i - \sum_{j=1}^{n} \left[(|a_{ij}| + |b_{ij}| + |c_{ij}|) + (|a_{ji}| + |c_{ji}|)L_i^2 \right] \right) \right.$$
$$\left. - \max_{1 \leqslant i \leqslant n} \left(\sum_{j=1}^{n} |b_{ji}|L_i^2 \right) \right\} \sum_{i=1}^{n} y_i^2(t) < 0$$

根据引理 8.1.1, 可知式 (8.1.2) 的解是全局渐近稳定的, 因此, x^* 是式 (8.1.2) 的全局渐近稳定的平衡点. 证毕.

当 $C = 0$ 时, 式 (8.1.1) 变为

$$x_i'(t) = -d_i x_i(t) + \sum_{j=1}^{n} a_{ij} f_j(x_j(t)) + \sum_{j=1}^{n} b_{ij} f_j(x_j(t - \tau(t))) + J_i, \quad i = 1, 2, \cdots, n$$

$$(8.2.1)$$

推论 8.2.1 假设条件

$$\min_{1 \leqslant i \leqslant n} \left(2d_i - \sum_{j=1}^{n} \left[(|a_{ij}| + |b_{ij}|) + |a_{ji}|L_i^2 \right] \right) > \max_{1 \leqslant i \leqslant n} \left(\sum_{j=1}^{n} |b_{ji}|L_i^2 \right)$$

成立, 则式 (8.2.1) 的平衡点是全局渐近稳定的.

定理 8.2.2 如果条件

$$\min_{1 \leqslant i \leqslant n} \left(2d_i - \sum_{j=1}^{n} \left[(|a_{ij}| + |c_{ij}| + |b_{ij}|)L_j + (|a_{ji}| + |c_{ji}|)L_i \right] \right)$$
$$> \max_{1 \leqslant i \leqslant n} \left(\sum_{j=1}^{n} |b_{ji}|L_i \right)$$

成立, 则式 (8.1.1) 的平衡点是全局渐近稳定的.

证明 考虑如下的 Lyapunov 函数:

$$V(y) = \sum_{i=1}^{n} y_i^2(t) + \sum_{i=1}^{n} \sum_{j=1}^{n} |c_{ij}|L_j \int_0^{+\infty} K_{ij}(s) \left(\int_{t-s}^{t} y_j^2(\xi) \mathrm{d}\xi \right) \mathrm{d}s$$

沿着式 (8.1.2) 计算 V 的上右导数得

$$V'(y) = 2 \sum_{i=1}^{n} y_i(t) y_i'(t) + \sum_{i=1}^{n} \sum_{j=1}^{n} |c_{ij}|L_j \int_0^{+\infty} K_{ij}(s) \left(y_j^2(t) - y_j^2(t-s) \right) \mathrm{d}s$$
$$= 2 \sum_{i=1}^{n} y_i(t) \left(-d_i y_i(t) + \sum_{j=1}^{n} a_{ij} g_j(y_j(t)) + \sum_{j=1}^{n} b_{ij} g_j(y_j(t - \tau(t))) \right)$$

$$+ \sum_{j=1}^{n} c_{ij} \int_{-\infty}^{t} K_{ij}(t-s) g_j(y_j(s)) \mathrm{d}s \Big)$$

$$+ \sum_{i=1}^{n} \sum_{j=1}^{n} |c_{ij}| L_j \int_{0}^{+\infty} K_{ij}(s) \Big(y_j^2(t) - y_j^2(t-s) \Big) \mathrm{d}s$$

$$\leqslant \sum_{i=1}^{n} \Big(2 \sum_{j=1}^{n} |a_{ij}| |y_i(t)| L_j |y_j(t)| + 2 \sum_{j=1}^{n} |b_{ij}| |y_i(t)| L_j |y_j(t-\tau(t))|$$

$$- 2 d_i y_i^2(t) + 2 |y_i(t)| \sum_{j=1}^{n} |c_{ij}| \int_{0}^{+\infty} K_{ij}(s) L_j |y_j(t-s)| \mathrm{d}s \Big)$$

$$+ \sum_{i=1}^{n} \sum_{j=1}^{n} |c_{ij}| L_j \int_{0}^{+\infty} K_{ij}(s) \Big(y_j^2(t) - y_j^2(t-s) \Big) \mathrm{d}s$$

由于 $2ab \leqslant a^2 + b^2$ 对任意的 $a, b \in \mathbf{R}$ 都成立, 所以

$$V'(y) \leqslant \sum_{i=1}^{n} \Big(\sum_{j=1}^{n} |a_{ij}| L_j [y_i^2(t) + y_j^2(t)] + \sum_{j=1}^{n} |b_{ij}| L_j [y_i^2(t) + y_j^2(t-\tau(t))] - 2 d_i y_i^2(t)$$

$$+ \sum_{j=1}^{n} |c_{ij}| \int_{0}^{+\infty} K_{ij}(s) L_j [y_i^2(t) + y_j^2(t-s)] \mathrm{d}s \Big)$$

$$+ \sum_{i=1}^{n} \sum_{j=1}^{n} |c_{ij}| L_j \int_{0}^{+\infty} K_{ij}(s) \Big(y_j^2(t) - y_j^2(t-s) \Big) \mathrm{d}s$$

$$\leqslant \sum_{i=1}^{n} \Big(\sum_{j=1}^{n} (|a_{ij}| + |c_{ij}| + |b_{ij}|) L_j y_i^2(t) + \sum_{j=1}^{n} (|a_{ij}| + |c_{ij}|) L_j y_j^2(t) \Big)$$

$$- 2 d_i y_i^2(t) + \sum_{i=1}^{n} \Big(\sum_{j=1}^{n} |b_{ij}| L_j \Big) y_j^2(t-\tau(t))$$

$$\leqslant - \sum_{i=1}^{n} \Big(2 d_i - \sum_{j=1}^{n} \Big[(|a_{ij}| + |c_{ij}| + |b_{ij}|) L_j + (|a_{ji}| + |c_{ji}|) L_i \Big] \Big) y_i^2(t)$$

$$+ \sum_{i=1}^{n} \Big(\sum_{j=1}^{n} |b_{ji}| L_i \Big) y_i^2(t-\tau(t))$$

$$\leqslant - \min_{1 \leqslant i \leqslant n} \Big(2 d_i - \sum_{j=1}^{n} \Big[(|a_{ij}| + |c_{ij}| + |b_{ij}|) L_j + (|a_{ji}| + |c_{ji}|) L_i \Big] \Big) \sum_{i=1}^{n} y_i^2(t)$$

$$+ \max_{1 \leqslant i \leqslant n} \Big(\sum_{j=1}^{n} |b_{ji}| L_i \Big) \sum_{i=1}^{n} y_i^2(t-\tau(t))$$

对那些满足

$$\boldsymbol{y}(t) \neq 0, \quad \max_{-\tau \leqslant s \leqslant 0} \|\boldsymbol{y}(t+s)\|_2 = \|\boldsymbol{y}(t)\|_2$$

的 t, 有

$$
\begin{aligned}
V'(y) \leqslant -\bigg\{ &\min_{1 \leqslant i \leqslant n} \bigg(2d_i - \sum_{j=1}^{n} \Big[(|a_{ij}| + |c_{ij}| + |b_{ij}|) L_j + (|a_{ji}| + |c_{ji}|) L_i \Big] \bigg) \\
&- \max_{1 \leqslant i \leqslant n} \bigg(\sum_{j=1}^{n} |b_{ji}| L_i \bigg) \bigg\} \sum_{i=1}^{n} y_i^2(t) < 0
\end{aligned}
$$

根据引理 8.2.1, 因此式 (8.1.2) 的零解是全局渐近稳定的. 所以 x^* 是式 (8.1.1) 的全局渐近稳定解. 证毕.

推论 8.2.2　假设

$$
\min_{1 \leqslant i \leqslant n} \bigg(2d_i - \sum_{j=1}^{n} \Big[(|a_{ij}| + |b_{ij}|) L_j + |a_{ji}| L_i \Big] \bigg) > \max_{1 \leqslant i \leqslant n} \bigg(\sum_{j=1}^{n} |b_{ji}| L_i \bigg)
$$

成立, 则式 (8.2.1) 的平衡点是全局渐近稳定的.

8.3　　例　　　子

下面的示例说明本章的结果是有效的.

例 8.3.1　考虑如下的两个细胞神经网络系统:

$$
A = (a_{ij})_{2 \times 2} = \begin{bmatrix} 0.6 & 0.2 \\ -0.3 & 0.5 \end{bmatrix}
$$

$$
B = (b_{ij})_{2 \times 2} = \begin{bmatrix} 0.5 & -0.5 \\ -0.5 & 0.5 \end{bmatrix}
$$

$$
C = (c_{ij})_{2 \times 2} = \begin{bmatrix} 0.2 & 0.3 \\ -0.3 & 0.2 \end{bmatrix}
$$

$$
d_1 = d_2 = 2.5
$$

激励函数 $f_i(x) = \dfrac{1}{2}(|x+1| - |x-1|)$, 时滞 $\tau(t) = |t+1| - |t-1|$. 显然 f_i 满足条件, 这里 $L_1 = L_2 = 1$, 则

$$
\min_{1 \leqslant i \leqslant n} \bigg(2d_i - \sum_{j=1}^{n} \Big[(|a_{ij}| + |b_{ij}| + |c_{ij}|) + (|a_{ji}| + |c_{ji}|) L_i^2 \Big] \bigg)
$$

$$
= 1.3 > \max_{1 \leqslant i \leqslant n} \bigg(\sum_{j=1}^{n} |b_{ji}| L_i^2 \bigg) = 1
$$

因此根据定理 8.2.1, 式 (8.2.1) 的平衡点是全局渐近稳定的.

例 8.3.2　考虑如下的两个细胞神经网络系统:

$$\boldsymbol{A} = (a_{ij})_{2\times 2} = \left[\begin{array}{cc} 0.4 & 0.3 \\ -0.3 & 0.5 \end{array} \right]$$

$$\boldsymbol{B} = (b_{ij})_{2\times 2} = \left[\begin{array}{cc} 0.4 & -0.6 \\ -0.4 & 0.6 \end{array} \right]$$

$$\boldsymbol{C} = (c_{ij})_{2\times 2} = \left[\begin{array}{cc} 0.5 & 0.3 \\ -0.3 & 0.7 \end{array} \right]$$

$$d_1 = 2, \quad d_2 = 1.5$$

激励函数 $f_1(x) = \dfrac{1}{2}(|x+1| - |x-1|)$, $f_2(x) = \tanh 0.3x$, 时滞 $\tau(t) = |t+1| - |t-1|$. 显然 f_i 满足条件, 其中 $L_1 = 1, L_2 = 0.3$, 则

$$\min_{1\leqslant i\leqslant n} \left(2d_i - \sum_{j=1}^{n} [(|a_{ij}| + |c_{ij}| + |b_{ij}|)L_j + (|a_{ji}| + |c_{ji}|)L_i] \right)$$

$$= 0.84 > \max_{1\leqslant i\leqslant n} \left(\sum_{j=1}^{n} |b_{ji}|L_i \right) = 0.8$$

因此根据定理 8.2.2, 式 (8.2.1) 的平衡点是全局渐近稳定的.

8.4　小　　结

本章利用全局渐近稳定替换技术, 得到了一类积分泛函微分系统的 Lyapunov-Razumikhin 的充分条件, 结果是简洁和易于应用的.

第 9 章　不定干扰估计与分数阶神经网络的稳定与镇定

本章基于 UDE 研究分数阶不确定系统的稳定与控制, 从而使得虽然原系统是时变系统, 而预估系统是线性时不变系统.

9.1　背　　景

2011 年, 钟庆昌基于 UDE 研究了如下具有状态时滞的系统的控制与稳定[170,171]:

$$\dot{\boldsymbol{x}}(t) = (\boldsymbol{A}(t) + \Delta\boldsymbol{A}(t))\boldsymbol{x}(t) + (\boldsymbol{B}(t) + \Delta\boldsymbol{B}(t))\boldsymbol{u}(t) + \boldsymbol{d}(t) \tag{9.1.1}$$

其中, $\boldsymbol{x}(t) = (x_1(t), \cdots, x_n(t))^{\mathrm{T}}$ 是状态向量; $\boldsymbol{u}(t) = (u_1(t), \cdots, u_m(t))^{\mathrm{T}}$ 是控制输入; $\boldsymbol{A}(t)$ 为已知矩阵; $\Delta\boldsymbol{A}(t)$ 为不确定矩阵; $\boldsymbol{B}(t)$ 为已知满列秩矩阵; $\Delta\boldsymbol{B}(t)$ 为未知满列秩矩阵; $\boldsymbol{d}(t)$ 为不可预测的外部干扰.

本章首次基于 UDE 研究如下分数阶不定非线性时滞广义神经网络系统的控制与稳定:

$$_0D_t^\alpha \boldsymbol{x}(t) = \boldsymbol{f}(\boldsymbol{x}(t), t) + \boldsymbol{g}(\boldsymbol{x}(t-\tau), t) + \boldsymbol{h}(\boldsymbol{x}(t), t)\boldsymbol{u}(t) + \boldsymbol{d}(t) \tag{9.1.2}$$

其中, $\boldsymbol{x}(t) = (x_1(t), \cdots, x_n(t))^{\mathrm{T}}$ 是状态向量; τ 是时滞函数; $\boldsymbol{u}(t) = (u_1(t), \cdots, u_m(t))^{\mathrm{T}}$ 是控制输入. 其中分数阶微分 $_0D_t^\alpha$ 采用 Caputo 微分算子, 即

$$_0D_t^\alpha f(t) = \frac{1}{\Gamma(n-\alpha)} \int_0^t \frac{f^n(\tau)\mathrm{d}\tau}{(x-\tau)^{\alpha+1-n}}, \quad n-1 < \alpha < n$$

9.2　主　要　结　果

为了确定系统的控制律 $\boldsymbol{u}(t)$, 使得系统与其参考模型的状态误差 $\boldsymbol{e}(t) = \boldsymbol{x}_m(t) - \boldsymbol{x}(t)$ 收敛到零, 选取参考模型为

$$_0D_t^\alpha \boldsymbol{x}_m(t) = \boldsymbol{A}_m\boldsymbol{x}_m(t) + \boldsymbol{B}_m\boldsymbol{c}(t) \tag{9.2.1}$$

其中, $\boldsymbol{c}(t) = (c_1(t), \cdots, c_m(t))^{\mathrm{T}}$ 是一致有界、分段连续的参考输入. 注意到参考模型是不涉及时滞的. 换句话说, 状态误差动力模型:

$$_0D_t^\alpha \boldsymbol{e}(t) = (\boldsymbol{A}_m + \boldsymbol{K})\boldsymbol{e}(t) \tag{9.2.2}$$

是稳定的. 其中 $\boldsymbol{K}$ 称为误差反馈增益. 由式 (9.2.1) 和式 (9.2.2) 得

$$\boldsymbol{h}(t)\boldsymbol{u}(t) = \boldsymbol{A}_m\boldsymbol{x}(t) + \boldsymbol{B}_m\boldsymbol{c}(t) - \boldsymbol{K}\boldsymbol{e}(t) - \boldsymbol{f}(t) - \boldsymbol{g}(t) - \boldsymbol{u}_d(t) \tag{9.2.3}$$

其中

$$\boldsymbol{u}_d(t) = -(1-\varepsilon)\boldsymbol{g}(t) - \boldsymbol{d}(t) \tag{9.2.4}$$

是式 (9.1.1) 的一个代表不定性和外部干扰的信号. 那么由式 (9.1.1), 可得

$$\boldsymbol{u}_d(t) = -{_0}D_t^\alpha\boldsymbol{x}(t) + \boldsymbol{f}(t) + \varepsilon\boldsymbol{g}(t) + \boldsymbol{h}(t)\boldsymbol{u}(t) \tag{9.2.5}$$

这意味着不定系统和干扰可以通过确定的系统状态函数及控制信号观察到. 但是这个控制律却不能直接应用. 而 UDE 控制策略则使用滤波的方法估计未知动态干扰, 从而使得控制律可以构造. 假设滤波器可以在信号 $\boldsymbol{u}_d(t)$ 的整个频率域内增益, 那么 $\boldsymbol{u}_d(t)$ 可以近似为

$$\mathbf{ude}(t) = \boldsymbol{u}_d(t) * g_f(t) \tag{9.2.6}$$

其中, $*$ 是卷积算子; $g_f(t)$ 是 $G_f(s)$ 的脉冲反应, 则有

$$\begin{aligned}
\boldsymbol{h}(t)\boldsymbol{u}(t) &= \boldsymbol{A}_m\boldsymbol{x}(t) + \boldsymbol{B}_m\boldsymbol{c}(t) - \boldsymbol{K}\boldsymbol{e}(t) - \boldsymbol{f}(t) - \varepsilon\boldsymbol{g}(t) + \mathbf{ude}(t) \\
&= \boldsymbol{A}_m\boldsymbol{x}(t) + \boldsymbol{B}_m\boldsymbol{c}(t) - \boldsymbol{K}\boldsymbol{e}(t) - \boldsymbol{f}(t) - \varepsilon\boldsymbol{g}(t) \\
&\quad + [-{_0}D_t^\alpha\boldsymbol{x}(t) + \boldsymbol{f}(t) + \varepsilon\boldsymbol{g}(t) + \boldsymbol{h}(t)\boldsymbol{u}(t)] * g_f(t)
\end{aligned} \tag{9.2.7}$$

由此, 可得基于 UDE 的控制律为

$$\begin{aligned}
\boldsymbol{u}(t) = \boldsymbol{h}^+ \Bigg[&- \boldsymbol{f}(t) - \varepsilon\boldsymbol{g}(t) - L^{-1}\left\{\frac{s^\alpha G_f(s)}{1 - G_f(s)}\right\} * \boldsymbol{x}(t) \\
&+ L^{-1}\left\{\frac{1}{1 - G_f(s)}\right\} * (\boldsymbol{A}_m\boldsymbol{x}(t) + \boldsymbol{B}_m\boldsymbol{c}(t) - \boldsymbol{K}\boldsymbol{e}(t)) \Bigg]
\end{aligned} \tag{9.2.8}$$

其中, $L^{-1}\{\cdot\}$ 是 Laplace 逆变换; $\boldsymbol{h}^+ = (\boldsymbol{h}^{\mathrm{T}}\boldsymbol{h})^{-1}\boldsymbol{h}^{\mathrm{T}}$ 是 $\boldsymbol{h}$ 的伪逆. 因此实际的误差动力系统为

$$\begin{aligned}
\boldsymbol{e}(t) - (\boldsymbol{A}_m + \boldsymbol{K})\boldsymbol{e}(t) &= \boldsymbol{A}_m(t)\boldsymbol{x}(t) + \boldsymbol{B}_m\boldsymbol{c}(t) - \boldsymbol{K}\boldsymbol{e}(t) \\
&\quad - \boldsymbol{f}(t) - \varepsilon\boldsymbol{g}(t) - \boldsymbol{h}\boldsymbol{u}(t) - \boldsymbol{u}_d(t) \\
&= \boldsymbol{u}_d(t) * g_f(t) - \boldsymbol{u}_d(t)
\end{aligned} \tag{9.2.9}$$

如果 G_f 的通带中包含 $\boldsymbol{u}_d(t)$ 整个频率内容, 易知上述系统是由滤子 G_f 的选择所决定的状态误差最小化. 同时, 式 (9.1.1) 变为

$$\dot{\boldsymbol{x}}(t) = \boldsymbol{A}_m(t)\boldsymbol{x}(t) + \boldsymbol{B}_m\boldsymbol{c}(t) - \boldsymbol{K}\boldsymbol{e}(t) - \boldsymbol{u}_d(t) * g_f(t) + \boldsymbol{u}_d(t) \tag{9.2.10}$$

注记 9.2.1　　虽然原系统是时变系统, 而以上系统却是具有输入 $\boldsymbol{c}(t)$ 和 $\boldsymbol{u}_d(t)$ 的线性时不变系统.

9.3 小 结

本章首次研究了基于 UDE 的不定分数阶系统的稳定与控制, 得到了用线性时不变系统预估原系统的效果.

第10章 分流抑制神经网络几乎周期解的
存在稳定性

本章在适当的条件下, 建立了分流抑制中立型时滞细胞神经网络几乎周期解的存在性和稳定性结果. 它推广并改进了已有文献的结论.

10.1 背景和引理

自从 Bouzerdoum 和 Pinter[181-183]介绍和分析分流抑制细胞神经网络以来, 它们已经在如心理物理学、演讲学、感知学、机器人技术、自适应模式识别、视觉和图像处理等方面有广泛的应用 (如文献 [184]~文献 [187] 及其参考文献).

众所周知, 对神经网络的研究不但涉及稳定性而且涉及周期性[188-198]. 相比周期性, 现实世界中表现更多的是几乎期间性[199,200]. 因此研究微分方程几乎期间性就是自然的和必需的.

近来, 许多作者研究如下分流抑制细胞神经网络及其变分的几乎周期解的存在性及稳定性[187-192]:

$$x'_{ij}(t) = -a_{ij}x_{ij}(t) - \sum_{C_{kl} \in N_r(i,j)} C_{ij}^{kl} f[x_{kl}(t - \tau(t))]x_{ij}(t) + L_{ij}(t)$$

特别地, 文献 [201] 和文献 [202] 调查了如下分流抑制细胞神经网络的动力学特性:

$$x'_{ij}(t) = -a_{ij}(t)x_{ij}(t) - \sum_{C_{kl} \in N_r(i,j)} C_{ij}^{kl}(t) \int_0^\infty K_{ij}(u) f(x_{kl}(t - u)) \mathrm{d}u x_{ij}(t)$$

$$- \sum_{D_{kl} \in N_s(i,j)} D_{ij}^{kl}(t) \int_0^\infty J_{ij}(u) g(x'_{kl}(t - u)) \mathrm{d}u x_{ij}(t) + L_{ij}(t)$$

受以上文献的鼓励和启发, 本章研究如下一类更具广泛性的分流抑制细胞神经网络:

$$x'_{ij}(t) = -a_{ij}(t)x_{ij}(t) - \sum_{C_{kl} \in N_r(i,j)} C_{ij}^{kl}(t) \int_0^\infty K_{ij}(u) f(x_{kl}(t - u)) \mathrm{d}u x_{ij}(t)$$

$$- \sum_{D_{kl} \in N_p(i,j)} D_{ij}^{kl}(t) \int_0^\infty J_{ij}(u) g(x_{kl}'(t-u)) \mathrm{d}u x_{ij}(t)$$

$$- \sum_{E_{kl} \in N_q(i,j)} E_{ij}^{kl}(t) \int_0^\infty I_{ij}(u) h(x_{kl}(t-u), x_{kl}'(t-u)) \mathrm{d}u x_{ij}(t) + L_{ij}(t) \quad (10.1.1)$$

其中, $i = 1, 2, \cdots, m$, $j = 1, 2, \cdots, n$; m, n 都是正整数常数; C_{ij} 是格中位于 (i,j) 处的细胞, 它的 r- 邻域 $N_r(i,j)$ 定义为

$$N_r(i,j) = \{C_{kl} : \max\{|k-i|, |l-j|\} \leqslant r, 1 \leqslant k \leqslant m, 1 \leqslant l \leqslant n\}$$

$N_p(i,j)$、$N_q(i,j)$ 的定义相似. 这里 $x_{ij}(t)$ 是细胞 C_{ij} 的状态, $L_{ij}(t)$ 是 C_{ij} 的外部输入, 系数 $a_{ij}(t)$ 是细胞活动的被动衰变率, f、g、h 都是信号转换的连续激励函数, $C_{ij}^{kl}(t)$ 表示细胞转换为 C_{ij} 的突触后活动的连接或耦合强度, $D_{ij}^{kl}(t)$ 和 $E_{ij}^{kl}(t)$ 具有类似的意思. 本章中的激励函数 f, g 和 h 是一种比全局 Lipschitz 函数更广的一类函数.

定义 10.1.1 连续函数 $u: \mathbf{R} \to \mathbf{R}$ 称为几乎周期的, 如果对任意的 $\varepsilon > 0$, 总存在 $l(\varepsilon) > 0$ 使得: 每一个长度为 $l(\varepsilon)$ 的区间 I 都包含数值 τ 满足

$$|u(t+\tau) - u(t)| < \varepsilon$$

令 $\mathrm{AP}(\mathbf{R})$ 表示从 $\mathbf{R}$ 到 $\mathbf{R}$ 的所有的几乎周期函数的集合, $\mathrm{AP}^1(\mathbf{R})$ 表示满足 $u, u' \in \mathrm{AP}(\mathbf{R})$ 的所有连续可微的函数 $u : \mathbf{R} \to \mathbf{R}$ 的集合.

引理 10.1.1[202] 令 $f, g \in \mathrm{AP}(\mathbf{R})$ 和 $k \in L^1(\mathbf{R}^+)$, 则如下结论成立:

(1) $f + g \in \mathrm{AP}(\mathbf{R})$, $f \cdot g \in \mathrm{AP}(\mathbf{R})$.

(2) 函数 $t \mapsto f(t-\tau)$ 对任意的 $\tau \in \mathbf{R}$ 都属于 $\mathrm{AP}(\mathbf{R})$.

(3) $F \in \mathrm{AP}(\mathbf{R})$, 其中

$$F(t) = \int_0^{+\infty} k(u) f(t-u) \mathrm{d}u, \quad t \in \mathbf{R}$$

(4) $\mathrm{AP}(\mathbf{R})$ 是一个 Banach 空间, 其范数为 $\|f\| = \sup_{t \in \mathbf{R}} |f(t)|$.

更多关于几乎周期函数的概念、性质和结论请参阅文献 [187]~文献 [192]、文献 [199]~文献 [202].

本章的结果还要依赖于如下的不动点理论: 令 (X, ρ) 为完备锥度量空间, P 为正规锥. 并记 $I = [0, T](T > 0)$, $C[I, X] = \{u : I \to X | u(t)$ 在 I 上连续$\}$. 易知 $C[I, X]$ 是一个 Banach 空间, 其范数为 $\|u-v\| = \max_{\forall t \in I} |\rho(u(t), v(t))|$; $\forall u, v \in C[I, X]$.

引理 10.1.2[203] 令 F 为 $C[I, X]$ 的闭子集, $A : F \to F$ 是一个算子. 若存在 $\alpha, \beta \in [0, 1)$, $M \in C(I, [0, \infty))$ 使得对于任意的 $u, v \in F$, 有

$$\rho(Au(t), Av(t)) \leqslant \beta \rho(u(t), v(t)) + \frac{M(t)}{t^\alpha} \int_0^t \rho(u(s), v(s)) \mathrm{d}s, \quad \forall t \in (0, T] \quad (10.1.2)$$

则 A 在 F 中必存在唯一不动点 u^*. 此外对于任意的 $x_0 \in F$, 迭代序列 $x_n = Ax_{n-1}(n = 1, 2, 3, \cdots)$ 在 F 中收敛到不动点 u^*, 并且对任意的 $s > 0$, 有

$$\|x_n - u^*\| = o(n^{-s}), \quad n \to \infty$$

10.2　几乎周期解的存在性

记

$$\boldsymbol{J} = \{11, \cdots, 1n, \cdots, m1, \cdots, mn\}$$

$$\boldsymbol{x}(t) = \{x_{ij}(t)\} = (x_{11}(t), \cdots, x_{1n}(t), \cdots, x_{m1}(t), \cdots, x_{mn}(t))$$

$$\boldsymbol{X} = \{\boldsymbol{\varphi} : \boldsymbol{\varphi} = \{\varphi_{ij}\}, \ \varphi_{ij}, \varphi'_{ij} \in \mathrm{AP}(\mathbf{R})\}$$

对任意的 $\boldsymbol{\varphi} \in \boldsymbol{X}$, 记

$$\|\boldsymbol{\varphi}\| = \sup_{t \in \mathbf{R}} \max_{ij \in \boldsymbol{J}} \{|\varphi_{ij}(t)|\}$$

$$\|\boldsymbol{\varphi}\|_{\boldsymbol{X}} = \max\{\|\boldsymbol{\varphi}\|, \|\boldsymbol{\varphi}'\|\} = \max\{\sup_{t \in \mathbf{R}} \max_{ij \in \boldsymbol{J}} |\varphi_{ij}(t)|, \sup_{t \in \mathbf{R}} \max_{ij \in \boldsymbol{J}} |\varphi'_{ij}(t)|\}$$

不难验证 $\boldsymbol{X}$ 是一个 Banach 空间, 其范数为 $\|\cdot\|_{\boldsymbol{X}}$. 对任意的 $ij \in \boldsymbol{J}$, 记

$$a_{ij}^+ := \sup_{t \in \mathbf{R}} a_{ij}(t), \quad a_{ij}^- := \inf_{t \in \mathbf{R}} a_{ij}(t), \quad L_{ij}^+ := \sup_{t \in \mathbf{R}} |L_{ij}(t)|$$

$$\overline{C_{ij}^{kl}} := \sup_{t \in \mathbf{R}} |C_{ij}^{kl}(t)|, \quad \overline{D_{ij}^{kl}} := \sup_{t \in \mathbf{R}} |D_{ij}^{kl}(t)|, \quad \overline{E_{ij}^{kl}} := \sup_{t \in \mathbf{R}} |E_{ij}^{kl}(t)|$$

本章进行如下假设:

(10H1) 对任意的 $ij \in \boldsymbol{J}$, a_{ij}, C_{ij}^{kl}, D_{ij}^{kl}, E_{ij}^{kl} 和 L_{ij} 都是几乎周期函数, 并且 $a_{ij}^- > 0$.

(10H2) 存在六个函数 $f_1, f_2, g_1, g_2, h_1, h_2 : \mathbf{R} \to \mathbf{R}$ 以及六个正常数 $L_{f_1}, L_{f_2}, L_{g_1}, L_{g_2}, L_{h_1}, L_{h_2}$ 使得 $f(s) = f_1(s) + f_2(s)$, $g(s) = g_1(s) + g_2(s)$, $h(s, t) = h_1(s)h_2(t)$ 并且对所有的 $u, v \in \mathbf{R}$, 都有

$$|\chi_i(u) - \chi_i(v)| \leqslant L_{\chi_i}|u - v|, \quad \chi \in \{f, g, h\}, \quad i = 1, 2$$

(10H3) 存在常数 $\lambda_0 > 0$ 使得对任意的 $ij \in \boldsymbol{J}$, 都有

$$\int_0^\infty |K_{ij}(u)|\mathrm{e}^{\lambda_0 u}\mathrm{d}u < \infty, \quad \int_0^\infty |J_{ij}(u)|\mathrm{e}^{\lambda_0 u}\mathrm{d}u < \infty, \quad \int_0^\infty |I_{ij}(u)|\mathrm{e}^{\lambda_0 u}\mathrm{d}u < \infty$$

(10H4) 存在常数 $d > 0$ 满足

$$\max\left\{\max_{ij\in \boldsymbol{J}}\left\{\frac{A_{ij}+L_{ij}^+}{a_{ij}^-}\right\},\quad \max_{ij\in \boldsymbol{J}}\left\{\frac{A_{ij}+L_{ij}^+}{a_{ij}^-}(a_{ij}^++a_{ij}^-)\right\}\right\}\leqslant d$$

$$\max\left\{\sup_{t\in \mathbf{R}}\max_{ij\in \boldsymbol{J}}\left[\int_{-\infty}^0 \mathrm{e}^{-\int_s^t a_{ij}(u)\mathrm{d}u}\mathrm{d}s\right]B_{ij}(0)\right.$$
$$\left.\sup_{t\in \mathbf{R}}\max_{ij\in \boldsymbol{J}}\left[a_{ij}^+\int_{-\infty}^0 \mathrm{e}^{-\int_s^t a_{ij}(u)\mathrm{d}u}\mathrm{d}s+1\right]B_{ij}(0)\right\}<1$$

其中

$$A_{ij}=\sum_{C_{kl}\in N_r(i,j)}\overline{C_{ij}^{kl}}d(M_{f_1}+M_{f_2})\int_0^\infty |K_{ij}(u)|\mathrm{d}u$$
$$+\sum_{E_{kl}\in N_q(i,j)}\overline{E_{ij}^{kl}}(dM_{h_1}M_{h_2})\int_0^\infty |I_{ij}(u)|\mathrm{d}u$$
$$+\sum_{D_{kl}\in N_p(i,j)}\overline{D_{ij}^{kl}}d(M_{g_1}+M_{g_2})\int_0^\infty |J_{ij}(u)|\mathrm{d}u$$

$$M_{\chi_i}=\sup_{|x|\leqslant d}|\chi_i(x)|,\quad \chi\in\{f,g,h\},\quad i=1,2$$

而对 $\omega\in[0,\lambda_0]$, 记

$$B_{ij}(\omega)=\sum_{C_{kl}\in N_r(i,j)}\overline{C_{ij}^{kl}}\left[(M_{f_1}+M_{f_2})\int_0^\infty |K_{ij}(u)|\mathrm{d}u\right.$$
$$\left.+d(L_{f_1}+L_{f_2})\int_0^\infty |K_{ij}(u)|\mathrm{e}^{\omega u}\mathrm{d}u\right]$$
$$+\sum_{E_{kl}\in N_q(i,j)}\overline{E_{ij}^{kl}}\left[(M_{h_1}M_{h_2})\int_0^\infty |I_{ij}(u)|\mathrm{d}u\right.$$
$$\left.+d(M_{h_1}L_{h_2}+M_{h_2}L_{h_1})\int_0^\infty |I_{ij}(u)|\mathrm{e}^{\omega u}\mathrm{d}u\right]$$
$$+\sum_{D_{kl}\in N_p(i,j)}\overline{D_{ij}^{kl}}\left[(M_{g_1}+M_{g_2})\int_0^\infty |J_{ij}(u)|\mathrm{d}u\right.$$
$$\left.+d(L_{g_1}+L_{g_2})\int_0^\infty |J_{ij}(u)|\mathrm{e}^{\omega u}\mathrm{d}u\right]$$

定理 10.2.1 如果 (10H1)~(10H4) 成立, 则式 (10.1.1) 在区域 $\Omega=\{\varphi\in \boldsymbol{X}:$ $\|\varphi\|_{\boldsymbol{X}}\leqslant d\}$ 上存在唯一的连续可微的几乎周期解.

证明 对每一个 $\varphi\in \boldsymbol{X}$, 考虑几乎周期微分方程:

$$
x'_{ij}(t) = -a_{ij}(t)x_{ij}(t) - \sum_{C_{kl} \in N_r(i,j)} C_{ij}^{kl}(t) \int_0^\infty K_{ij}(u)f(\varphi_{kl}(t-u))\mathrm{d}u\varphi_{ij}(t)
$$

$$
- \sum_{E_{kl} \in N_q(i,j)} E_{ij}^{kl}(t) \int_0^\infty I_{ij}(u)h(\varphi_{kl}(t-u), \varphi'_{kl}(t-u))\mathrm{d}u\varphi_{ij}(t)
$$

$$
- \sum_{D_{kl} \in N_p(i,j)} D_{ij}^{kl}(t) \int_0^\infty J_{ij}(u)g(\varphi'_{kl}(t-u))\mathrm{d}u\varphi_{ij}(t) + L_{ij}(t), \quad ij \in \boldsymbol{J}
$$

$$
(10.2.1)
$$

由条件 (10H1) 和引理 10.1.1 知式 (10.2.1) 的非齐次部分是一个几乎周期函数. 又因为 $a_{ij}^- > 0$, 所以由文献 [21] 可知式 (10.2.1) 存在唯一的几乎周期解 $\boldsymbol{x}^\varphi$ 满足

$$
\boldsymbol{x}^\varphi(t) = \left\{ \int_{-\infty}^t \mathrm{e}^{-\int_s^t a_{ij}(u)\mathrm{d}u} \left[- \sum_{C_{kl} \in N_r(i,j)} C_{ij}^{kl}(s) \int_0^\infty K_{ij}(u)f(\varphi_{kl}(s-u))\mathrm{d}u\varphi_{ij}(s) \right. \right.
$$

$$
- \sum_{E_{kl} \in N_q(i,j)} E_{ij}^{kl}(s) \int_0^\infty I_{ij}(u)h(\varphi_{kl}(s-u), \varphi'_{kl}(s-u))\mathrm{d}u\varphi_{ij}(s)
$$

$$
\left. \left. - \sum_{D_{kl} \in N_p(i,j)} D_{ij}^{kl}(s) \int_0^\infty J_{ij}(u)g(\varphi'_{kl}(s-u))\mathrm{d}u\varphi_{ij}(s) + L_{ij}(s) \right]\mathrm{d}s \right\}_{ij \in \boldsymbol{J}}
$$

在 $\Omega = \{\varphi \in \boldsymbol{X} : \|\varphi\|_{\boldsymbol{X}} \leqslant d\}$ 上定义 T 为

$$
(T\varphi)(t) = \boldsymbol{x}^\varphi(t), \quad \forall \varphi \in \Omega
$$

易知 $T(\Omega) \subset \boldsymbol{X}$.

下面验证 $T(\Omega) \subset \Omega$. 这只要证明对任意的 $\varphi \in \Omega$, 都有 $\|T\varphi\|_{\boldsymbol{X}} \leqslant d$. 由假设 (10H2) 和 (10H3) 可得

$$
\|T\varphi\| = \sup_{t\in\boldsymbol{R}} \max_{ij\in\boldsymbol{J}} \left\{ \left| \int_{-\infty}^t \mathrm{e}^{-\int_s^t a_{ij}(u)\mathrm{d}u} \right. \right.
$$

$$
\times \left[- \sum_{C_{kl} \in N_r(i,j)} C_{ij}^{kl}(s) \int_0^\infty K_{ij}(u)f(\varphi_{kl}(s-u))\mathrm{d}u\varphi_{ij}(s) \right.
$$

$$
- \sum_{E_{kl} \in N_q(i,j)} E_{ij}^{kl}(s) \int_0^\infty I_{ij}(u)h(\varphi_{kl}(s-u), \varphi'_{kl}(s-u))\mathrm{d}u\varphi_{ij}(s)
$$

$$
\left. \left. - \sum_{D_{kl} \in N_p(i,j)} D_{ij}^{kl}(s) \int_0^\infty J_{ij}(u)g(\varphi'_{kl}(s-u))\mathrm{d}u\varphi_{ij}(s) + L_{ij}(s) \right]\mathrm{d}s \right| \right\}
$$

$$
\leqslant \sup_{t\in\boldsymbol{R}} \max_{ij\in\boldsymbol{J}} \left\{ \int_{-\infty}^t \mathrm{e}^{-\int_s^t a_{ij}(u)\mathrm{d}u} \right.
$$

$$
\times \left[\sum_{C_{kl} \in N_r(i,j)} \overline{C_{ij}^{kl}} \int_0^\infty |K_{ij}(u)||f(\varphi_{kl}(s-u))|\mathrm{d}u|\varphi_{ij}(s)| \right.
$$

$$+ \sum_{E_{kl} \in N_q(i,j)} \overline{E_{ij}^{kl}} \int_0^\infty |I_{ij}(u)||h(\varphi_{kl}(s-u), \varphi'_{kl}(s-u))|du|\varphi_{ij}(s)|$$

$$+ \sum_{D_{kl} \in N_p(i,j)} \overline{D_{ij}^{kl}} \int_0^\infty |J_{ij}(u)||g(\varphi'_{kl}(s-u))|du|\varphi_{ij}(s)| + |L_{ij}(s)| \bigg] ds \bigg\}$$

$$\leqslant \sup_{t \in \mathbf{R}} \max_{ij \in \mathbf{J}} \bigg\{ \int_{-\infty}^t e^{a_{ij}^-(s-t)} \bigg[\sum_{C_{kl} \in N_r(i,j)} \overline{C_{ij}^{kl}} d(M_{f_1} + M_{f_2}) \int_0^\infty |K_{ij}(u)|du$$

$$+ \sum_{E_{kl} \in N_q(i,j)} \overline{E_{ij}^{kl}} (dM_{h_1} M_{h_2}) \int_0^\infty |I_{ij}(u)|du$$

$$+ \sum_{D_{kl} \in N_p(i,j)} \overline{D_{ij}^{kl}} d(M_{g_1} + M_{g_2}) \int_0^\infty |J_{ij}(u)|du + L_{ij}^+ \bigg] ds \bigg\}$$

$$\leqslant \frac{1}{a_{ij}^-} \max_{ij \in \mathbf{J}} \bigg\{ \bigg[\sum_{C_{kl} \in N_r(i,j)} \overline{C_{ij}^{kl}} d(M_{f_1} + M_{f_2}) \int_0^\infty |K_{ij}(u)|du$$

$$+ \sum_{E_{kl} \in N_q(i,j)} \overline{E_{ij}^{kl}} (dM_{h_1} M_{h_2}) \int_0^\infty |I_{ij}(u)|du$$

$$+ \sum_{D_{kl} \in N_p(i,j)} \overline{D_{ij}^{kl}} d(M_{g_1} + M_{g_2}) \int_0^\infty |J_{ij}(u)|du + L_{ij}^+ \bigg] \bigg\}$$

$$= \max_{ij \in \mathbf{J}} \bigg\{ \frac{A_{ij} + L_{ij}^+}{a_{ij}^-} \bigg\}$$

和

$$\|(T\varphi)'\| = \sup_{t \in \mathbf{R}} \max_{ij \in \mathbf{J}} \bigg\{ \bigg| -a_{ij}(t) \int_{-\infty}^t e^{-\int_s^t a_{ij}(u)du}$$

$$\times \bigg[-\sum_{C_{kl} \in N_r(i,j)} C_{ij}^{kl}(t) \int_0^\infty K_{ij}(u) f(\varphi_{kl}(s-u))du \varphi_{ij}(s)$$

$$- \sum_{E_{kl} \in N_q(i,j)} E_{ij}^{kl}(t) \int_0^\infty I_{ij}(u) h(\varphi_{kl}(s-u), \varphi'_{kl}(s-u))du \varphi_{ij}(s)$$

$$- \sum_{D_{kl} \in N_p(i,j)} D_{ij}^{kl}(t) \int_0^\infty J_{ij}(u) g(\varphi'_{kl}(s-u))du \varphi_{ij}(s) + L_{ij}(s) \bigg] ds$$

$$+ \bigg[-\sum_{C_{kl} \in N_r(i,j)} C_{ij}^{kl}(t) \int_0^\infty K_{ij}(u) f(\varphi_{kl}(t-u))du \varphi_{ij}(t)$$

$$- \sum_{E_{kl} \in N_q(i,j)} E_{ij}^{kl}(t) \int_0^\infty I_{ij}(u) h(\varphi_{kl}(s-u), \varphi'_{kl}(s-u))du \varphi_{ij}(s)$$

$$
- \sum_{D_{kl} \in N_p(i,j)} D_{ij}^{kl}(t) \int_0^\infty J_{ij}(u) g(\varphi_{kl}'(t-u)) \mathrm{d}u \varphi_{ij}(t) + L_{ij}(t) \Bigg] \Bigg| \Bigg\}
$$

$$
\leqslant \sup_{t \in \mathbf{R}} \max_{ij \in \mathbf{J}} \left\{ a_{ij}^+ \cdot \frac{A_{ij} + L_{ij}^+}{a_{ij}^-} + A_{ij} + L_{ij}^+ \right\}
$$

$$
= \max_{ij \in \mathbf{J}} \left\{ \frac{A_{ij} + L_{ij}^+}{a_{ij}^-} (a_{ij}^+ + a_{ij}^-) \right\}
$$

于是由条件 (10H4) 得

$$
\|(T\varphi)\|_{\mathbf{X}} \leqslant \max \left\{ \max_{ij \in \mathbf{J}} \left\{ \frac{A_{ij} + L_{ij}^+}{a_{ij}^-} \right\}, \quad \max_{ij \in \mathbf{J}} \left\{ \frac{A_{ij} + L_{ij}^+}{a_{ij}^-} (a_{ij}^+ + a_{ij}^-) \right\} \right\} \leqslant d
$$

这蕴含着 $T(\Omega) \subset \Omega$.

令 $\varphi, \psi \in \Omega$, 对 $ij \in \mathbf{J}$ 记

$$
\alpha_{ij}(s) = \sum_{C_{kl} \in N_r(i,j)} C_{ij}^{kl}(s) \Bigg(\int_0^\infty K_{ij}(u) f(\varphi_{kl}(s-u)) \mathrm{d}u \varphi_{ij}(s)
$$

$$
- \int_0^\infty K_{ij}(u) f(\psi_{kl}(s-u)) \mathrm{d}u \psi_{ij}(s) \Bigg)
$$

$$
\gamma_{ij}(s) = \sum_{E_{kl} \in N_q(i,j)} E_{ij}^{kl}(s) \Bigg(\int_0^\infty I_{ij}(u) h(\varphi_{kl}(s-u), \varphi_{kl}'(s-u)) \mathrm{d}u \varphi_{ij}(s)
$$

$$
- \int_0^\infty I_{ij}(u) h(\psi_{kl}(s-u), \psi_{kl}'(s-u)) \mathrm{d}u \psi_{ij}(s) \Bigg)
$$

$$
\beta_{ij}(s) = \sum_{D_{kl} \in N_p(i,j)} D_{ij}^{kl}(s) \Bigg(\int_0^\infty J_{ij}(u) g(\varphi_{kl}'(s-u)) \mathrm{d}u \varphi_{ij}(s)
$$

$$
- \int_0^\infty J_{ij}(u) g(\psi_{kl}'(s-u)) \mathrm{d}u \psi_{ij}(s) \Bigg)
$$

记 $\theta_{ij}(s) := \varphi_{ij}(s) - \psi_{ij}(s)$. 由条件 (10H2), 对 $ij \in \mathbf{J}$ 可得

$$
|\gamma_{ij}(s)|
$$

$$
\leqslant \sum_{E_{kl} \in N_q(i,j)} \overline{E_{ij}^{kl}} \Bigg\{ \Bigg| \int_0^\infty I_{ij}(u) h(\varphi_{kl}(s-u), \varphi_{kl}'(s-u)) \mathrm{d}u \varphi_{ij}(s)
$$

$$
- \int_0^\infty I_{ij}(u) h(\varphi_{kl}(s-u), \varphi_{kl}'(s-u)) \mathrm{d}u \psi_{ij}(s) \Bigg|
$$

$$
+ \Bigg| \int_0^\infty I_{ij}(u) h(\varphi_{kl}(s-u), \varphi_{kl}'(s-u)) \mathrm{d}u \psi_{ij}(s)
$$

$$
- \int_0^\infty I_{ij}(u) h(\psi_{kl}(s-u), \psi_{kl}'(s-u)) \mathrm{d}u \psi_{ij}(s) \Bigg| \Bigg\}
$$

$$\leqslant \sum_{E_{kl} \in N_q(i,j)} \overline{E_{ij}^{kl}} \left| \left[\int_0^\infty I_{ij}(u) h_1(\varphi_{kl}(s-u)) h_2(\varphi_{kl}'(s-u)) \mathrm{d}u \varphi_{ij}(s) \right.\right.$$

$$- \int_0^\infty I_{ij}(u) h_1(\varphi_{kl}(s-u)) h_2(\varphi_{kl}'(s-u)) \mathrm{d}u \psi_{ij}(s) \bigg]$$

$$+ \left[\int_0^\infty I_{ij}(u) h_1(\varphi_{kl}(s-u)) h_2(\varphi_{kl}'(s-u)) \mathrm{d}u \psi_{ij}(s) \right.$$

$$- \int_0^\infty I_{ij}(u) h_1(\varphi_{kl}(s-u)) h_2(\psi_{kl}'(s-u)) \mathrm{d}u \psi_{ij}(s) \bigg]$$

$$+ \left[\int_0^\infty I_{ij}(u) h_1(\varphi_{kl}(s-u)) h_2(\psi_{kl}'(s-u)) \mathrm{d}u \psi_{ij}(s) \right.$$

$$- \int_0^\infty I_{ij}(u) h_1(\psi_{kl}(s-u)) h_2(\psi_{kl}'(s-u)) \mathrm{d}u \psi_{ij}(s) \bigg] \bigg|$$

$$\leqslant \sum_{E_{kl} \in N_q(i,j)} \overline{E_{ij}^{kl}} \left[M_{h_1} M_{h_2} \int_0^\infty |I_{ij}(u)| \mathrm{d}u |\theta_{ij}(s)| \right.$$

$$+ (d M_{h_1} L_{h_2}) \int_0^\infty |I_{ij}(u)||\theta_{kl}'(s-u)| \mathrm{d}u + (d M_{h_2} L_{h_1}) \int_0^\infty |I_{ij}(u)||\theta_{kl}(s-u)| \mathrm{d}u \bigg]$$

$$\leqslant \sum_{E_{kl} \in N_q(i,j)} \overline{E_{ij}^{kl}} [M_{h_1} M_{h2} + d(M_{h_1} L_{h_2} + M_{h_2} L_{h_1})] \int_0^\infty |I_{ij}(u)| \mathrm{d}u \|\boldsymbol{\varphi} - \boldsymbol{\psi}\|_{\boldsymbol{X}}$$

$$|\alpha_{ij}(s)|$$

$$\leqslant \sum_{C_{kl} \in N_r(i,j)} \overline{C_{ij}^{kl}} \left\{ \left| \int_0^\infty K_{ij}(u) [f_1(\varphi_{kl}(s-u)) + f_2(\varphi_{kl}(s-u))] \mathrm{d}u \varphi_{ij}(s) \right.\right.$$

$$- \int_0^\infty K_{ij}(u) [f_1(\psi_{kl}(s-u)) + f_2(\psi_{kl}(s-u))] \mathrm{d}u \psi_{ij}(s) \bigg| \bigg\}$$

$$\leqslant \sum_{C_{kl} \in N_r(i,j)} \overline{C_{ij}^{kl}}$$

$$\cdot \left| \left[\int_0^\infty K_{ij}(u) f_1(\varphi_{kl}(s-u)) \mathrm{d}u \varphi_{ij}(s) - \int_0^\infty K_{ij}(u) f_1(\varphi_{kl}(s-u)) \mathrm{d}u \psi_{ij}(s) \right] \right.$$

$$+ \left[\int_0^\infty K_{ij}(u) f_1(\varphi_{kl}(s-u)) \mathrm{d}u \psi_{ij}(s) - \int_0^\infty K_{ij}(u) f_1(\psi_{kl}(s-u)) \mathrm{d}u \psi_{ij}(s) \right]$$

$$+ \left[\int_0^\infty K_{ij}(u) f_2(\varphi_{kl}(s-u)) \mathrm{d}u \varphi_{ij}(s) - \int_0^\infty K_{ij}(u) f_2(\varphi_{kl}(s-u)) \mathrm{d}u \psi_{ij}(s) \right]$$

$$+ \left[\int_0^\infty K_{ij}(u) f_2(\varphi_{kl}(s-u)) \mathrm{d}u \psi_{ij}(s) - \int_0^\infty K_{ij}(u) f_2(\psi_{kl}(s-u)) \mathrm{d}u \psi_{ij}(s) \right] \bigg|$$

$$\leqslant \sum_{C_{kl} \in N_r(i,j)} \overline{C_{ij}^{kl}} \left[(M_{f_1} + M_{f_2}) \int_0^\infty |K_{ij}(u)| \mathrm{d}u |\theta_{ij}(s)| \right.$$

$$+ d(L_{f_1} + L_{f_2}) \int_0^\infty |K_{ij}(u)||\theta_{ij}(s-u)|\mathrm{d}u\bigg]$$

$$\leqslant \sum_{C_{kl} \in N_r(i,j)} \overline{C_{ij}^{kl}}[M_{f_1} + M_{f_2} + d(L_{f_1} + L_{f_2})]\int_0^\infty |K_{ij}(u)|\mathrm{d}u\|\boldsymbol{\varphi} - \boldsymbol{\psi}\|_{\boldsymbol{X}}$$

相似地, 对 $ij \in \boldsymbol{J}$ 得

$$|\beta_{ij}(s)| \leqslant \sum_{D_{kl} \in N_p(i,j)} \overline{D_{ij}^{kl}}\bigg\{(M_{g_1} + M_{g_2})\int_0^\infty |J_{ij}(u)|\mathrm{d}u|\theta_{ij}(s)|$$

$$+ d(L_{g_1} + L_{g_2})\int_0^\infty |J_{ij}(u)||\theta'_{kl}(s-u)|\mathrm{d}u\bigg\}$$

$$\leqslant \sum_{D_{kl} \in N_p(i,j)} \overline{D_{ij}^{kl}}[M_{g_1} + M_{g_2} + d(L_{g_1} + L_{g_2})]\int_0^\infty |J_{ij}(u)|\mathrm{d}u\|\boldsymbol{\varphi} - \boldsymbol{\psi}\|_{\boldsymbol{X}}$$

故

$$|\alpha_{ij}(s)| + |\gamma_{ij}(s)| + |\beta_{ij}(s)|$$

$$\leqslant \sum_{E_{kl} \in N_q(i,j)} \overline{E_{ij}^{kl}}\bigg[M_{h_1}M_{h_2}\int_0^\infty |I_{ij}(u)|\mathrm{d}u|\theta_{ij}(s)|$$

$$+ (dM_{h_1}L_{h_2})\int_0^\infty |I_{ij}(u)||\theta'_{kl}(s-u)|\mathrm{d}u + (dM_{h_2}L_{h_1})\int_0^\infty |I_{ij}(u)||\theta_{kl}(s-u)|\mathrm{d}u\bigg]$$

$$+ \sum_{C_{kl} \in N_r(i,j)} \overline{C_{ij}^{kl}}\bigg[(M_{f_1} + M_{f_2})\int_0^\infty |K_{ij}(u)|\mathrm{d}u|\theta_{ij}(s)|$$

$$+ d(L_{f_1} + L_{f_2})\int_0^\infty |K_{ij}(u)||\theta_{ij}(s-u)|\mathrm{d}u\bigg]$$

$$+ \sum_{D_{kl} \in N_p(i,j)} \overline{D_{ij}^{kl}}\bigg\{(M_{g_1} + M_{g_2})\int_0^\infty |J_{ij}(u)|\mathrm{d}u|\theta_{ij}(s)|$$

$$+ d(L_{g_1} + L_{g_2})\int_0^\infty |J_{ij}(u)||\theta'_{kl}(s-u)|\mathrm{d}u\bigg\}(:= \rho(\theta(s)))$$

$$\leqslant B_{ij}(0)\|\boldsymbol{\varphi} - \boldsymbol{\psi}\|_{\boldsymbol{X}}$$

于是有

$$\|T\boldsymbol{\varphi} - T\boldsymbol{\psi}\|$$

$$= \sup_{t\in\mathbf{R}} \max_{ij\in\boldsymbol{J}}\left\{\left|\int_{-\infty}^t \mathrm{e}^{-\int_s^t a_{ij}(u)\mathrm{d}u}[\alpha_{ij}(s) + \gamma_{ij}(s) + \beta_{ij}(s)]\mathrm{d}s\right|\right\}$$

$$\leqslant \sup_{t\in\mathbf{R}} \max_{ij\in\boldsymbol{J}}\int_{-\infty}^t \mathrm{e}^{-\int_s^t a_{ij}(u)\mathrm{d}u}(|\alpha_{ij}(s)| + |\gamma_{ij}(s)| + |\beta_{ij}(s)|)\mathrm{d}s$$

$$
\leqslant \sup_{t \in \mathbf{R}} \max_{ij \in \mathbf{J}} \left\{ \int_{-\infty}^0 \mathrm{e}^{-\int_s^t a_{ij}(u)\mathrm{d}u}\mathrm{d}s \right\} B_{ij}(0)\|\boldsymbol{\varphi} - \boldsymbol{\psi}\|_{\boldsymbol{X}}
$$

$$
+ \sup_{t \in \mathbf{R}} \max_{ij \in \mathbf{J}} \left\{ \int_0^t \mathrm{e}^{-\int_s^t a_{ij}(u)\mathrm{d}u}\rho(\theta(s))\mathrm{d}s \right\}
$$

$$
\leqslant \sup_{t \in \mathbf{R}} \max_{ij \in \mathbf{J}} \left\{ \int_{-\infty}^0 \mathrm{e}^{-\int_s^t a_{ij}(u)\mathrm{d}u}\mathrm{d}s \right\} B_{ij}(0)\|\boldsymbol{\varphi} - \boldsymbol{\psi}\|_{\boldsymbol{X}} + \sup_{t \in \mathbf{R}} \max_{ij \in \mathbf{J}} \left\{ \int_0^t \rho(\theta(s))\mathrm{d}s \right\}
$$

$$
\|(T\boldsymbol{\varphi} - T\boldsymbol{\psi})'\|
$$

$$
= \sup_{t \in \mathbf{R}} \max_{ij \in \mathbf{J}} \left\{ \left| -a_{ij}(t)\int_{-\infty}^t \mathrm{e}^{-\int_s^t a_{ij}(u)\mathrm{d}s}(\alpha_{ij}(s) + \gamma_{ij}(s) + \beta_{ij}(s))\mathrm{d}s \right. \right.
$$

$$
\left. \left. + (\alpha_{ij}(t) + \gamma_{ij}(t) + \beta_{ij}(t)) \right| \right\}
$$

$$
\leqslant \sup_{t \in \mathbf{R}} \max_{ij \in \mathbf{J}} \left\{ a_{ij}^+ \left| \int_{-\infty}^t \mathrm{e}^{-\int_s^t a_{ij}(u)\mathrm{d}u}(\alpha_{ij}(s) + \gamma_{ij}(s) + \beta_{ij}(s))\mathrm{d}s \right| \right.
$$

$$
\left. + (|\alpha_{ij}(t)| + |\gamma_{ij}(t)| + |\beta_{ij}(t)|) \right\}
$$

$$
\leqslant \sup_{t \in \mathbf{R}} \max_{ij \in \mathbf{J}} \left\{ a_{ij}^+ \int_{-\infty}^0 \mathrm{e}^{-\int_s^t a_{ij}(u)\mathrm{d}u}\mathrm{d}s \right\} B_{ij}(0)\|\boldsymbol{\varphi} - \boldsymbol{\psi}\|_{\boldsymbol{X}}
$$

$$
+ \sup_{t \in \mathbf{R}} \max_{ij \in \mathbf{J}} \left\{ a_{ij}^+ \int_0^t \rho(\theta(s))\mathrm{d}s \right\} + B_{ij}(0)\|\boldsymbol{\varphi} - \boldsymbol{\psi}\|_{\boldsymbol{X}} \right\}
$$

$$
\leqslant \sup_{t \in \mathbf{R}} \max_{ij \in \mathbf{J}} \left\{ a_{ij}^+ \int_{-\infty}^0 \mathrm{e}^{-\int_s^t a_{ij}(u)\mathrm{d}u}\mathrm{d}s + 1 \right\} B_{ij}(0)\|\boldsymbol{\varphi} - \boldsymbol{\psi}\|_{\boldsymbol{X}}
$$

$$
+ \sup_{t \in \mathbf{R}} \max_{ij \in \mathbf{J}} \left\{ a_{ij}^+ \int_0^t \rho(\theta(s))\mathrm{d}s \right\}
$$

从而由以上两式可得

$$
\|T\boldsymbol{\varphi} - T\boldsymbol{\psi}\|_{\boldsymbol{X}} \leqslant \max \left\{ \sup_{t \in \mathbf{R}} \max_{ij \in \mathbf{J}} \left[\int_{-\infty}^0 \mathrm{e}^{-\int_s^t a_{ij}(u)\mathrm{d}u}\mathrm{d}s \right] B_{ij}(0), \right.
$$

$$
\left. \sup_{t \in \mathbf{R}} \max_{ij \in \mathbf{J}} \left[a_{ij}^+ \int_{-\infty}^0 \mathrm{e}^{-\int_s^t a_{ij}(u)\mathrm{d}u}\mathrm{d}s + 1 \right] B_{ij}(0) \right\} \|\boldsymbol{\varphi} - \boldsymbol{\psi}\|_{\boldsymbol{X}}
$$

$$
+ \sup_{t \in \mathbf{R}} \max_{ij \in \mathbf{J}} \left\{ (a_{ij}^+ + 1)\int_0^t \rho(\theta(s))\mathrm{d}s \right\}
$$

再根据条件 (10H4) 和引理 10.1.2 可知, T 有唯一的不动点 $\boldsymbol{x} \in \Omega$, 这正是式 (10.1.1) 的连续可微几乎周期解.

10.3　几乎周期解的稳定性

本节将建立式 (10.1.1) 的几乎周期解的局部指数稳定性的相关结果.

定理 10.3.1　　假设 (10H1)~(10H4) 成立. 令 $\boldsymbol{x}(t) = \{x_{ij}(t)\}$ 是式 (10.1.1) 在 Ω 上的唯一连续可微几乎周期解, $\boldsymbol{y}(t) = \{y_{ij}(t)\}$ 是式 (10.1.1) 在 Ω 上的任意连续可微解. 那么, 存在常数 $\lambda, M > 0$ 使得

$$\|\boldsymbol{x}(t) - \boldsymbol{y}(t)\|_1 \leqslant M\mathrm{e}^{-\lambda t}, \quad \forall t \in \mathbf{R}$$

其中

$$\|\boldsymbol{x}(t) - \boldsymbol{y}(t)\|_1 := \max\{\max_{ij \in \boldsymbol{J}} |x_{ij}(t) - y_{ij}(t)|, \quad \max_{ij \in \boldsymbol{J}} |x'_{ij}(t) - y'_{ij}(t)|\}$$

证明　　对 $\omega \in [0, \lambda_0]$ 记

$$T_{ij}(\omega) = a_{ij}^- - \omega - B_{ij}(\omega), \quad S_{ij}(\omega) = a_{ij}^- - \omega - (a_{ij}^+ + a_{ij}^-)B_{ij}(\omega)$$

由 (10H4) 得 $T_{ij}(0) > 0, S_{ij}(0) > 0$(对任意的 $ij \in \boldsymbol{J}$). 于是, 根据 $T_{ij}(\omega)$ 和 $S_{ij}(\omega)$ 的连续性, 存在充分小的正常数 $\lambda < \min\left\{\min_{ij \in \boldsymbol{J}}\{a_{ij}^-\}, \lambda_0\right\}$ 使得

$$T_{ij}(\lambda) > 0, \quad S_{ij}(\lambda) > 0, \quad ij \in \boldsymbol{J}$$

这蕴含着

$$\frac{B_{ij}(\lambda)}{a_{ij}^- - \lambda} < 1, \quad \frac{B_{ij}(\lambda)}{a_{ij}^- - \lambda}(a_{ij}^+ + a_{ij}^-) < 1, \quad ij \in \boldsymbol{J} \tag{10.3.1}$$

对任意的 $ij \in \boldsymbol{J}$. 令 $M_0 = \max_{ij \in \boldsymbol{J}}\left\{\dfrac{a_{ij}^-}{B_{ij}(0)}\right\}$, 则如下的三个不等式成立:

$$M_0 > 1, \quad \frac{1}{M_0} - \frac{B_{ij}(\lambda)}{a_{ij}^- - \lambda} \leqslant 0, \quad B_{ij}(\lambda)\left(\frac{a_{ij}^+}{a_{ij}^- - \lambda} + 1\right) < 1, \quad ij \in \boldsymbol{J} \tag{10.3.2}$$

记

$$\boldsymbol{z}(t) = \left\{z_{ij}(t) : z_{ij}(t) = x_{ij}(t) - y_{ij}(t)\right\}$$

$$R_{ij}(s) = \sum_{C_{kl} \in N_r(i,j)} C_{ij}^{kl}(s)\left[\int_0^\infty K_{ij}(u)f(y_{kl}(s-u))\mathrm{d}uy_{ij}(s)\right.$$

$$\left. - \int_0^\infty K_{ij}(u)f(x_{kl}(s-u))\mathrm{d}ux_{ij}(s)\right]$$

$$Q_{ij}(s) = \sum_{E_{kl} \in N_q(i,j)} E_{ij}^{kl}(s)\left[\int_0^\infty I_{ij}(u)h(y_{kl}(s-u), y'_{kl}(s-u))\mathrm{d}uy_{ij}(s)\right.$$

$$-\int_0^\infty I_{ij}(u)h(x_{kl}(s-u),x'_{kl}(s-u))\mathrm{d}ux_{ij}(s)\Big]$$

$$P_{ij}(s)=\sum_{D_{kl}\in N_p(i,j)}D_{ij}^{kl}(s)\Big[\int_0^\infty J_{ij}(u)g(y'_{kl}(s-u))\mathrm{d}uy_{ij}(s)$$

$$-\int_0^\infty J_{ij}(u)g(x'_{kl}(s-u))\mathrm{d}ux_{ij}(s)\Big]$$

因为 $\boldsymbol{x}(t)$ 和 $\boldsymbol{y}(t)$ 都是式 (10.1.1) 的解, 所以有

$$z'_{ij}(s)+a_{ij}(s)z_{ij}(s)=R_{ij}(s)+Q_{ij}(s)+P_{ij}(s) \tag{10.3.3}$$

两边都乘以 $\mathrm{e}^{\int_0^s a_{ij}(u)\mathrm{d}u}$ 并在 $[0,t]$ 上积分得

$$z_{ij}(t)=z_{ij}(0)\mathrm{e}^{-\int_0^t a_{ij}(u)\mathrm{d}u}+\int_0^t \mathrm{e}^{-\int_s^t a_{ij}(u)\mathrm{d}u}(R_{ij}(s)+Q_{ij}(s)+P_{ij}(s))\mathrm{d}s \tag{10.3.4}$$

记

$$M:=M_0\cdot\max\Big\{\sup_{t\leqslant 0}\max_{ij\in\boldsymbol{J}}|x_{ij}(t)-y_{ij}(t)|,\sup_{t\leqslant 0}\max_{ij\in\boldsymbol{J}}|x'_{ij}(t)-y'_{ij}(t)|\Big\}$$

不失一般性, 假设 $M>0$, 则对任意的 $t\leqslant 0$, 注意到 $M_0>1$ 得

$$\|\boldsymbol{z}(t)\|_1=\max\Big\{\max_{ij\in\boldsymbol{J}}|x_{ij}(t)-y_{ij}(t)|,\max_{ij\in\boldsymbol{J}}|x'_{ij}(t)-y'_{ij}(t)|\Big\}<M\mathrm{e}^{-\lambda t}$$

下面利用反证法证明不等式

$$\|\boldsymbol{z}(t)\|_1\leqslant M\mathrm{e}^{-\lambda t},\quad t>0$$

否则记

$$V:=\{t>0:\|\boldsymbol{z}(t)\|_1>M\mathrm{e}^{-\lambda t}\}\neq\varnothing$$

令 $t_1=\inf V$, 则 $t_1>0$ 并且有

$$\|\boldsymbol{z}(t)\|_1\leqslant M\mathrm{e}^{-\lambda t},\quad \forall t\in(-\infty,t_1),\quad \|\boldsymbol{z}(t_1)\|_1=M\mathrm{e}^{-\lambda t_1} \tag{10.3.5}$$

对 $s\in[0,t_1]$ 和 $ij\in\boldsymbol{J}$, 由假设得

$$|Q_{ij}(s)|$$

$$\leqslant\sum_{E_{kl}\in N_q(i,j)}\overline{E_{ij}^{kl}}\bigg\{\bigg|\int_0^\infty I_{ij}(u)h(y_{kl}(s-u),y'_{kl}(s-u))\mathrm{d}uy_{ij}(s)$$

$$-\int_0^\infty I_{ij}(u)h(y_{kl}(s-u),y'_{kl}(s-u))\mathrm{d}ux_{ij}(s)\bigg|$$

$$+\bigg|\int_0^\infty I_{ij}(u)h(y_{kl}(s-u),y'_{kl}(s-u))\mathrm{d}ux_{ij}(s)$$

$$-\int_0^\infty I_{ij}(u)h(x_{kl}(s-u),x'_{kl}(s-u))\mathrm{d}ux_{ij}(s)\bigg|\bigg\}$$

$$\leqslant \sum_{E_{kl}\in N_q(i,j)} \overline{E_{ij}^{kl}} \bigg| \bigg[\int_0^\infty I_{ij}(u)h_1(y_{kl}(s-u))h_2(y'_{kl}(s-u))\mathrm{d}uy_{ij}(s)$$

$$- \int_0^\infty I_{ij}(u)h_1(y_{kl}(s-u))h_2(y'_{kl}(s-u))\mathrm{d}ux_{ij}(s) \bigg]$$

$$+ \bigg[\int_0^\infty I_{ij}(u)h_1(y_{kl}(s-u))h_2(y'_{kl}(s-u))\mathrm{d}ux_{ij}(s)$$

$$- \int_0^\infty I_{ij}(u)h_1(y_{kl}(s-u))h_2(x'_{kl}(s-u))\mathrm{d}ux_{ij}(s) \bigg]$$

$$+ \bigg[\int_0^\infty I_{ij}(u)h_1(y_{kl}(s-u))h_2(x'_{kl}(s-u))\mathrm{d}ux_{ij}(s)$$

$$- \int_0^\infty I_{ij}(u)h_1(x_{kl}(s-u))h_2(x'_{kl}(s-u))\mathrm{d}ux_{ij}(s) \bigg] \bigg|$$

$$\leqslant \sum_{E_{kl}\in N_q(i,j)} \overline{E_{ij}^{kl}} \bigg[M_{h_1}M_{h_2} \int_0^\infty |I_{ij}(u)|\mathrm{d}u|z_{ij}(s)|$$

$$+ (dM_{h_1}L_{h_2}) \int_0^\infty |I_{ij}(u)||z'_{kl}(s-u)|\mathrm{d}u + (dM_{h_2}L_{h_1})$$

$$\cdot \int_0^\infty |I_{ij}(u)||z_{kl}(s-u)|\mathrm{d}u \bigg]$$

$$\leqslant \sum_{E_{kl}\in N_q(i,j)} \overline{E_{ij}^{kl}} \bigg[M_{h_1}M_{h_2} \int_0^\infty |I_{ij}(u)|\mathrm{d}u$$

$$+ d(M_{h_1}L_{h_2} + M_{h_2}L_{h_1}) \int_0^\infty |I_{ij}(u)|\mathrm{e}^{\lambda u}\mathrm{d}u \bigg] M\mathrm{e}^{-\lambda s}$$

$$|R_{ij}(s)| \leqslant \sum_{C_{kl}\in N_r(i,j)} \overline{C_{ij}^{kl}} \bigg\{ \bigg| \int_0^\infty K_{ij}(u)[f_1(y_{kl}(s-u)) + f_2(y_{kl}(s-u))]\mathrm{d}uy_{ij}(s)$$

$$- \int_0^\infty K_{ij}(u)[f_1(x_{kl}(s-u)) + f_2(x_{kl}(s-u))]\mathrm{d}ux_{ij}(s) \bigg| \bigg\}$$

$$\leqslant \sum_{C_{kl}\in N_r(i,j)} \overline{C_{ij}^{kl}}$$

$$\cdot \bigg| \bigg[\int_0^\infty K_{ij}(u)f_1(y_{kl}(s-u))\mathrm{d}uy_{ij}(s) - \int_0^\infty K_{ij}(u)f_1(y_{kl}(s-u))\mathrm{d}ux_{ij}(s) \bigg]$$

$$+ \bigg[\int_0^\infty K_{ij}(u)f_1(y_{kl}(s-u))\mathrm{d}ux_{ij}(s) - \int_0^\infty K_{ij}(u)f_1(x_{kl}(s-u))\mathrm{d}ux_{ij}(s) \bigg]$$

$$+ \bigg[\int_0^\infty K_{ij}(u)f_2(y_{kl}(s-u))\mathrm{d}uy_{ij}(s) - \int_0^\infty K_{ij}(u)f_2(y_{kl}(s-u))\mathrm{d}ux_{ij}(s) \bigg]$$

$$+ \bigg[\int_0^\infty K_{ij}(u)f_2(y_{kl}(s-u))\mathrm{d}ux_{ij}(s) - \int_0^\infty K_{ij}(u)f_2(x_{kl}(s-u))\mathrm{d}ux_{ij}(s) \bigg] \bigg|$$

$$\leqslant \sum_{C_{kl} \in N_r(i,j)} \overline{C_{ij}^{kl}} \Bigg[(M_{f_1} + M_{f_2}) \int_0^\infty |K_{ij}(u)| du |z_{ij}(s)|$$

$$+ d(L_{f_1} + L_{f_2}) \int_0^\infty |K_{ij}(u)||z_{ij}(s-u)| du \Bigg]$$

$$\leqslant \sum_{C_{kl} \in N_r(i,j)} \overline{C_{ij}^{kl}} \Bigg[(M_{f_1} + M_{f_2}) \int_0^\infty |K_{ij}(u)| du$$

$$+ d(L_{f_1} + L_{f_2}) \int_0^\infty |K_{ij}(u)| e^{\lambda u} du \Bigg] M e^{-\lambda s}$$

相似地, 对 $s \in [0, t_1]$ 和 $ij \in \boldsymbol{J}$ 得

$$|P_{ij}(s)| \leqslant \sum_{D_{kl} \in N_p(i,j)} \overline{D_{ij}^{kl}} \Bigg\{ (M_{g_1} + M_{g_2}) \int_0^\infty |J_{ij}(u)| du |z_{ij}(s)|$$

$$+ d(L_{g_1} + L_{g_2}) \int_0^\infty |J_{ij}(u)||z_{kl}'(s-u)| du \Bigg\}$$

$$\leqslant \sum_{D_{kl} \in N_q(i,j)} \overline{D_{ij}^{kl}} \Bigg\{ (M_{g_1} + M_{g_2}) \int_0^\infty |J_{ij}(u)| du$$

$$+ d(L_{g_1} + L_{g_2}) \int_0^\infty |J_{ij}(u)| e^{\lambda u} du \Bigg\} M e^{-\lambda s}$$

于是

$$|R_{ij}(s)| + |Q_{ij}(s)| + |P_{ij}(s)| \leqslant M e^{-\lambda s} B_{ij}(\lambda), \quad s \in [0, t_1], \ ij \in \boldsymbol{J} \tag{10.3.6}$$

结合式 (10.3.4) 和式 (10.3.6) 得

$$|z_{ij}(t_1)| = \Bigg| z_{ij}(0) e^{-\int_0^{t_1} a_{ij}(u) du} + \int_0^{t_1} e^{-\int_s^{t_1} a_{ij}(u) du} (R_{ij}(s) + Q_{ij}(s) + P_{ij}(s)) ds \Bigg|$$

$$\leqslant \frac{M}{M_0} e^{-a_{ij}^- t_1} + \int_0^{t_1} e^{(a_{ij}^- - \lambda)s - a_{ij}^- t_1} ds \cdot M B_{ij}(\lambda)$$

$$= \frac{M}{M_0} e^{-a_{ij}^- t_1} + \frac{(e^{-\lambda t_1} - e^{-a_{ij}^- t_1}) B_{ij}(\lambda)}{a_{ij}^- - \lambda} \cdot M$$

$$\leqslant M e^{-\lambda t_1} \Bigg\{ \frac{e^{(\lambda - a_{ij}^-)t_1}}{M_0} + \frac{[1 - e^{(\lambda - a_{ij}^-)t_1}] B_{ij}(\lambda)}{a_{ij}^- - \lambda} \Bigg\}$$

$$= M e^{-\lambda t_1} \Bigg\{ \Bigg(\frac{1}{M_0} - \frac{B_{ij}(\lambda)}{a_{ij}^- - \lambda} \Bigg) e^{(\lambda - a_{ij}^-)t_1} + \frac{B_{ij}(\lambda)}{a_{ij}^- - \lambda} \Bigg\}$$

$$\tag{10.3.7}$$

于是根据式 (10.3.1) 和式 (10.3.2) 有

$$|z_{ij}(t_1)| < M e^{-\lambda t_1}, \quad ij \in \boldsymbol{J} \tag{10.3.8}$$

再根据式 (10.3.6) 和式 (10.3.7) 得

$$z'_{ij}(t) = -a_{ij}(t)z_{ij}(t) + R_{ij}(t) + Q_{ij}(t) + P_{ij}(t)$$

故有

$$
\begin{aligned}
|z'_{ij}(t_1)| &= |-a_{ij}(t_1)z_{ij}(t_1) + R_{ij}(t_1) + Q_{ij}(t_1) + P_{ij}(t_1)| \\
&\leqslant a_{ij}^+|z_{ij}(t_1)| + |R_{ij}(t_1)| + |Q_{ij}(t_1)| + |P_{ij}(t_1)| \\
&< a_{ij}^+ M \mathrm{e}^{-\lambda t_1}\left\{\left(\frac{1}{M_0} - \frac{B_{ij}(\lambda)}{a_{ij}^- - \lambda}\right)\mathrm{e}^{(\lambda - a_{ij}^-)t_1} + \frac{B_{ij}(\lambda)}{a_{ij}^- - \lambda}\right\} + M\mathrm{e}^{-\lambda t_1}B_{ij}(\lambda) \\
&= M\mathrm{e}^{-\lambda t_1}\left\{a_{ij}^+\left(\frac{1}{M_0} - \frac{B_{ij}(\lambda)}{a_{ij}^- - \lambda}\right)\mathrm{e}^{(\lambda - a_{ij}^-)t_1} + B_{ij}(\lambda)\left(\frac{a_{ij}^+}{a_{ij}^- - \lambda} + 1\right)\right\}
\end{aligned}
$$

则由式 (10.3.2) 可得

$$|z'_{ij}(t_1)| < M\mathrm{e}^{-\lambda t_1}, \quad ij \in \boldsymbol{J} \tag{10.3.9}$$

结合式 (10.3.8) 和式 (10.3.9) 得

$$\|\boldsymbol{z}(t_1)\|_1 < M\mathrm{e}^{-\lambda t_1}$$

这与式 (10.3.5) 矛盾. 因此, 对任意的 $t \in \mathbf{R}$, 有

$$\|\boldsymbol{z}(t)\|_1 \leqslant M\mathrm{e}^{-\lambda t}$$

证毕.

注记 10.3.1　与文献 [201] 的结果相比, 这里比 Lipschitz 条件更弱; 与文献 [202] 的结果相比, 这里的模型更广泛和复杂, 故这里的结果推广并改进了相关结论.

10.4　小　　结

本章通过一个广义压缩原理, 研究了分流抑制中立型时滞细胞神经网络, 得到了几乎周期解的存在性和稳定性结果. 从模型的广泛性和使用引理的先进性上, 推广并改进了已有文献相应的结果.

第 11 章 总结和展望

11.1 总 结

本书中, 我们发展和推广了几种随机递归时滞神经网络及其脉冲形式, 具不定脉冲参数的双向时滞神经网络, Cohen-Grossberg 型神经网络及其随机脉冲情况下的稳定性准则. 这些稳定性准则与存在的结果相比, 具有较小的保守性, 并且具有更容易计算的优点. 本书的贡献主要在以下几个方面.

首先, 研究一类脉冲随机微分时滞系统的 Razumikhin 型全局 p-阶矩指数稳定性、全局几乎必然指数稳定性. 基于 Razumikhin 分析方法和 Lyapunov 泛函, 得到了这类系统的一种新的 Razumikhin 型稳定性准则. 这类问题的一个重要的指标是可以允许的最大时滞. 然而, 所有这些结果仅限于具体的特殊的系统, 并且其结果也是相当保守的, 而本书的结果可以有效地解决这类问题. 作为应用, 通过脉冲控制, 本书的结果可以应用于具有较大的参数和大时滞的情况. 由于突破了以往的小时滞的限制, 本书的结果在神经网络等实际应用中是简洁的和更为有效的. 因此, 从理论上提供了一种解决控制系统的稳定性和混沌系统同步控制的方法.

其次, 研究了随机时滞神经网络的稳定性与脉冲控制问题, 共分为六点: 一是利用 Brouwer 不动点定理、M-矩阵理论、Razumikhin 型指数稳定性定理, 以及脉冲微分不等式技术, 研究了一类具有更广代表性的时滞递归神经网络及其脉冲随机情况, 主要结果是给出了一系列的验证全局指数稳定性的充分条件, 并在各个部分研究中都给出了数值例子, 说明了这些结果的有效性, 还通过例子和注记指出本书的结果在诸多方面改进并推广了已知的结果; 二是研究了一类高阶固定时刻脉冲双向时滞神经网络的鲁棒全局渐近稳定性, 证明利用了 Lyapunov-Krasovskii 泛函技术, 结论是用线性矩阵不等式表达的, 得到了在脉冲输入为零和不为零的情况下某些能确保系统全局均方渐近稳定的充分条件, 同时, 以此为据, 获得了能鲁棒全局均方渐近镇定系统的状态反馈记忆及脉冲反馈的控制律, 这些结果都是新的, 具有较强的理论价值和实用价值; 三是基于构造适当的 Lyapunov 泛函, 并结合矩阵不等式技术, 得到了关于 Cohen-Grossberg 神经网络和脉冲的 Cohen-Grossberg 神经网络的充分条件, 它们的表现形式为线性矩阵不等式, 因此易于使用和验证, 实例部分说明了本书结果的有效性和对以往结果的改进; 四是用加权能量方法和比较原理研究一类整数格一维时滞非线性细胞神经网络的行波解的指数稳定性问题; 五是时滞神经网络系统周期解的存在唯一性及其稳定性问题; 六是关于分流抑制细胞神经网络的周期解的存在性和稳定性问题.

本书还首次研究了基于 UDE 的不定分数阶系统的稳定与控制, 得到了用线性时不变系统预估原系统的良好效果.

11.2　展　　望

近年来, 非线性脉冲随机时滞系统的研究越来越受到国内外专家的重视. 同时基于脉冲系统的脉冲控制也引起了关注. 另外, 近年来时滞神经网络动力系统在现实生活中的很多领域中已经有广泛的应用, 如在控制论、图像处理、模式识别以及信号过程中等. 因此在过去的几年中, 含有各种时滞的神经网络的稳定性分析吸引了很多学者的关注, 并出现了许多研究成果. 在实际设计人工神经网络时快速的反应是必需的, 为了降低计算所需的时间, 都要求提高网络趋于平衡状态的收敛速度. 一个重要的设计目标是使网络具有任意指定的趋于平衡状态的指数收敛速度, 所以, 深入研究时变时滞神经网络的动力学行为具有非常重要的意义. 虽然本书对以上一些问题做了一些工作, 并已取得一些重要成果, 但本书得到的有些结果仍然有许多待改进的地方. 另外这一领域还存在许多需要进一步研究的问题, 这些都还有待于在今后的工作中继续完善和研究. 这些问题包括以下几个.

(1) 现实表明, 基于脉冲系统的脉冲控制可以提供一种处理不能容忍连续控制输入的设备装置[66]有效的方法, 如何利用本书结果中的脉冲随机微分时滞系统的 Razumikhin 型全局指数稳定性原则来设计时滞反馈控制器是一个值得研究和完善的工作.

(2) 本书中, 我们初次将不动点理论应用于高阶时滞系统的研究, 具体就是将广义压缩原理应用于随机脉冲中立型时滞系统的研究. 如何完善和将这一方法应用于更多的动力系统也是要考虑的问题.

(3) 文献 [204] 已研究了一类线性矩阵 Hamiltonian 系统的振动性准则. 鉴于实际系统中振动几乎处处存在以及文献 [205]~文献 [210] 所做的成果, 研究时滞矩阵 Hamiltonian 系统的振动性准则和控制将是要做的非常有意义及具有挑战性的另一工作.

(4) 本书对脉冲随机时滞神经网络进行了研究. 由于近年来时滞神经网络动力系统在现实生活中的很多领域中已经有广泛的应用, 如何利用本书结果中关于几类脉冲随机时滞神经网络的稳定性原则来设计记忆反馈控制器又是一个值得研究的工作.

参 考 文 献

[1] Sipahi R, Vyhlidal T, Niculescu S, et al. Time Delay Systems: Methods, Applications and New Trends. Berlin: Springer, 2012.

[2] Niculescu S L. Delay Effects on Stability: A Robust Control Approach. Berlin: Springer, 2001.

[3] Zhong Q. Robust Control of Time-Delay Systems. Berlin: Springer, 2006.

[4] 秦元勋, 刘永清, 王联, 等. 带有时滞的动力系统的运动稳定性. 北京: 科学出版社, 1989.

[5] Collatz L. Functional Analysis and Numerical Mathematics. Boston: Academic Press, 1966.

[6] Deimling K. Nonlinear Functional Analysis. Berlin: Springer, 1985.

[7] Kolmanovskii V B, Myshkis A D. Applied Theory of Functional Differential Equations. Dordrecht: Kluwer Academic, 1992.

[8] Kolmanovskii V B, Nosov V R. Stability of Functional Differential Equations. London: Academic Press, 1986.

[9] 孙健, 陈杰, 刘国平. 时滞系统稳定性分析与应用. 北京: 科学出版社, 2012.

[10] Gaines R, Mawhin J. Coincidence Degree, and Nonlinear Differential Equations. Berlin: Springer, 1977.

[11] Guo D, Lakshmikantham V. Nonlinear Problems in Abstract Cones. Boston: Academic Press, 1988.

[12] Kuang Y. Delay Differential Equations with Applications in Population Dynamics. San Diego: Academic Press, 1993.

[13] Nelson P, Perelson A. Mathematical analysis of delay differential equation models of HIV-1 infection. Mathematical Biosciences, 2002, 179(1): 73-94.

[14] Driver R D. A neutral system with state-dependent delay. Journal of Differential Equations, 1984, 54: 73-86.

[15] Bao J, Wang F Y, Yuan C. Hypercontractivity for functional stochastic differential equations. Stochastic Processes and Their Applications, 2015, 125(9): 3636-3656.

[16] Obradovi M, Miloevi M. Stability of a class of neutral stochastic differential equations with unbounded delay and Markovian switching and the Euler-Maruyama method. Journal of Computational and Applied Mathematics, 2017, 309(1): 244-266.

[17] Zhang H, Zhang D, Xie L, et al. Robust filtering under stochastic parametric uncertainties. Automatica, 2004, 40(9): 1583-1589.

[18] Chen W, Luo S, Lu X. Multistability in a class of stochastic delayed Hopfield neural networks. Neural Networks, 2015, 68: 52-61.

[19] Ikeda N, Watanabe S. Stochastic Differential Equations and Diffusion Processes. 2nd ed. Amsterdam: North-Holland, 1989.

[20] Ladde G S. Differential inequalities and stochastic functional differential equations.

Journal of Mathematical Physics, 1974, 15: 73-743.

[21] Fink A. Lecture Notes in Mathematics. Berlin: Springer, 1974.

[22] Bai X, Jiang J. Comparison theorems for neutral stochastic functional differential equations. Journal of Differential Equations, 2016, 260(10): 7250-7277.

[23] Arnold L. Stochastic Differential Equations: Theory and Applications. New York: Wiley, 1972.

[24] Friedman A. Stochastic Differential Equations and Applications. New York: Academic Press, 1976.

[25] Karatzas I, Shreve S E. Brownian Motion and Stochastic Calculus. New York: Springer, 1991.

[26] Prato G, Zabczyk J. Stochastic Equations in Infinite Dimensions. London: Cambridge University Press, 1992.

[27] Luo J, Liu K. Stability of infinite dimensional stochastic evolution equations with memory and Markovian jumps. Stochastic Processes and Their Applications, 2008, 118: 864-895.

[28] Song Y, Sun W, Jiang F. Mean-square exponential input-to-state stability for neutral stochastic neural networks with mixed delays. Neurocomputing, 2016, 205: 195-203.

[29] Xu L, He D. Asymptotic behavior of impulsive stochastic functional differential equations. Acta Mathematica Sinica: English Series, 2014, 30: 1061.

[30] Bao H, Cao J. Stochastic global exponential stability for neutral-type impulsive neural networks with mixed time-delays and Markovian jumping parameters. Communications in Nonlinear Science and Numerical Simulation, 2011, 16: 3786-3791.

[31] Li D, Cheng P, Shang L. Exponential stability analysis for stochastic functional differential systems with delayed impulsive effects: Average impulsive interval approach// The 35th Chinese Control Conference (CCC), Chengdu, 2016: 1707-1713.

[32] Luo J. Exponential stability for stochastic neutral partial functional differential equations. Journal of Mathematical Analysis and Applications, 2009, 355: 414-425.

[33] Zhong X, Deng F. Asymptotic and stable properties of general stochastic functional differential equations. Journal of Systems Engineering and Electronics, 2014, 25(1): 138-143.

[34] Wang W, Chen Y. Mean-square stability of semi-implicit Euler method for nonlinear neutral stochastic delay differential equations. Applied Numerical Mathematics, 2011, 61(5): 696-701.

[35] Mao X. Stochastic Differential Equations and Applications. Chichester: Horwood Pubishing Limited, 1997.

[36] Hu L, Mao X, Shen Y. Stability and boundedness of nonlinear hybrid stochastic differential delay equations. Systems & Control Letters, 2013, 62(2): 178-187.

[37] Luo Q, Mao X, Shen Y. New criteria on exponential stability of neutral stochastic

differential equations. System and Control Letter, 2006, 55: 826-834.

[38] Mao X, Szpruch L. Strong convergence and stability of implicit numerical methods for stochastic differential equations with non-globally Lipschitz continuous coefficients. Journal of Computational and Applied Mathematics, 2013, 238: 14-28.

[39] Li X, Lin X, Lin Y. Lyapunov-type conditions and stochastic differential equations driven by G-Brownian motion. Journal of Mathematical Analysis and Applications, 2016, 439(1): 235-255.

[40] Chen Y, Zheng W, Xue A. A new result on stability analysis for stochastic neutral systems. Automatic, 2010, 45: 2100-2104.

[41] Liu L, Zhu Q. Mean square stability of two classes of theta method for neutral stochastic differential delay equations. Journal of Computational and Applied Mathematics, 2016, 305: 55-67.

[42] Li D, Zhu Q. Comparison principle and stability of stochastic delayed neural networks with Markovian switching. Neurocomputing, 2014, 123: 436-442.

[43] Zhu Q, Cao J. Exponential stability of stochastic neural networks with both Markovian jump parameters and mixed time delays. IEEE Transactions on Systems, Man, and Cybernetics, Part B, 2011, 41: 341-353.

[44] Wu X, Tang Y, Zhang W. Input-to-state stability of impulsive stochastic delayed systems under linear assumptions. Automatica, 2016, 66: 195-204.

[45] Yan Z, Lu F. Approximate controllability of a multi-valued fractional impulsive stochastic partial integro-differential equation with infinite delay. Applied Mathematics and Computation, 2017, 292(1): 425-447.

[46] Tan L, Jin W, Suo Y. Stability in distribution of neutral stochastic functional differential equations. Statistics & Probability Letters, 2015, 107: 27-36.

[47] Ma T. Synchronization of multi-agent stochastic impulsive perturbed chaotic delayed neural networks with switching topology. Neurocomputing, 2015, 151(3): 1392-1406.

[48] Yao F, Cao J, Cheng P, et al. Generalized average dwell time approach to stability and input-to-state stability of hybrid impulsive stochastic differential systems. Nonlinear Analysis: Hybrid Systems, 2016, 22: 147-160.

[49] Shen L, Sun J. Approximate controllability of stochastic impulsive functional systems with infinite delay. Automatica, 2012, 48: 2705-2709.

[50] Liu X, Teo K. Exponential stability of impulsive high-order Hopfield-type neural networks with time-varying delays. IEEE Transaction on Neural Networks, 2005, 16: 1329-1339.

[51] Mohamada S, Gopalsamy K, Akca H. Exponential stability of artificial neural networks with distributed delays and large impulses. Nonlinear Analysis: Real World Applications, 2008, 9: 872-888.

[52] Ahmada S, Stamova I. Global exponential stability for impulsive cellular neural net-

works with time-varying delays. Nonlinear Analysis, 2008, 69: 786-795.

[53] Yang Z, Xu D. Stability analysis and design of impulsive control systems with time delay. IEEE Transactions on Automatic Control, 2007, 52(8): 1448-1454.

[54] Zhang Q, Yang L, Liu J. Existence and stability of anti-periodic solutions for impulsive fuzzy Cohen-Grossberge neural networks on time scales. Mathematica Slovaca, 2014, 1(1): 119-138.

[55] Pu H, Liu Y, Jiang H, et al. Exponential synchronization for fuzzy cellular neural networks with time-varying delays and nonlinear impulsive effects. Cognitive Neuro-dynamics, 2015, 9(4): 1-10.

[56] Arbib M A. Branins, Machines, and Mathematics. New York: Springer, 1987.

[57] Haykin S. Neural Networks: A Comprehensive Foundation. New Jersey: Prentice-Hall, 1998.

[58] Li X. Uniform asymptotic stability and global stability of impulsive infinite delay differential equations. Nonlinear Analysis, 2009, 70: 1975-1983.

[59] Li X. New results on global exponential stabilization of impulsive functional differential equations with infinite delays or finite delays. Nonlinear Analysis: Real World Applications, 2010, 11: 4194-4201.

[60] Li X, Fu X. Stability analysis of stochastic functional differential equations with infinite delay and its application to recurrent neural networks. Journal of Computational and Applied Mathematics, 2010, 234: 407-417.

[61] Wu Q, Zhou J, Xiang L. Global exponential stability of impulsive differential equations with any time delays. Applied Mathematics Letters, 2010, 23: 143-147.

[62] Li Y. Global exponential stability of BAM neural networks with delays and impulses. Chaos, Solitons and Fractals, 2005, 24: 279-285.

[63] Stamovaa I M, Ilarionov R. On global exponential stability for impulsive cellular neural networks with time-varying delays. Computers and Mathematics with Applications, 2010, 59: 3508-3515.

[64] Pan L, Cao J. Exponential stability of impulsive stochastic functional differential equations. Journal of Mathematical Analysis and Applications, 2011, 382: 672-685.

[65] Lakshmikantham V, Bainov D D, Simeonov P S. Theory of Impulsive Differential Equations. Singapore: World Scientific, 1989.

[66] Yang T. Impulsive Systems and Control: Theory and Applications. New York: Nova Science, 2001.

[67] Bainov D D, Simeonov P S. Systems with Impulse Effect: Stability, Theory and Applications. Chichester: Ellis Horwood, 1989.

[68] Naghshtabrizi P, Hespanha J P, Teel A R. Exponential stability of impulsive systems with application to uncertain sampled-data systems. Systems and Control Letters, 2008, 57(5): 378-385.

[69] 苏宏业, 褚健, 鲁仁全, 等. 不确定时滞系统的鲁棒控制理论. 北京: 科学出版社, 2007.

[70] Pan L, Cao J. Robust stability for uncertain stochastic neural network with delay and impulses. Neurocomputing, 2012, 94(1): 102-110.

[71] Du Y, Zhong S, Xu J, et al. Delay-dependent exponential passivity of uncertain cellular neural networks with discrete and distributed time-varying delays. ISA Transactions, 2015, 56: 1-7.

[72] Chen M, Ge S, How B. Robust adaptive neural network control for a class of uncertain MIMO nonlinear systems with input nonlinearities. IEEE Transaction on Neural Networks, 2010, 21(5): 796-812.

[73] Wang Y, Xie L, Souza C. Robust control of a class of uncertain nonlinear systems. Systems and Control Letter, 1992, 19: 139-149.

[74] Huang L, Mao X. Robust delayed-state-feedback stabilization of uncertain stochastic systems. Automatica, 2009, 45: 1332-1339.

[75] Li J, Bao W, Li S, et al. Exponential synchronization of discrete-time mixed delay neural networks with actuator constraints and stochastic missing data. Neurocomputing, 2016, 207: 700-707.

[76] Yue D, Tian E, Zhang Y, et al. Delay-distribution-dependent robust stability of uncertain systems with time-varying delay. International Journal of Robust and Nonlinear Control, 2009, 19: 377-393.

[77] Song B, Zhang Y, Shu Z, et al. Stability analysis of Hopfield neural networks perturbed by Poisson noises. Neurocomputing, 2016, 196: 53-58.

[78] Long S, Li H, Zhang Y. Dynamic behavior of nonautonomous cellular neural networks with time-varying delays. Neurocomputing, 2015, 168(30): 846-852.

[79] Zhou J, Liu Z, Chen G. Dynamics of periodic delayed neural networks. Neural Networks, 2004, 17(1): 87-101.

[80] Jiang H, Teng Z. Global exponential stability of cellular neural networks with time-varying coefficients and delays. Neural Networks, 2004, 17: 1415-1425.

[81] Arik S. An analysis of global asymptotic stability of delayed cellular neural networks. IEEE Transaction on Neural Networks, 2002, 13: 1239-1242.

[82] Zhang Q, Wei X, Xu J. Global asymptotic stability of cellular neural networks with infinite delay. Neural Network World, 2005, 15: 579-589.

[83] Mei X, Jiang H. Global exponential stability of delayed Hopfield neural network on time scale//International Joint Conference on Neural Networks, Beijing, 2014: 2991-2997.

[84] Arik S. Stability analysis of delayed neural networks. IEEE Transaction on Circuits Systems I, 2000, 47: 1089-1092.

[85] Xu C, Wu Y. On almost automorphic solutions for cellular neural networks with time-varying delays in leakage terms on time scales. Journal of Intelligent & Fuzzy Systems,

2015, 30(1): 423-436.

[86]   Yang G. New results on the stability of fuzzy cellular neural networks with time-varying leakage delays. Neural Computing & Applications, 2014, 25(7-8): 1709-1715.

[87]   Huang C, Cao J. Stability analysis of switched cellular neural networks: A mode-dependent average dwell time approach. Neural Networks, 2016, 82: 84-99.

[88]   Li X, Cao J. Delay-dependent stability of neural networks of neutral-type with time delay in the leakage term. Nonlinearity, 2010, 23: 1709-1726.

[89]   Kalpana M, Balasubramaniam P. Asymptotical state estimation of fuzzy cellular neural networks with time delay in the leakage term and mixed delays: Sample-data approach. Journal of the Egyptian Mathematical Society, 2016, 24(1): 143-150.

[90]   Yoshizawa S, Morita M, Amari S. Capacity of associative memory using a non-monotonic neuron networks. Neural Networks, 1993, 6: 167-176.

[91]   Forti M, Tesi A. New conditions for global stability of neural network with application to linear and quadratic programming problems. IEEE Transaction on Circuits Systems I, 1995, 42: 354-366.

[92]   Guo Y. Global asymptotic stability analysis for integro-differential systems modeling neural networks with delays. Journal of Applied Mathematics and Physics, 2010, 61: 971-978.

[93]   Liu X, Chen T. A new result on the global convergence of Hopfield neural networks. IEEE Transaction on Circuits Systems I, 2002, 49: 1514-1516.

[94]   Lin W, He Y, Zhang C, et al. Stability analysis of recurrent neural networks with interval time-varying delay via free-matrix-based integral inequality. Neurocomputing, 2016, 205(12): 490-497.

[95]   Guan Z, Chen G. On delayed impulsive Hopfield neural networks. Neural Networks, 1999, 12: 273-280.

[96]   Balasubramaniam P, Vembarasan V, Rakkiyappan R. Global robust asymptotic stability analysis of uncertain switched Hopfield neural networks with time delay in the leakage term. Neural Computing and Applications, 2012, 21(7): 1593-1616.

[97]   Bao H, Park J, Cao J. Synchronization of fractional-order complex-valued neural networks with time delay. Neural Networks, 2016, 81: 16-28.

[98]   Berdnik V, Loiko V. Neural networks for aerosol particles characterization. Journal of Quantitative Spectroscopy and Radiative Transfer, 2016, 184: 135-145.

[99]   Liu X, Wang F, Shu Y. A novel summation inequality for stability analysis of discrete-time neural networks. Journal of Computational and Applied Mathematics, 2016, 304: 160-171.

[100] Gosline A, Hayward V, Michalska H. Stability analysis for uncertain switched neural networks with time-varying delay. Neural Networks, 2016, 83: 32-41.

[101] Miao X, Chen J, Ko C. A neural network based on the generalized FB function

for nonlinear convex programs with second-order cone constraints. Neurocomputing, 2016, 203: 62-72.

[102] Silva A, Oliveira W. Comments on "quantum artificial neural networks with applications". Information Sciences, 2016, 370-371: 120-122.

[103] Cabessa J, Villa A. Expressive power of first-order recurrent neural networks determined by their attractor dynamics. Journal of Computer and System Sciences, 2016, 82(8): 1232-1250.

[104] Roberge F A. Impulsive control for the synchronization of coupled neural networks with reaction-diffusion terms. Neurocomputing, 2016, 207: 539-547.

[105] Zhao W, Zhang H. Globally exponential stability of neural network with constant and variable delays. Physical Letter A, 2006, 352(4-5): 350-357.

[106] Chen Y, Bi W, Zhang Y. New robust exponential stability analysis for uncertain neural networks with time-varying delay. International Journal of Automation and Computing, 2008, 5(4): 395-400.

[107] Marcus C, Westervelt R. Synthesis of recurrent neural networks for dynamical system simulation. Neural Networks, 2016, 80: 67-78.

[108] Guo Y, Liu S. Global exponential stability analysis for a class of neural networks with time delays. International Journal of Robust and Nonlinear Control, 2012, 22: 1484-1494.

[109] Wu Z, Shi P, Su H, et al. Exponential synchronization of neural networks with discrete and distributed delays under time-varying sampling. IEEE Transactions on Neural Networks & Learning Systems, 2012, 23(9): 1368-1376.

[110] Peng W, Wu Q, Zhang Z. LMI-based global exponential stability of equilibrium point for neutral delayed BAM neural networks with delays in leakage terms via new inequality technique. Neurocomputing, 2016, 199: 103-113.

[111] Kennedy M, Chua L. Neural networks for nonlinear programming. IEEE Transactions on Systems, 1988, 35: 554-562.

[112] Oliveira J. Global asymptotic stability for neural network models with distributed delays. Mathematical and Computer Modelling, 2009, 50: 81-91.

[113] Arik A. Global robust stability of delayed neural networks. IEEE Transactions on Circuits and Systems I, 2003, 50: 156-160.

[114] Wu W, Cui B, Lou X. Global exponential stability of Cohen-Grossberg neural networks with distributed delays. Mathematical and Computer Modelling, 2008, 47: 868-873.

[115] Li L, Li Y, Yang L. Almost periodic solutions for neutral delay Hopfield neural networks with time-varying delays in the leakage term on time scales. Advances in Difference Equations, 2016, 2014(1): 1-22.

[116] Li T, Song A, Fei S, et al. Synchronization control of chaotic neural networks with

time-varying and distributed delays. Nonlinear Analysis, 2009, 71: 2372-2384.

[117] Liu Z, Liao L. Existence and global exponential stability of periodic solution of cellular neural networks with time-varying delays. Journal of Mathematical Analysis and Applications, 2004, 290: 247-262.

[118] Chen Y, Bi W, Wu Y. Delay-dependent exponential stability for discrete-time BAM neural networks with time-varying delays. Discrete Dynamics in Nature and Society, 2008, 421614: 1-12.

[119] Li H, Jiang H, Hu C. Existence and global exponential stability of periodic solution of memristor-based BAM neural networks with time-varying delays. Neural Networks, 2016, 75: 97-109.

[120] Tutunji A. Parametric system identification using neural networks. Applied Soft Computing, 2016, 47: 251-261.

[121] Cohen M A, Grossberg S. Absolute stability of global parallel memory storage by competitive neural networks. IEEE Transactions on Systems, Man, and Cybernetics, 1983, 13: 815-826.

[122] Zhu Q, Cao J. Robust exponential stability of Markovian jump impulsive stochastic Cohen-Grossberg neural networks with mixed time delays. IEEE Transactions on Neural Networks, 2010, 21: 1314-1325.

[123] Song Q, Wang Z. Stability analysis of impulsive stochastic Cohen-Grossberg neural networks with mixed time delays. Physica A, 2008, 387: 3314-3326.

[124] Wang X, Guo Q, Xu D. Exponential p-stability of impulsive stochastic Cohen-Grossberg neural networks with mixed delays. Mathematics and Computers in Simulation, 2009, 79: 1698-1710.

[125] Wang Z, Liu Y, Li M, et al. Stability analysis for stochastic Cohen-Grossberg neural networks with mixed time delays. IEEE Transaction on Neural Networks, 2006, 17(3): 814-820.

[126] Chen W, Zheng W. On global asymptotic stability of Cohen-Grossberg neural networks with variable delays. IEEE Transaction on Circuits Systems I: Regular Papers, 2008, 55(10): 3145-3159.

[127] Kosto B. Neural Networks and Fuzzy Systems: A Dynamical System Approach Machine Intelligence. New Jersey: Prentice-Hall, 1992.

[128] Kosto B. Bi-directional associative memories. IEEE Transactions on Systems, Man, and Cybernetics, 1988, 18(1): 49-60.

[129] Kosto B. Adaptive bi-directional associative memories. Applied Optics, 1987, 26(23): 4947-4960.

[130] Morita M. Associative memory with non-monotone dynamics. Neural Networks, 1993, 6: 115-126.

[131] LaSalle J. The Stability of Dynamical System. Philadelphia: SIAM, 1976.

[132] Boyd B, Ghaoui L, Feron E, et al. Linear Matrix Inequality in System and Control Theory. Philadelphia: SIAM, 1994.

[133] 俞立. 鲁棒控制: 线性矩阵不等式处理方法. 北京: 清华大学出版社, 2002.

[134] Zevin A, Pinsky M. Exponential stability and solution bounds for systems with bounded nonlinearities. IEEE Transactions on Automatic Control, 2003, 48(10): 1799-1804.

[135] Graichen K. A fixed-point iteration scheme for real-time model predictive control. Automatica, 2012, 48: 1300-1305.

[136] Guo Y. Nontrivial periodic solutions of nonlinear functional differential systems with feedback control. Turkish Journal of Mathematics, 2010, 34: 35-44.

[137] Burton T. Stability by Fixed Point Theory for Functional Differential Equations. New York: Dover Publications, 2006.

[138] Lou B. Fixed points for operators in a space of continuous functions and applications. Proceedings of the American Mathematical Society, 1999, 127: 2259-2264.

[139] Mesmouli M B, Ardjouni A, Djoudi A. Study of the stability in nonlinear neutral differential equations with functional delay using Krasnoselskii-Burton's fixed-point. Applied Mathematics and Computation, 2014, 243(15): 492-502.

[140] Zhang B. Fixed points and stability in linear neutral differential equations with variable delays. Nonlinear Analysis: Theory, Methods & Applications, 2011, 74(6): 2062-2070.

[141] Zhou L, Zhang Y. Global exponential stability of a class of impulsive recurrent neural networks with proportional delays via fixed point theory. Journal of the Franklin Institute, 2016, 353(2): 561-575.

[142] Chen W, Zheng W. Exponential stability of nonlinear time-delay systems with delayed impulse effects. Automatica, 2011, 47: 1075-1083.

[143] Chen W, Zheng W. Input-to-state stability for networked control systems via an improved impulsive system approach. Automatica, 2011, 47: 789-796.

[144] Li X, Fu X. On the global exponential stability of impulsive functional differential equations with infinite delays or finite delays. Communications in Nonlinear Science and Numerical Simulation, 2014, 19: 442-447.

[145] Chang M. On Razumikhin-type stability conditions for stochastic functional differential equations. Mathematical Modelling, 1984, 5: 299-307.

[146] Mao X. Razumikhin-type theorems on exponential stability of stochastic functional differential equations. Stochastic Processes and Their Applications, 1996, 65: 233-250.

[147] Wu F, Mao X, Kloeden P. Discrete Razumikhin-type technique and stability of the Euler-Maruyama method to stochastic functional differential equations. Discrete & Continuous Dynamical Systems, 2013, 33(2): 885-903.

[148] Yang Z, Xu D. Stability analysis of delay neural networks with impulsive effects. IEEE

Transaction on Circuits Systems II, 2005, 52: 517-521.

[149] Shen L, Sun J, Wu Q. Controllability of linear impulsive stochastic systems in Hilbert spaces. Automatica, 2013, 49(4): 1026-1030.

[150] Liu B. Stability of solutions for stochastic impulsive systems via comparison approach. IEEE Transactions on Automatic Control, 2008, 53(9): 2128-2133.

[151] Peng S, Jia B. Some criteria on p-th moment stability of impulsive stochastic functional differential equations. Statistics and Probability Letters, 2010, 80: 1085-1092.

[152] Li X, Zhu Q, Regan D. p-th Moment exponential stability of impulsive stochastic functional differential equations and application to control problems of NNs. Journal of the Franklin Institute, 2014, 351: 4435-4456.

[153] Huang L, Deng F. Razumikhin-type theorems on stability of neutral stochastic functional differential equations. IEEE Transactions on Automatic Control, 2008, 53(7): 1718-1723.

[154] Guo Y. Mean square global asymptotic stability of stochastic recurrent neural networks with distributed delays. Applied Mathematics and Computation, 2009, 215: 791-795.

[155] Su W, Chen Y. Global robust exponential stability analysis for stochastic interval neural networks with time-varying delays. Communications in Nonlinear Science and Numerical Simulation, 2009, 14: 2293-2300.

[156] Karimi H, Gao H. New delay-dependent exponential H_∞ synchronization for uncertain neural networks with mixed time delays. IEEE Transactions on Systems Man & Cybernetics, Part B, 2010, 40(1): 173-185.

[157] Cao J. On exponential stability and periodic solutions of CNNs with delays. Physics Letters A, 2000, 267: 312-318.

[158] Cao J, Dong M. Exponential stability of delayed bi-directional associative memory networks. Applied Mathematics and Computation, 2003, 135: 105-112.

[159] Chen W, Zheng W. Robust stability analysis for stochastic neural networks with time-varying delay. IEEE Transaction on Neural Networks, 2010, 21(3): 508-514.

[160] Agilandeeswari L, Ganesan K. A bi-directional associative memory based multiple image watermarking on cover video. Multimedia Tools & Applications, 2015: 1-46.

[161] 张伟, 廖晓峰, 李学明. 时滞杂交双向联想记忆神经网络的全局指数稳定性. 计算机研究与发展, 2003, 40(10): 1409-1413.

[162] 廖晓峰, 虞厥邦. 延迟双向联想记忆神经网络的周期振荡现象研究. 电子科学学刊, 1999, 21(1): 60-65.

[163] Ho W, Liang J, Lam J. Global exponential stability of impulsive high-order BAM neural networks with time-varying delays. Neural Networks, 2006, 19: 1581-1590.

[164] Yue D, Xu S, Liu Y. Differential inequality with delay and impulse and its applications to design of robust control. Control Theory and Applications, 1999, 16: 519-524.

[165] Cheng P, Deng F. Global exponential stability of impulsive stochastic functional differential systems. Statistics and Probability Letters, 2010, 80: 1854-1862.

[166] Chen H, Zhu C, Zhang Y. A note on exponential stability for impulsive neutral stochastic partial functional differential equations. Applied Mathematics and Computation, 2014, 227: 139-147.

[167] Wu S, Hsu C. Entire solutions of nonlinear cellular neural networks with distributed time delays. Nonlinearity, 2012, 25(9): 2785-2801.

[168] Liu X, Weng P, Xu Z. Existence of traveling wave solutions in nonlinear delayed cellular neural networks. Nonlinear Analysis: Real World Applications, 2009, 10(1): 277-286.

[169] Wu S, Niu T. Qualitative properties of traveling waves for nonlinear cellular neural networks with distributed delays. Journal of Mathematical Analysis and Applications, 2016, 434(1): 617-632.

[170] Zhong Q, Kuperman A, Stobart R. Design of UDE-based controllers from their two-degree-of-freedom nature. International Journal of Robust and Nonlinear Control, 2011, 21: 1994-2008.

[171] Stobart B, Kuperman A, Zhong Q. Uncertainty and disturbance estimator (UDE)-based control for uncertain LTI-SISO systems with state delays. ASME Journal of Dynamic Systems, Measurement, and Control, 2011, 133(024502): 1-6.

[172] Chua L, Yang L. Cellular neural networks: Theory. IEEE Transactions on Circuits and Systems, 1988, 35: 1257-1272.

[173] Chua L, Yang L. Cellular neural networks: Applications. IEEE Transactions on Circuits and Systems, 1988, 35: 1273-1290.

[174] Wu S, Zhao H, Liu S. Asymptotic stability of traveling waves for delayed reaction-diffusion equations with crossing-monostability. Journal of Applied Mathematics and Physics, 2011, 62: 377-397.

[175] Mei M. Stability of traveling wavefronts for time-delay reaction-diffusion equations//Proceedings of the 7th AIMS International Conference, Texas, 2009: 526-535.

[176] Yu Z, Mei M. Uniqueness and stability of traveling waves for cellular neural networks with multiple delays. Journal of Differential Equations, 2016, 260(1): 241-267.

[177] Mei M, Lin C, Lin C, et al. Traveling wavefronts for time-delayed reaction diffusion equation: (I) local nonlinearity. Journal of Differential Equations, 2009, 247: 495-510.

[178] Mei M, Lin C, Lin C, et al. Traveling wavefronts for time-delayed reaction diffusion equation: (II) nonlocal nonlinearity. Journal of Differential Equations, 2009, 247: 511-529.

[179] Lin C, Mei M. On traveling wavefronts of Nicholson's blowflies equations with diffusion. Proceedings of the Royal Society of Edinburgh, 2010, 140: 135-152.

[180] Haddock J, Terjéki R. Liapunov-Razumikhin functions and an invariance principle for

functional differential equation. Journal of Differential Equations, 1983, 48: 95-122.

[181]   Bouzerdoum A, Pinter R B. Analysis and analog implementation of directionally sensitive shunting inhibitory cellular neural networks. Visual Information Processing: From Neurons to Chips, 1991, 1473: 29-38.

[182]   Bouzerdoum A, Pinter R B. Nonlinear lateral inhibition applied to motion detection in the fly visual system. Nonlinear Vision, 1992: 423-450.

[183]   Bouzerdoum A, Pinter R B. Shunting inhibitory cellular neural networks: Derivation and stability analysis. IEEE Transactions on Circuits and Systems I: Fundamental Theory and Applications, I, 1993, 40: 215-221.

[184]   Hammadou T, Bouzerdoum A. Novel image enhancement technique using shunting inhibitory cellular neural networks//International Conference on Consumer Electronics, Atlanta, 2001: 284-285.

[185]   Cheung H, Bouzerdoum A, Newland W. Periodic solution for state-dependent impulsive shunting inhibitory CNNs with time-varying delays. Neural Networks, 2015, 68: 1-11.

[186]   Jiang A. Exponential convergence for shunting inhibitory cellular neural networks with oscillating coefficients in leakage terms. Neurocomputing, 2015, 165: 159-162.

[187]   Wang P, Li B, Li Y. Square-mean almost periodic solutions for impulsive stochastic shunting inhibitory cellular neural networks with delays. Neurocomputing, 2015, 167: 76-82.

[188]   Cao J, Yuan K, Li H. Global asymptotical stability of recurrent neural networks with multiple discrete delays and distributed delays. IEEE Transactions on Neural Networks, 2006, 17: 1646-1651.

[189]   Chen Z. A shunting inhibitory cellular neural network with leakage delays and continuously distributed delays of neutral type. Neural Computing & Applications, 2013, 23(7-8): 2429-2434.

[190]   Ding H, Liang J, Xiao T. Existence of almost periodic solutions for SICNNs with time-varying delays. Physics Letters A, 2008, 372: 5411-5416.

[191]   Fang Z, Yang Y. Existence of almost periodic solution for SICNN with a neutral delay. Electronic Journal of Qualitative Theory of Differential Equations, 2001, 30: 1-12.

[192]   Chérif F. Existence and global exponential stability of pseudo almost periodic solution for SICNNs with mixed delays. Journal of Computational and Applied Mathematics, 2012, 39: 235-251.

[193]   Cheung H N, Bouzerdoum A, Newland W. Properties of shunting inhibitory cellular neural networks forcolour image enhancement// The 6th International Conference on Information Processing, Stockholm, 1999: 1056-1060.

[194]   Li Y, Wang C. Almost periodic solutions of shunting inhibitory cellular neural networks on time scales. Communications in Nonlinear Science & Numerical Simulation,

2012, 17(8): 3258-3266.

[195] Fan Q, Shao J. Positive almost periodic solutions for shunting inhibitory cellular neural networks with time-varying and continuously distributed delays. Communications in Nonlinear Science and Numerical Simulation, 2010, 15(6): 1655-1663.

[196] Ou C. Almost periodic solutions for shunting inhibitory cellular neural networks. Nonlinear Analysis: Real World Applications, 2009, 10(5): 2652-2658.

[197] Chen A, Cao J, Huang L. Periodic solution and global exponential stability for shunting inhibitory delayed cellular neural networks. Electronic Journal of Differential Equations, 2004, 29: 1-16.

[198] Shao J, Wang L, Ou C. Almost periodic solutions for shunting inhibitory cellular neural networks without global Lipschitz activaty functions. Applied Mathematical Modelling, 2009, 33(6): 2575-2581.

[199] N'Guérékata G M. Almost Automorphic and Almost Periodic Functions in Abstract Spaces. New York: Kluwer Academic Publishers, 2001.

[200] Corduneanu C. Almost Periodic Functions. 2nd ed. New York: Chelsea, 1989.

[201] Li L, Fang Z, Yang Y. A shunting inhibitory cellular neural network with continuously distributed delays of neutral type. Nonlinear Analysis: Real World Applilation, 2012, 13: 1186-1196.

[202] Liu Q, Ding H. Existence and stability of almost periodic solutions for SICNNs with neutral type delays. Electronic Journal of Differential Equations, 2014, 23: 1-14.

[203] Guo Y. A generalization of Banach's contraction principle for some non-obviously contractive operators in a cone metric space. Turkish Journal of Mathematics, 2012, 36: 297-304.

[204] Guo Y, Wang J. Oscillation criteria based on a new weighted function for linear matrix hamiltonian systems. Discrete Dynamics in Nature and Society, 2011, 659503: 1-12.

[205] Clark R N. Limit cycle oscillations in a satellite attitude control system. Automatica, 1970, 6(6): 801-807.

[206] Churilov A, Medvedev A, Shepeljavyi A. A state observer for continuous oscillating systems under intrinsic pulse-modulated feedback. Automatica, 2012, 48(6): 1117-1122.

[207] Yin H, Wang P, Alpcan T, et al. Hopf bifurcation and oscillations in a communication network with heterogeneous delays. Automatica, 2009, 45(10): 2358-2367.

[208] Roberge F A. Paradoxical inhibition: A negative feedback principle in oscillatory systems. Automatica, 1969, 5(4): 407-416.

[209] Hori Y, Kim T, Hara S. Existence criteria of periodic oscillations in cyclic gene regulatory networks. Automatica, 2011, 47(6): 1203-1209.

[210] Gosline A, Hayward V, Michalska H. Ineluctability of oscillations in systems with digital implementation of derivative feedback. Automatica, 2011, 47(11): 2444-2450.

编　后　记

　　《博士后文库》(以下简称《文库》)是汇集自然科学领域博士后研究人员优秀学术成果的系列丛书。《文库》致力于打造专属于博士后学术创新的旗舰品牌,营造博士后百花齐放的学术氛围,提升博士后优秀成果的学术和社会影响力。

　　《文库》出版资助工作开展以来,得到了全国博士后管委会办公室、中国博士后科学基金会、中国科学院、科学出版社等有关单位领导的大力支持,众多热心博士后事业的专家学者给予积极的建议,工作人员做了大量艰苦细致的工作。在此,我们一并表示感谢!

《博士后文库》编委会